LES PAYSANS DE LANGUEDOC

Du même auteur
dans la même collection

Histoire du climat depuis l'An mil (2 vol.)

EMMANUEL LE ROY LADURIE

LES PAYSANS DE LANGUEDOC

FLAMMARION

Le texte intégral de la thèse d'Emmanuel LE ROY LADURIE a été publié par le Centre de Recherches Historiques *(École Pratique des Hautes Études, VIe section)* sous le titre : « Les paysans de Languedoc » (Paris, S.E.V.P.E.N., 1966.)

ISBN : 978-2-0808-1007-6

INTRODUCTION

En 1955, Raymond Dugrand me parlait, pour la première fois, du compoix languedocien; et il me suggérait d'en entreprendre l'étude : les compoix, me dit-il, sont de vieilles matrices cadastrales, confectionnées seulement dans les régions de taille réelle. Les plus anciens d'entre eux remontent au XIVe siècle. Ils décrivent avec précision, en surface, nature et valeur, les biens des maîtres du sol. Ils rendent possible une histoire longue de la propriété; ils peuvent donc jeter une lumière décisive sur la conquête lointaine de la terre par le capital : autrement dit sur l'un des aspects essentiels de la naissance du capitalisme.

La tâche paraissait lourde : il y avait au minimum, dans les archives départementales ou villageoises, des centaines de compoix, volumineux et rebutants.

Mais j'étais jeune; j'enseignais à Montpellier, juste à pied d'œuvre; j'avais des sixièmes et des loisirs; j'aimais l'histoire rurale et les paysages méditerranéens; j'étais fasciné par les origines du capitalisme. Je décidai de suivre le conseil de mon ami.

Les premiers résultats ne trompèrent pas mon attente : et je trouvai d'abord dans les compoix, exactement ce que j'y cherchais : à savoir, l'action classique des rassembleurs de terre capitalistes, déjà décrite par Febvre, Bloch, Merle, Raveau, Venard, et tant d'autres; Lattes, un terroir suburbain, proche de Montpellier, ville de notables, illustrait à merveille, pour les XVIe et XVIIe siècles, le vieux et toujours valable schéma de la conquête foncière par les citadins; un tel schéma n'est-il pas devenu essentiel à l'histoire rurale? J'en fis un article en 1956.

Peu à peu, cependant, ces belles certitudes me parurent nullement inexactes, mais insuffisantes. Mes méthodes statistiques de dépouillement des compoix se perfectionnaient, se rodaient, devenaient plus exhaustives. Mon enquête s'étendait, dans le plat pays, presque purement paysan, dans la montagne, bien loin des petites villes rassembleuses. Et des phénomènes nouveaux — aberrants par rapport au schéma traditionnel, à l'hypothèse de travail initiale — sollicitaient mon attention. Le processus de concentration perdait sa simplicité linéaire; et je voyais s'individualiser des phases plus que séculaires de morcellement presque intégral. La propriété paysanne, pendant plusieurs générations, semblait se volatiliser; tandis qu'augmentait vertigineusement le nombre des propriétaires du sol, pour la plupart minuscules. Un tel démembrement qui se poursuivait sans merci, rendait souvent dérisoires les efforts — néanmoins persistants — des nobles, bourgeois ou coqs de village, rassembleurs de terre.

A d'autres moments, dans la phase suivante, la propriété regroupait ses forces, tandis que sévissait la déflation du nombre des taillables : la concentration foncière semblait l'emporter, pour un peu plus ou un peu moins d'un siècle. Mais ces rassemblements n'étaient pas irréversibles, ni définitifs. A nouveau le morcellement reprenait ses droits, à nouveau s'enflait l'effectif des encadastrés titulaires du sol, tandis que baissait la superficie moyenne des propriétés... j'observais, avec un intérêt passionné, ces grands mouvements, à travers les siècles; et je croyais percevoir l'immense respiration d'une structure sociale.

Désormais, j'étais jeté en pleine et pure histoire paysanne, et j'étais bien loin de ces « origines du capitalisme », qui constituaient mes préoccupations premières. C'était la mésaventure classique; j'avais voulu m'emparer d'un document, pour y déchiffrer les certitudes de ma jeunesse; et c'était le document qui s'était emparé de moi, et qui m'avait insufflé ses rythmes, sa chronologie, sa vérité particulière. Les présuppositions initiales avaient été stimulantes; elles étaient maintenant dépassées.

Peu à peu, une périodisation s'imposait à moi; elle était plébiscitée, malgré des exceptions normales, par une bonne centaine de finages — les compoix et livres de tailles, étant relayés, aux XIXe et XXe siècles, par les cadastres et rôles de contributions foncières des Empires, des Monarchies censitaires et des Républiques successives. D'emblée, cette périodisation accédait à la longue durée dans l'histoire rurale.

On partait, au milieu ou à la fin du XVe siècle, d'un état de concentration foncière relative — relative par rapport aux périodes précédente (avant 1350) et suivante (après 1500). Il ne s'agissait pas, selon toute vraisemblance, d'un stade momentané de remembrement capitaliste; mais bien d'une conséquence du dépeuplement paysan, né des crises, des pestes et des guerres; ce dépeuplement mettant fin au morcellement préexistant, qui sévissait encore dans la première partie du XIVe siècle.

Du reste, le morcellement, après cette phase d'oblitération, de sidération passagère à la fin du Moyen Age, repartait de plus belle après 1500, avec une extrême vigueur au XVIe siècle; et il se poursuivait, quoique beaucoup plus lentement, pendant une bonne partie du XVIIe siècle; et il continuait ainsi jusqu'à une sorte de seuil critique, jusqu'à un point de saturation, de congestion parcellaire, généralement atteint à partir de 1680.

Alors le processus s'arrêtait, et très lentement se changeait en son contraire : une concentration foncière s'instaurait à nouveau; elle épurait les lopins marginaux; elle sélectionnait, pour le remembrement, les propriétaires les plus aptes, les plus riches ou les plus chanceux; elle favorisait les héritiers survivants ou les citadins rassembleurs; elle décimait les petits taillables, pour arrondir de leurs dépouilles les gros ou les moyens.

Vers 1750-1770, nouvelle inflexion, nouvelle inversion plutôt; et reprise du morcellement, aiguillonné par l'essor démographique, stimulé par la viticulture (qui multiplie les revenus unitaires et qui fait baisser le seuil de rentabilité cadastrale) : cette offensive suprême du démembrement parcellaire battait tous les records du passé; et elle durait un bon siècle, jusqu'à la débâcle phylloxérique (1870-1873), et jusqu'aux prémisses de l'exode rural.

Alors s'amorçait, avec une sage lenteur, le remembrement contemporain : il laisse subsister, aujourd'hui encore, d'épais massifs de propriétés parcellaires; il n'est pas près d'être terminé.

Une telle histoire de la propriété foncière, ainsi brièvement résumée, n'aurait eu, par elle-même, qu'un intérêt juridique, ou purement technique, si elle n'avait joué le rôle de révélateur séculaire, si elle n'avait informé, de première main, sur l'histoire longue de la société qui la portait.

Il en serait allé peut-être autrement, quant à la chronologie, quant à la signification même des phénomènes fonciers, si ma recherche avait porté sur les campagnes de la France septentrionale, dominées par la grande culture. Mais dans le Midi français, caractérisé par la petite culture, et par le fourmillement prédominant des lopins, les flux et reflux de la propriété parcellaire avaient une haute valeur de témoignage. Ils soulignaient les difficultés de la société tout entière; ils recoupaient partiellement d'autres types de mouvements de longue durée; ils étaient significatifs, enfin, à plusieurs reprises, d'une situation de *frontière*, atteinte par l'agriculture méridionale.

Par trois fois, semblait-il, la société paysanne languedocienne, au terme d'une longue période d'expansion, s'était heurtée à ce type de frontière qui jalonnait, sans l'interrompre jamais tout à fait, la lente croissance rurale intramillénaire (XI-XIXe siècles).

Une première fois, peut-être, au XIVe siècle, à la veille du grand écroulement que symbolisent communément peste noire et guerres anglaises.

Une seconde fois sous Louis XIII ou Louis XIV, à la mauvaise charnière du XVIIe siècle, qui se situe, *localement*, comme on le verra de façon précise, parfois dès 1630, généralement vers 1675-1680.

Une troisième fois vers 1873-1876, au terme — phylloxérique, mais aussi économique — de la longue expansion viticole, qui s'étend de Louis XV au Second Empire.

Ce livre est construit pour l'essentiel autour des problèmes de la seconde frontière, celle qui met fin, dans le dernier quart du XVIIe siècle, au développement agraire engagé depuis la Renaissance.

Il n'était pas possible en effet d'exploiter dans leur totalité les renseignements de très longue durée fournis par les compoix et cadastres. Une fois défrichée la chronologie longue, une fois définis les points essentiels d'inflexion dans le temps, il fallait choisir, tailler dans le vif de l'histoire. Trois grandes phases de flux et reflux s'offraient à l'étude : la phase médiévale (XIe-XVe siècles); la phase moderne (fin du XVe, début du XVIIIe siècle); la phase contemporaine (de 1750 à 1950).

Cette troisième phase était en somme assez claire, et bien connue, grâce aux travaux des géographes, agronomes et historiens languedociens; elle pouvait encore s'enrichir de précisions; elle ne réservait guère de découvertes; c'est au cours de cette phase en effet que les agriculteurs languedociens, pour bon nombre d'entre eux, avaient cessé d'être des *paysans*, ceux-ci traditionnellement caractérisés par la polyculture et l'auto-consommation familiale : ils étaient devenus des viticulteurs modernes, achetant leur nourriture, et travaillant exclusivement pour le marché.

Pour la première phase (Moyen Age), c'était tout le contraire; elle était difficilement connaissable : car les compoix y étaient rares, et surtout, tardifs (XVe siècle, au plus tôt).

J'ai donc laissé de côté — sauf aperçu rapide quand c'était vraiment nécessaire — les problèmes posés par l'expansion médiévale, et par la récession foncière qui l'a conclue. Et j'ai choisi, stratégiquement, la phase centrale, celle du second souffle, quand la société rurale languedocienne se relève de ses ruines, à la fin du XVe siècle; et quand elle s'engage dans l'épisode de la modernité.

De cette phase longue qui va de Louis XII à Louis XIV, et d'un essor à un reflux, les compoix peuvent indiquer les bornes; ils fixent une chronologie de base, et décèlent certaines inflexions; mais on ne peut leur demander de tout éclairer.

Les problèmes posés par l'expansion d'une société traditionnelle, et par les limites que rencontre fatalement cette expansion, exigent une approche multiple, et un appel à des documents et séries très divers; car il s'agit d'atteindre, au-delà des abstractions cadastrales, les flux réels.

J'ai donc laissé derrière moi, à partir de 1958, l'histoire de la propriété. Et j'ai tenté de mettre à jour, au-delà des structures foncières, d'autres constantes et d'autres variables.

Constantes : historien, allais-je être contraint, par la carence d'une discipline voisine, de décrire avec incompétence les cadres géographiques de mon Languedoc? Heureusement non. Raymond Dugrand, géographe de métier, m'a dispensé de cette tâche, grâce à la thèse remarquable qu'il a soutenue en 1963.

J'ai donc pu faire, l'esprit libre, le véritable métier d'historien; j'ai pu dégager certaines constantes anthropologiques; on verra que celles-ci s'enracinent paradoxalement dans la mobilité, dans les migrations, durablement orientées, des hommes d'autrefois, dans les déplacements de leurs troupeaux, dans les trajectoires de leurs plantes cultivées (1).

Après les constantes, les *variables*; la chronologie mouvante de celles-ci, leur jeu incessant d'inter-relations constituent fondamentalement la trame de mon livre. Je n'ai pas omis, importante en histoire agraire, la variable météorologique : elle aide à rendre compte — essentiellement dans le temps court — de l'irrégularité des récoltes, et des caprices de l'offre.

Mais surtout m'intéressaient, quant aux tendances longues, les variables majeures, susceptibles d'inflexions durables et de mouvements séculaires, à savoir : la population; les productions diverses et le produit régional brut; les prix, nominaux et métalliques; le revenu global nominal et réel; les revenus ou prélèvements particuliers : rente, dîme, fisc, usure, profit ou revenu d'exploitant, salaire-argent, salaire-nature et salaires mixtes. Et par-delà ces catégories encore abstraites, mais nullement figées, j'apercevais enfin, au terme d'une longue marche, les hommes eux-mêmes, les paysans de Languedoc, avec leurs groupes sociaux.

J'avais commencé, tout au début, par additionner les hectares et les unités cadastrales; j'aboutissais, en fin de recherche, à regarder agir, lutter, penser les hommes vivants.

Car l'histoire matérielle et quantitative elle-même, et si exhaustive et rigoureuse qu'elle pût être, ne me satisfaisait pas entièrement. Elle ne fournissait qu'une trame, indispensable, mais encore grossière.

Je savais, de science banale, que les frontières malthusiennes, sur lesquelles achoppait l'expansion, n'étaient pas seulement matérielles; je pressentais le formidable obstacle des mentalités; je devinais d'invisibles frontières spirituelles, les plus contraignantes de toutes : peu à peu j'appris aussi à discerner celles-ci, par la chronique des révoltes sans espoir, et par l'histoire sanglante des religions rustiques.

Avec les moyens du bord, et dans le cadre limité d'un groupe humain, je risquai l'aventure d'une histoire totale.

(1) Les paragraphes consacrés à ces problèmes se trouvent dans l'édition complète de ce livre.

PREMIÈRE PARTIE

RENAISSANCE MALTHUSIENNE

CHAPITRE PREMIER

L'ETIAGE D'UNE SOCIÉTÉ

Le siècle de l'homme rare

La démographie tragique du XVe siècle, la rareté de l'homme, tel est le fait essentiel, qui confère à l'occupation du sol, à la vie économique, aux rapports sociaux, leur coloration particulière, à la veille du grand essor des temps modernes.

Rareté de l'homme, d'abord, par rapport aux siècles antérieurs : le Languedoc entre l'an mil et la peste noire (1348) n'était-il pas le théâtre d'une extraordinaire expansion démographique? A défaut de recensements, les grands défrichements d'alors en témoignaient, avançant simultanément sur deux fronts, front de mer et front de montagne.

Front de mer, c'était attaque de plaine, d'étang croupissant et palus, et la population s'installant en masse, derrière la frange pionnière des bonifications monastiques : avec de grands moyens, des capitaux, de la main-d'œuvre, les abbayes asséchaient les marais, et les trois monastères, Psalmody, Saint-Gilles et Fourquevaux, changeaient l'étang vil en sol pur, le marécage en terre arable, entre Nîmes, le Rhône et la mer. En 1147, le centre cistercien de Fourquevaux était fondé sur les bords fiévreux de l'étang de Scamandre. Ailleurs, sous la vieille colline d'Ensérune, un terroir étoilé, sillonné de canaux rayonnants, attestait la maîtrise de l'artiste inconnu et génial qui concevait le drainage, dessinait les plans.

A la colonisation abbatiale et seigneuriale des plaines s'opposait, côté montagne, une poussée démographique, plus individualiste et démocratique. Ici les nombreux colons affluaient d'eux-mêmes et les abbayes se bornaient à leur accorder privilèges, grâce à l'organisation de *sauvetés* « ces territoires délimités par des croix où tout immigrant recevait une parcelle à bâtir, quelques champs à défricher, la protection de l'Église » : ainsi en Montagne Noire et Languedoc central, entre 1045 et 1102. Ailleurs, dans les Cévennes, le peuplement progressait plus simplement encore; un groupement humain spontané s'accroissait près d'un vieux *castrum* (lieu fort). Sur la roche, les pionniers installaient un parcellaire au dessin capricieux, une mosaïque de champs minuscules, dont chacun contenait à peine une mesure de semence; des oliviers s'accrochaient aux pentes; de petits chevaliers, exploitants directs du sol, trop pauvres pour vivre en rentiers, encadraient les nombreux colons. Le rôle de l'Église se bornait, le moment venu, à concéder une église paroissiale.

Enfin à la faveur d'une démographie conquérante, renaissait le réseau urbain, parsemé de villes-champignons; et celui-ci à son tour stimulait, sur les alluvions de rivières toutes proches, une horticulture irriguée : les Trencavel, seigneurs de Béziers, furent décimateurs de choux avant d'être piliers d'hérésie.

Puissante multiplication des peuples : elle remplissait à ras bord le réseau des paroisses; elle peuplait les villes dont l'aire d'attraction s'étendait du Rhône aux Pyrénées; elle contribuait à repeupler l'Espagne colonisée par les Français; elle permettait le miracle des pays d'oc, l'apogée du XIIe siècle : commerce des épices, poèmes des troubadours, effervescence du catharisme.

Le fait capital, c'est le caractère prolongé de cet accroissement du nombre des hommes : il persiste bien au-delà de la croisade anti-albigeoise, que des historiens considèrent, à tort, comme un coup d'arrêt à l'expansion. A Montpellier, en 1232, quatre ans après le traité de Paris, on construit encore six fours supplémentaires pour nourrir les habitants. Et les progrès démographiques se poursuivent : les défrichements ou « débroussaillements » culminent entre 1222 et 1340 avec la création de 400 ou 500 bastides; ces nouveaux terroirs, asiles de libertés, attirent les colons; à l'Est, la Cévenne persévère dans l'essor; et, stimulés par la déforestation, les premiers charbonnages paysans, les *trous de renard* des artisans ruraux de la mine apparaissent en 1240 : on en extrait le charbon d'Alès, le plus ancien de France, contemporain des plus vieux charbons extraits en Europe; vers 1300 la vague de peuplement continue à monter. Des listes de feux l'attestent : dressées en 1293, puis en 1322, elles suggèrent une hausse de 23 % de l'effectif humain entre ces deux dates, dans les seigneuries rurales du pays nîmois. Dans cette région, les garrigues misérables atteignent, dès 1293, des densités proches de celles du XVIIIe siècle. Quant au bas pays de plaine, il est en pleine vague de peuplement, au début du XIVe siècle. Les enquêteurs de 1322 notent du reste divers aspects de cette poussée du nombre : immigration, morcellement excessif des héritages.

Sur cette population trop nombreuse, les disettes frappent à coups redoublés; soit quarante-six années (1302-1348) : là-dessus vingt, en Languedoc, sont désolées par la famine ou la disette. Quatre années mauvaises (1302, 1303, 1304, 1305) inaugurent ce XIVe siècle surpeuplé. On interdit l'exportation de grains. On fouille les greniers, on vend d'autorité les stocks; on maltraite les Juifs, boucs émissaires. Les déluges de 1310 introduisent un nouveau cycle néfaste (pénuries de 1310, 1313). Puis surviennent les malheurs frumentaires de 1322, 1329 : à l'exemple des Pastoureaux fanatiques, les peuples s'en prennent aux Juifs, aux lépreux, aux sorciers. En 1332, tout l'hiver, les pauvres vivent d'herbe crue. Enfin, la période 1335-1347, avec ses disettes successives, paraît spécialement effroyable. Les classes pauvres, en ces douze années, sont les victimes d'une faim récurrente. Quel « magnifique » terrain d'accueil pour la peste noire de 1348, ce grand massacre des mal nourris.

On connaît cette pandémie en Languedoc, par les textes contemporains qui disent la mortalité majoritaire des corps constitués; qui disent aussi la mortalité des communautés religieuses, où la promiscuité favorise la contagion : à Montpellier, des cent quarante frères prêcheurs, sept seulement auraient survécu au fléau.

La documentation statistique confirme, en la nuançant et en la précisant, la sinistre éloquence des textes. A Albi, où la peste est encadrée de très près par les compoix de 1343 et 1357, et où ces documents sont beaucoup plus complets qu'à Toulouse, l'impact de l'épidémie apparaît saisissant : sur dix mille Albigeois environ 5 000, au bas mot, ont disparu. Une mortalité de 500 °/₀₀. Sur le monde paysan, diverses statistiques, les unes publiées, les autres inédites, apportent des renseignements concordants. A Marsillargues, gros bourg de plaine, les « événements » de 1348 représentent le désastre classique, affectant plus de 50 % de la population. A Ganges, bourg de la Cévenne, même phénomène : en 1339, 305 électeurs sont présents, nommés, catalogués, à « l'assemblée universelle des hommes de la ville de Ganges » pour l'élection des syndics; en 1366, la Cévenne est exterminée; plus de la moitié des électeurs gangeois ont disparu : 132 chefs de famille seulement sont présents; ils ne sont plus que 89 en 1433.

Le Languedoc, comme toute la côte du golfe du Lion, première zone atteinte par la vague d'assaut des bacilles, est donc sévèrement touché; il l'est davantage, sans doute, que certaines montagnes reculées — Rouergue ou Béarn — qui, en 1348-1349, subissent des ponctions moins lourdes. Mais, quinze ans plus tard, en 1363, la « peste des montagnes » commencera d'égaliser les sacrifices...

Car le désastre n'est nullement passager. La population languedocienne — sur sa lancée, si l'on peut dire — semble continuer à décroître bien après 1348, et jusque dans le premier tiers du XVe siècle. Par la suite, elle se stabilise, à un niveau extrêmement bas, jusque vers 1480, voire 1500. Ainsi en est-il à Toulouse, à Montpellier. A Nîmes aussi, la moitié des maisons sont inhabitées, encore en 1498.

Simple fait d'économie urbaine? De contraction du grand commerce? Mais non, c'est plus que cela : des études analogues, menées dans les bourgs et les villages révèlent une véritable unanimité régionale; chaque fois qu'on dispose d'une série de compoix ou de livres de taille, les mêmes tendances de fond se dessinent pour la période 1348-1480; effondrement démographique, puis stagnation. Quelque part au milieu du XVe siècle, la population languedocienne touche au fonds de l'abîme. L'étiage humain de 1450 en effet n'est pas seulement le plus bas enregistré depuis 1300; il représente aussi le niveau le plus déprimé, le minimum le plus fortement accusé de toute la période 1450-1790; les indications sont ici très nombreuses : pour de nombreux villages ou bourgs, on peut restituer des séries de livres de tailles, compoix, cadastres, où les bases d'assiette et d'établissement en ce pays de taille réelle, n'ont pas varié au cours des siècles; séries homogènes, donc : elles intéressent la longue durée, le mouvement interséculaire (1450-1790). Il serait aisé grâce aux cadastres et contributions foncières de les prolonger jusqu'en 1950.

Or jamais ces villages, dans la totalité des cas, n'ont eu si peu de contribuables, si peu de chefs de familles en fait, qu'au XVe siècle. Vers 1450, il y a deux à trois fois moins de taillables que vers 1680 ou 1780. Le terme d'étiage démographique semble parfaitement convenir pour cette période. Entre le Moyen Age et l'époque moderne et contemporaine, entre les grands défrichements et la monoculture viticole, la population languedocienne — comme du reste sa voisine, la population provençale — tombe à son point le plus bas.

L'étiage démographique de 1450 (date large) donne momentanément à la terre languedocienne une physionomie particulière. Les habitats, le paysage rural, les associations végétales, la propriété foncière, l'exploitation agricole, le style de vie des paysans, tout porte la marque profonde de cette situation démographique exceptionnelle, de ce « degré zéro » du peuplement.

Conséquences : le paysage

La dépopulation, la décadence des villes, en fermant les débouchés, portent d'abord un coup fatal aux cultures chères, à certains jardins, aux plantations de vigne, si florissantes avant 1350. Dès 1401, les fossés de Montpellier « où autrefois étaient jardins vergers et arbres » sont « pleins de ronces et espines et de serpents et lesarts ». Quant au vignoble il avait, semble-t-il, connu sa belle époque vers 1250-1350. La demande locale ou lointaine — Gênes, dans certains cas Paris — avait stimulé sa croissance : ainsi, le terroir de Lattes, céréalier aux XVIe et XVIIe siècles, était au contraire fort viticole au XIIIe; en 1353 encore, dans tel village du Biterrois, on compte 40 vignes pour 100 champs; la dépression finale du Moyen Age consomme la perte de ce vignoble : 6 vignes pour 100 champs à la fin du XVe siècle. En 1520 (reprise), on compte à nouveau 20 vignes pour 100 pièces de terre. Cette régression viticole, au déclin du Moyen Age est du reste commune à tout le Midi : on la rencontre dans les Côtes du Rhône comme en Guyenne.

Dans l'ensemble, le vignoble marginal, utilisant les mauvaises terres, est le plus gravement atteint. C'est le moins rentable, donc le premier sacrifié. Ainsi en pays lodévois : dans les bons terrains d'alluvions, les redevances seigneuriales en vin se maintiennent intégralement en 1393 au même taux qu'en 1236; tandis que celles de grain reculent de moitié entre ces deux dates : signe de persistance viticole. Mais à quelques lieues de là, dans les terroirs déshérités des *ruffes*, marnes rouges et infertiles, le vignoble, bien attesté dans les redevances de 1236, a totalement disparu en 1393. Ces *ruffes* ne produisent plus une goutte de vin : dans la grande régression viticole (1350-XVe siècle) c'est le critère de rentabilité (si fruste que soit celle-ci) qui joue. Des hommes moins nombreux, travaillant pour des marchés rétrécis, dans des terroirs désencombrés, choisissent de concentrer leur effort sur le vignoble de plaine où les rendements sont plus élevés, le gain plus sûr. Quant aux garrigues, elles sont abandonnées à leur triste sort. La réaction des vignerons de Lodève est la même que celle des paysans florentins qui, au lendemain de la peste noire, ne veulent plus travailler que les meilleures terres, et laissent sans culture celles qui sont de qualité inférieure.

Les grains, eux aussi, sont en recul au XVe siècle, et le territoire labouré, l'*ager*, se contracte beaucoup. La friche revient où jadis avançait la double frange pionnière du XIe siècle : dans les plaines palustres et sur les pentes montagneuses. Dans la zone des marais littoraux, on abandonne en premier lieu les terres sujettes au *mauvais air* ou à la morsure du sel : ce sont les plus proches de la mer et des étangs, de la salure, des moustiques, des fièvres. Des paroisses entières, nées lors de la grande expansion du XIe siècle, sont abandonnées pour toujours après 1350 : Maureilhan sur la côte avait trois églises au XIIe siècle; aux temps modernes, on n'y trouvera plus que quelques fermiers misérables, dévorés par les maladies; à Fréjorgues, transformé en aérodrome, l'armée de l'air implantera ses pistes sans soupçonner qu'une désertion du XVe siècle lui simplifia l'expropriation. Parfois, pourtant, une grosse ferme isolée, un mas, une chapelle en ruine porte encore le nom de la communauté disparue, du *lost village*... Ces désertions du Languedoc, assez nombreuses, sont cependant bien moins graves que celles d'Allemagne à la même époque, qui peuvent affecter jusqu'à 40 % des habitats groupés.

Sont-elles comparables, d'autre part, aux désertions d'Angleterre (à la fin du Moyen Age), quand des seigneurs forts de l'anarchie des Deux-Roses et de leurs propres pouvoirs, profitent de la dépopulation et chassent les tenanciers à blé pour remembrer leurs domaines et pour y faire du mouton? Non, en Languedoc, les *Wüstungen* n'ont pas cet aspect volontariste. L'exemple de Coussergues est significatif.

Ancienne villa romaine, au sol criblé de monnaies et d'éclats d'amphores, Coussergues était, au XIIIe siècle, un petit village fortifié , un *castrum* à tours et murailles : 24 chefs de famille en 1317, une église dédiée à saint Martin, des parcelles d'orge et de froment, quelques vignes, des prés, des garrigues d'où l'on tirait les fagots de bruyère pour la boulangerie, et les troncs de chêne vert ou blanc. Cet habitat démocratique coexistait avec quelques grands domaines à fermes isolées.

1348-1355, les catastrophes s'abattent sur Coussergues : peste noire et Prince Noir. L'une dépeuple en partie, l'autre saccage le *castrum*, dès lors évacué par les survivants. A la fin du XVe siècle, l'emplacement est désert; en 1496, se présente un noble, Pierre de Sarret, ancien soldat des guerres d'Italie; il est riche de ses biens familiaux qu'il tient en indivision avec sa mère; il achète Coussergues, terroir, ruines et seigneurie. Et non content de s'emparer d'un village mort, ce personnage vorace épouse, à cinquante ans, une jeune et grosse dot : Jaquette de Bozène, petite-fille d'un changeur. Avec la dot, il fera valoir son nouveau et vaste domaine. Voilà posée une fortune foncière, pour quatre siècles.

Les *Wüstungen* languedociennes ne semblent pas être (comme c'est le cas en Angleterre) le fruit d'une préméditation des seigneurs. Elles procèdent simplement, comme une conséquence de fait, des catastrophes de la fin du Moyen Age : les seigneurs se bornent à tirer de celles-ci des conséquences avantageuses pour eux-mêmes. Le résultat final est tout de même assez proche — quoique sur une échelle beaucoup moins vaste — de celui qui est atteint en Angleterre : c'est la constitution, à longue échéance, d'un certain nombre de grands domaines, ci-devant finages villageois, dans la zone côtière.

Ces futurs beaux domaines ne doivent pas faire illusion : la plaine littorale du golfe du Lion, au XVe siècle, offre un triste spectacle. Les canaux de drainage, laissés à eux-mêmes, s'y remplissent d'eaux mortes, séjours des anophèles qui sont les vecteurs des maladies paludéennes. Les *sansouires* renaissent et la lèpre du sel ronge les sillons abolis. Le salicor (herbe à soude) revient en force : il est prétexte à dîmes dans les années 1480. Sur ce littoral agonisant, les ports cessent presque de vivre : ainsi Lattes, port de Montpellier, dont seul un chevet roman et un fragment de rempart évoquent l'ancienne splendeur, Aiguesmortes surtout, fossilisée par une décadence précoce, dans le plan géométrique dessiné au XIIIe siècle par ses fondateurs.

Sur l'autre frange pionnière des vieux défrichements, sur la montagne, l'écroulement est moins total. Ici ne joue pas la sanction des maladies paludéennes qui, sur la côte, achèvent de détruire et de débusquer les îlots humains, déjà érodés par les pestes et la guerre anglaise. En zone montagneuse, les villages, les paroisses voient diminuer leurs effectifs : elles subsistent néanmoins. Pas de maladie foudroyante; mais un processus d'anémie pernicieuse. Les *Wüstungen* épargnent les villages; elles assassinent les hameaux. A Cessenon, en 1374, six écarts sont signalés, en plus du bourg. Dans les compoix du XVIe siècle (1560), trois survivent; trois ont disparu. Une mortalité de 50 % : c'est gros, même si l'on admet que ce sont les plus petits hameaux, donc les plus fragiles, qui sont morts.

Les bourgeois de Cessenon le confirment, qui se plaignent en 1401, à un commissaire en tournée dans la Montagne Noire et l'Espinouse : les nombreux *masages*, disent-ils en effet, sont déserts, la dépopulation est à son plus haut degré, la moitié des terres en friche; les habitants doivent garder la récolte pour la préserver des dévastations des bêtes sauvages, chevreuils, cerfs, sangliers et autres fauves. La forêt, qui est à un quart de demi-lieue du bourg, envahit tout, même les pâturages. Si grande est la pauvreté que les contribuables ne peuvent plus payer les tailles. Que le roi permette donc aux riverains d'exploiter leurs forêts pour vendre le bois à Béziers.

Rien de plus frappant dans ces doléances montagnardes que l'obsession d'une nature luxuriante, animale et végétale. C'est la revanche sur les grands défrichements. La montagne dépeuplée cesse de produire du blé, pour porter naturellement du bois. Un forestier comme Lannoy, maître des Eaux et Forêts, comprend ces problèmes, et l'ampleur du danger. Il admet l'idée d'une contre-offensive : « Allez dans la forêt, dit-il aux gens de la Montagne Noire en 1401, coupez-y les arbres, essartez, charbonnez, défrichez, fabriquez-y des cendres, plâtre, chaux; faîtes-y paître le bétail gros et menu; chassez les chevreuils, perdrix, lapins, sangliers et autres fauves; pêchez dans l'Orb et le Vernazobres selon votre bon plaisir. » Les successeurs de Lannoy en 1444 et 1467 confirment son attitude. C'est seulement en 1559, quand l'arbre à nouveau recule devant l'homme, que le maître des Eaux et Forêts reviendra à sa vocation de protecteur de la zone sylvestre, et contestera aux indigènes leur privilège plus que séculaire d'exploitation des bois.

Impérialisme des forêts : ce n'est pas seulement la friche ou la garrigue, l'association végétale post-culturale — terrain de parcours et de pacage, *saltus* des anciens agronomes — qui reprend vie sur l'emplacement des champs abandonnés. Davantage : c'est l'association végétale originelle, le *climax* des phytosociologues : la forêt d'yeuse. L'*ager* fait place au *saltus*; le *saltus* à son tour recule devant la *silva*. L'équilibre agro-silvo-pastoral, silva-saltus-ager est bouleversé au profit des deux premiers éléments; et dans le Bas-Rhône, au site de Glanum, une strate de forêt incendiée, surmontant les niveaux archéologiques du XIIIe siècle, pourrait bien indiquer là aussi le retour offensif de la chênaie d'yeuse à la fin du Moyen Age.

Dans ces futaies grandissantes, l'invasion des fauves atteint entre 1360 et 1500 des proportions alarmantes : dès la fin du XIVe siècle les seigneurs des Cévennes, à eux seuls, ne peuvent plus suffire à la chasse aux bêtes féroces. Et pour la première fois, en 1361-1377, ils accordent à leurs paysans dans la baronnie de Hierle le droit d'exterminer les ours, les sangliers, les chevreuils; c'est que la besogne ne manque pas; l'ours brun des Cévennes revient s'installer en masse sur les pentes de l'Aigoual; des hardes de cerfs sillonnent les garrigues et les bois de chênes verts; le Causse est plein de loups; les perdrix deviennent aussi communes que les poules; et jusqu'au début du XVIe siècle, la chasse paysanne demeure totalement libre, tant les réserves de gibier paraissent illimitées. L'histoire de la chasse, que Marc Bloch souhaitait voir écrire, comporte, elle aussi, sa conjoncture.

Le remembrement foncier

Sur cette terre où l'arbre et le fauve sont en progrès, où l'homme s'est fait plus rare, qu'est devenue la répartition du sol? Les compoix, cadastres, documents fiscaux fournissent à ce sujet beaucoup de renseignements. L'impôt en Languedoc est en effet réel; et les compoix atteignent à une précision qui n'est pas indigne de celle des matrices cadastrales du XIXe siècle. Des études sur les plus vieux compoix, une conclusion ressort : en matière de propriété foncière, les mailles du réseau, de l'immense filet jeté sur les terroirs, par les maîtres du sol, sont largement desserrées, au terme du XVe siècle. Au fin réseau des petites propriétés et des tenures minuscules des années 1300, qu'un cens recognitif faisait accéder déjà au droit quiritaire, s'est substitué à l'aube des temps modernes, un carroyage beaucoup plus lâche, fait en majorité de propriétés moyennes. On aurait tort de voir là un fait de concentration capitaliste : il s'agit simplement de l'inévitable remembrement de la terre, qui accompagne la contraction démographique de 1350-1450. A une phase de morcellement, de division, comme disaient les enquêteurs de 1322, succède une phase de rassemblement des héritages.

Qu'on se reporte aux plus anciennes séries de compoix languedociens : celles d'Albi. En 1343, dans cette ville, 1 623 taillables se partagent 68 000 x de biens encadastrés : biens immobiliers pour l'essentiel, et surtout terres et vignes. En 1357, les taillables ne sont plus que 686 : ils se répartissent un capital immobilier presque égal à celui de l'avant-peste : 55 000 livres cadastrales. La propriété globale est restée la même, à 10 % près. Mais la propriété de chacun a grandi, par le jeu des héritages : elle est passée de 400 à 800 x par tête et, en portion individuelle de terre, de 0,5 ha à 1,3 ha.

L'examen détaillé des fortunes confirme ce premier diagnostic. Rangeons les taillables d'Albi en « histogrammes », par ordre de fortune croissante, et comparons, à 15 ans de distance, la répartition des fortunes, en 1343 et 1357; d'abord l'effectif des petits taillables décroît fortement. Spécialement celui des taillables misérables, dont la propriété (une maisonnette, un carré de choux) est évaluée à moins de 10 x. En 1343, ceux-ci représentaient 30,7 % du total des Albigeois contribuables; ils ne sont plus que 17,8 % en 1357 sur un total moitié moindre; la peste a fait des coupes sombres dans les rangs de ces pauvres gens, si menus propriétaires qu'ils en étaient quasi prolétaires; en 1343, ils s'entassaient dans deux quartiers surpeuplés. Ces deux îlots perdent 62 % de leur population taillable, entre 1343 et 1357. Les décès innombrables ont contribué à concentrer le sol, entre les mains d'héritiers moins nombreux : en 1343, 11 % de l'effectif des propriétaires détiennent chacun plus de 100 x; en 1357, 20 %. Les biens des morts sont venus grossir ceux des survivants : parmi ces « nouveaux riches » voici Bernard Davisat qui triple son avoir en 1357, grâce à l'héritage de Guilhem Davisat et de la veuve Teisseire, disparus après 1343. Exemple concret, qui n'a d'autre intérêt que d'illustrer la règle générale : le nombre total des propriétés diminue de moitié; la stature moyenne de chacune augmente en proportion et, par voie de conséquence, il y a beaucoup moins de petits lots et davantage de moyens, ou même de grands domaines. Cette statistique aride résume d'innombrables drames familiaux : et il est permis d'imaginer, comme à Florence à la même époque et comme en Normandie, la griserie de certains héritiers, consolés de leurs deuils par une pluie de successions inattendues.

La suite de l'histoire languedocienne atteste-t-elle que la terre au XVe siècle se trouve en état de regroupement, de remembrement prononcé? Tentons l'essai. Prenons le compoix d'un village quelconque de cette province, compoix exécuté sur le terrain entre 1400 et 1500; et comparons-le — en surface ou en valeur, selon les possibilités des documents — avec un compoix du même lieu, daté du XVIe ou XVIIe siècle.

Voici un gros village de l'Hérault. En 1690, 357 propriétaires s'y entasseront sur 4 922 setérées. Or, en 1460, à l'aube de la Renaissance, sur un terroir sensiblement équivalent, à 10 % près (4 569 setérées), 189 propriétaires se trouvent relativement au large; et parmi ceux-ci une véritable classe moyenne — 62 taillables, un tiers de l'effectif — jouit de domaines aux proportions convenables (de 20 à 100 setérées); au total ce groupe aisé détient la moitié du terroir (2 354 setérées). Passent deux siècles : en 1690 — si l'on compare l'histogramme de cette date, avec celui de 1460, les fortunes foncières étant rangées par ordre de superficie croissante — cette même classe moyenne semble avoir fondu comme neige au soleil : en 1690, la catégorie des « moyens » (de 20 à 100 setérées) ne représente plus, en effet, qu'un dixième de l'effectif des propriétaires; elle ne détient plus qu'un quart du terroir. En revanche, dans la partie gauche de l'histogramme, une poussière de petites parcelles s'individualise : elles forment la catégorie la plus pauvre, celle de la plus petite propriété (0-20 setérées); celle-ci double ses effectifs et ses superficies, en 1690, par rapport à 1460; véritable pulvérisation foncière, qui crée une couche de micro-propriétaires : cet éclatement foncier se borne en somme à projeter sur la terre cadastrale les effets normaux de la multiplication du nombre des ruraux; et un tel morcellement n'est pas toujours l'indice d'une bonne santé de l'économie paysanne. Beaucoup de minuscules propriétaires de 1690 n'ont guère qu' « un champ al Causse », dont ils tirent trois fois la semence, dans les bonnes années! Et parmi eux plus d'un disparaîtra dans la tourmente des crises de la fin du règne louis-quatorzien : les « champs al Causse » de 1690 deviendront « les biens abandonnés » du siècle suivant.

Cette prolifération apparaît plus malsaine encore, si l'on considère la façon dont elle s'est produite : aux dépens de quelle catégorie, en effet, s'est opéré ce pullulement moderne des petits domaines villageois? Est-ce aux dépens des grandes propriétés du XVe siècle? Dans cette paroisse, il n'en est rien. Bien loin de se pulvériser au profit des petits laboureurs ou des manœuvriers, la catégorie la plus vaste — celle des domaines de plus de 100 setérées — a même augmenté sa part du gâteau, entre l'époque de Louis XI et celle de Louis XIV. La catégorie la plus vaste (propriétés de plus de 100 setérées) compte, en 1460, neuf grands domaines qui couvrent en tout 1 490 setérées (30 % du terroir villageois). Or en 1690, leur part s'est accrue puisqu'on recense dans cette catégorie douze grands domaines couvrant 2 237 setérées soit près de la moitié du terroir.

Les gros progressent, les petits prolifèrent; les moyens reculent énormément : toute une moyenne propriété fait les frais du morcellement des temps modernes : elle tombe littéralement en poussière aux XVIe et XVIIe siècles. Au XVe siècle, en revanche, elle détenait momentanément, dans ce village particulier, une position prépondérante.

Socialement, cette moyenne propriété n'était ni seigneuriale ou noble, pas davantage bourgeoise ou urbaine. Les forains de la ville voisine ou les titrés dont le nom s'orne d'un *Moussen*, d'un « seigneur de... », ne sont qu'une poignée, dans le compoix de 1460. L'immense majorité des domaines, et spécialement des domaines moyens (20-100 set.) qui forment dans cette paroisse, en 1460, l'ossature de la propriété, appartiennent à des villageois, résidents non titrés, qui ne sont ni nobles, ni bourgeois, ni artisans, en fait des paysans aisés, ménagers ou laboureurs, dotés de bœufs ou de mules : ils forment une sorte de *yeomanry* influente, bien pourvue de terre, solidement campée sur ses domaines.

Et ces structures équilibrées sont le fruit paradoxal du dépeuplement. Quelle différence avec les structures écartelées du XVIIe siècle : en 1690, voici d'un côté les très gros, Noble de Nattes, l'abbé de Saint-Thibéry, etc., accaparant la moitié du terroir; de l'autre, les tout petits, entassés sur de méchants lopins; l'ancienne *yeomanry* du XVe siècle, battue en brèche par les gros rassembleurs de terre, s'est d'autre part désintégrée, sous l'action du morcellement successoral et de l'essor démographique. Sans pousser à l'absurde la comparaison, on évoque certains phénomènes d'éparpillement des terroirs au XXe siècle, dans le monde sous-développé, en rapide expansion démographique.

De même à Lespignan : au XVe siècle domine une structure foncière à prédominance de propriété moyenne ou grande (plus de 25 setérées). Un siècle et demi plus tard, cette structure a éclaté. Les plus gros domaines survivent; la propriété moyenne se volatilise, donnant naissance à des « micro-propriétés » fort nombreuses et qui peuvent être économiquement malheureuses.

Albi mis à part, j'ai utilisé jusqu'ici des évaluations de propriétés en surfaces (setérées, ou hectares) : dans le cas des villages envisagés, il était impossible de procéder autrement. Voyons maintenant si les conclusions, fondées sur des évaluations cadastrales en valeur, viennent confirmer les déductions tirées des superficies.

On connaît le grand intérêt que présentent les estimations en valeur de terre, effectuées par les arpenteurs, experts et « compesieurs » de l'Ancien Régime. Ils représentent un véritable essai de pondération dont l'utilité n'est pas contestable pour le chercheur. Dans certains cas en effet, une confiance aveugle dans les superficies peut conduire à l'absurde : qui donc osera poser l'équation : 1 ha de garrigues = 1 ha de limons. La pondération par les valeurs donne, au contraire, une vue concrète et néanmoins quantitative des terroirs; l'hectare ou la setérée de terre « bonne » étant estimé selon les cas par les compesieurs à 3,5 ou 10 fois la valeur de l'hectare de terre « faible » ou de garrigues; de telles méthodes, communes à tous les compoix, permettent de dépasser l'abstraction géométrique des hectares, pour atteindre aux réalités, à la pondération des superficies par les valeurs comparées des terres.

Toutefois diverses raisons rendent délicate l'indispensable comparaison en valeur entre deux compoix exécutés à cinquante ou cent ans de distance. D'une part, il faudrait tenir compte des mutations monétaires, et du mouvement des prix; et pour comparer la valeur des biens dans des compoix d'un même village, pour 1480, 1560, 1650, éliminer ces causes d'erreur, utiliser donc un équivalent-métal précieux ou mieux un équivalent-blé, auquel on ramènerait aux dates successives, la valeur des terres arpentées : une telle tentative, dans ce cas, est déjà bien hasardeuse.

Cette opération délicate risque elle-même d'être superflue. Les compesieurs sont soucieux d'efficacité fiscale; non de vérité économique. Souvent, ils font fi de la valeur vénale absolue des terres qu'ils « évaluent ». Ils ne cherchent qu'à définir une échelle de valeur relative des différentes terres, des plus maigres aux plus riches, les secondes étant imposées, selon le cas, deux, trois ou quatre fois plus que les premières. La hiérarchie interne qu'ils adoptent est incontestablement représentative de la hiérarchie réelle des différentes terres. Mais les chiffres absolus qu'ils choisissent sont généralement arbitraires : leur échelle est en effet graduée en livres fictives, livres de compoix ou livres livrantes sans rapport avec la valeur vénale absolue des terres, fluctuante. Les comparaisons en valeur « absolue » entre deux compoix, l'un du XVe siècle, l'autre du XVIe ou XVIIe, dont les échelles ont été conçues dans ces conditions, perdent tout intérêt.

A vrai dire, et dans ce domaine difficile, deux sortes de comparaisons des valeurs seulement paraissent légitimes. Premier cas : celui de la famille de compoix, « brevettes », et rôles de taille. Soit un compoix exécuté vers 1500 : c'est un registre, qu'utilisent les consuls ou, à leurs ordres, le greffier, pour établir chaque année le rôle des tailles : si par exemple la somme totale des cotes foncières individuelles inscrites au compoix, « l'allivrement » total, est de 1 000 x (livres de compoix) ou comme disent les collecteurs de tailles « 1 000 livres livrantes », si d'autre part la taille imposée au village par le roi est de 3 000 x (« livres » de monnaie) il suffit de multiplier par 3 la cote foncière de chaque contribuable pour déterminer le montant de sa contribution de l'année. Le *rôle des tailles* annuel, compte tenu d'un coefficient variable selon la taille et les années, apparaît donc simplement comme le résumé du compoix : si ce dernier est perdu, le chercheur peut retrouver la cote en compoix de chaque contribuable en s'aidant du rôle des tailles.

Il y a mieux : le greffier tient compte pour l'établissement du rôle des tailles, en 1510, 1520, 1530..., des mutations foncières qui « déchargent » la cote de tel contribuable pour « charger » celle de tel autre. Ces mutations, inscrites au fil des années, en marge du compoix, au regard du « manifeste » (1) de chaque contribuable, sont ensuite prises en compte par les rôles de tailles successifs : un compoix donné, fait en 1500, peut être utilisé une cinquantaine d'années par les consuls (1500-1550); pendant ce temps, il donnera le jour à une famille de rôles de tailles (1501, 1502, 1503... 1549) dont l'ensemble convenablement utilisé raconte l'histoire foncière du terroir.

Donc, dans une paroisse donnée, on peut comparer l'ensemble des parcelles de terres, champs, vignes, etc., et des maisons, à un jeu de cartes. Le compoix donne, pour l'année de sa confection, la distribution des cartes entre les joueurs, autrement dit la distribution des parcelles de terre entre les taillables ou propriétaires. Mais les années passent : le jeu est sans cesse battu, redistribué, au gré des mutations, des héritages, des remembrements ou morcellements : tel contribuable qui, jeune, avait 3 x de compoix en 1500, en a 15 x en 1540, du fait de ses acquêts; tel autre est mort, et ses 20 x de compoix ont été distribués entre ses quatre enfants, donnant 4 cotes de 5 x. Le livre de tailles, *correction faite du coefficient de l'impôt par rapport à l'allivrement cette année-là*, donne l'état annuel de la distribution des « cartes » pour l'année de sa confection, et l'état annuel de l'allivrement de chaque contribuable.

Confronter l'original d'un compoix, et le rôle de tailles calculé d'après lui cinquante ans plus tard, c'est comparer légitimement ce qui est comparable : les cartes qui circulent sans cesse entre les joueurs sont, en effet, les mêmes depuis cinquante ans. Les indications de fertilité relative

(1) Manifeste : énumération détaillée pour un taillable de ses biens immeubles (terres ou maison) avec leurs confronts, surface et valeur cadastrale.

des terres, les unes maigres, les autres grasses, restent valables d'une génération à l'autre. Notre comparaison certes n'est pas parfaite (aucune comparaison en valeur n'est parfaite, pas plus qu'en surface, et il y aura toujours un résidu d'*indétermination* dans l'histoire sociale quantifiée, pour le bonheur des amateurs d'hypercritique). L'imperfection vient de ce que certaines cartes ont légèrement changé de valeur, de ce que des champs sont devenus vignes et *vice versa*. Néanmoins, et c'est en cela que consiste l'*approximation* proposée ici, on saura indubitablement comment le jeu a été battu et redistribué entre les partenaires (certaines cartes ayant en outre été « déchirées » en deux ou trois morceaux par les partages successoraux qui segmentent tel champ ou telle vigne).

Un bon exemple est fourni par le village de Fontès qui possède une des plus belles séries de documents fiscaux dont on puisse rêver. Peu avant 1505, un compoix y a été confectionné, dont nous savons qu'il faisait 2 010 x d'*allivrement* total. Ce compoix a servi à confectionner des livres de tailles en 1505, 1533, 1539. Ce premier « livre », celui de 1505, porte encore la marque de la démographie indigente du XVe siècle : 105 taillables (du cru) en 1505, chiffre très proche de celui de 1427 (100 taillables); après 1505 se produit l'essor coutumier de la démographie contribuable : 136 taillables du cru en 1533, 172 en 1539 (soit une hausse d'effectif de + 65 %, en une génération, 1505-1539).

Comparer les livres de tailles en 1505 et 1539, c'est donc confronter deux époques séparées par la révolution du peuplement; c'est mettre en perspective deux documents d'une même famille, d'un même compoix : pour reprendre l'image précédente c'est suivre, en somme, le même jeu de cartes, distribué en 1505 à des partenaires assez rares, et en 1539 à des joueurs beaucoup plus nombreux.

L'histogramme des fortunes de Fontès, rangées par ordre de valeur cadastrale croissante, confirme les leçons tirées des histogrammes à base de superficies, précédemment étudiés : morcellement des domaines. Le point de rupture se situe ici aux cotes de 20 livres cadastrales. En 1505, un taillable sur 3 ou 4 (30 taillables sur 105) avait plus de 20 livres cadastrales de compoix, disposant ainsi pour lui-même d'un lot minimum égal en valeur à 1 % du terroir (lequel totalise, rappelons-le, 2 010 x de valeur cadastrale). Une génération plus tard, alors que les bases du calcul cadastral sont restées les mêmes, puisque c'est toujours sur le vieux compoix, revisé par les mutations, qu'on calcule, c'est seulement un contribuable sur neuf qui atteint ou dépasse ce taux de 20 livres cadastrales, au-dessus duquel règne une propriété moyenne ou grande. Il y a donc moins de joueurs aisés, pourvus chacun d'un appréciable paquet de cartes; et davantage de petits, avec seulement une ou deux cartes ou fragments de cartes en main. Inférieurs à 30 x, seuil décisif, viennent se ranger, en effet, 152 petits taillables, à gauche de l'histogramme, en 1539; on n'en trouvait que 75 en 1505. Grâce à l'essor du peuplement les petites cotes ont poussé comme des champignons, favorisant l'essor d'une plèbe cadastrale innombrable. *A contrario*, l'extrême fin du XVe siècle apparaît comme dominée encore par les moyennes propriétés, celles-là même qui éclateront avec l'explosion démographique du XVIe siècle.

Dans ce cas précis, l'étude des valeurs vient confirmer les conclusions des histogrammes précédents, fondés sur les superficies...

Cependant, les familles de livres de tailles, dérivées d'un même compoix ne permettent pas de pousser très loin les comparaisons chronologiques. Au bout de soixante, quatre-vingts, cent ans, le compoix originel ou « matriciel », surchargé, raturé, défiguré par d'innombrables mutations, n'est plus bon qu'à donner aux rats. Il faut en fabriquer un autre à partir d'un arpentement nouveau. A son tour, celui-ci donnera naissance, durant deux ou trois générations, à une nouvelle famille de rôles de tailles, témoins annuels d'une histoire foncière en constant changement. Nous avons dit qu'en valeur absolue ces deux compoix, et leurs familles respectives, sont difficilement comparables d'une famille à l'autre; à cause des fluctuations des monnaies et des prix; et plus encore à cause des fictions de l'estimation cadastrale, plus attentive à respecter la hiérarchie relative des sols qu'à donner la valeur vénale absolue des terres sur le marché.

Faut-il renoncer pour autant, à comparer entre elles les séries de compoix ou rôles de tailles d'un même village, quand on ne possède ni le dénominateur commun des « hectares », ni celui d'un même allivrement de base? Dans cette situation difficile, s'impose la méthode des pourcentages. On lui demandera — comme souvent dans la statistique des sociétés anciennes — non des indications en valeur absolue, mais des indications de tendances.

Saint-Guilhem-le-Désert est situé aux gorges de l'Hérault, en un paysage vertical, bâti de murailles calcaires, que vient rompre çà et là, l'escalier des olivettes en terrasses. Un tel « terroir » se prête mal à l'évaluation par hectares; ce qui compte, c'est la valeur des terres, ici pan de garrigues nues où la roche apparaît dans le dentelé des *lapiaz* ou dans les éboulis de pierrailles; ailleurs vertes prairies des bords de l'Hérault, qui valent de l'or, comparées aux cistes et romarins des garrigues.

Or ce village, où la taille est réelle, comme partout en Languedoc, dispose d'une série splendide de rôles de taille, construits sur des estimations ou sur des compoix successifs, et qui donnent l'échelle de fortune de tous les contribuables : en 1398, 1442, 1486, 1570, 1615, 1654, 1675, 1750. Mais comment comparer entre eux ces documents homogènes par le contenu, hétérogènes par la forme : il n'y en a pas deux qui procèdent d'un même compoix ou d'un même cadastre lequel serait leur ancêtre commun. Le hasard veut que chacun d'eux soit établi sur une évaluation particulière, irréductible en valeur absolue à celle du précédent ou du suivant. Ainsi l' « allivrement » total, ou bien, dans certains cas, tout simplement l'imposition totale du village est de 47 x en 1398, 321 x en 1442, 37 x 10' en 1486, 84 x 16' en 1570, 64 x 2' en 1615, 1 043 x en 1654, 397 x en 1675, 352 x en 1750, 8 364 x en 1791... Totaux arbitraires, en valeur absolue, variant avec les méthodes d'estimation foncière des compoix ou avec la taxation, et dont seule importe, à vrai dire, la « ventilation » entre les contribuables.

Renonçons dans ce cas particulier à toute comparaison en valeur absolue des biens, d'un document à l'autre. En revanche, des comparaisons en pourcentage restent concevables. Certes nous ignorons les dimensions réelles du « gâteau » que se partagent les « convives » (entendez : la valeur réelle du terroir que se partagent les propriétaires). Toutefois, nous pouvons connaître de façon précise le nombre (variable) de ces « convives » et la valeur relative de la portion attribuée à chacun d'entre eux. Les uns placés au bon bout de la table, se taillent un large secteur du gâteau. Les autres, plus nombreux, n'ont droit qu'à quelques miettes. Est-il indifférent de savoir comment, à chaque génération un tel partage s'est effectué ? L'ignorance des valeurs absolues des terres partagées a moins d'importance que s'il s'agissait d'une économie urbaine, dont le dynamisme est presque infini. L'élasticité des terroirs ruraux évolue au contraire dans des limites étroites, comme le montrent les comparaisons des surfaces. Les capacités de croissance du revenu agricole global d'un terroir donné, sont assez faibles dans l'économie ancienne, même quand cette économie connaît l'expansion. Du fait de cette relative stabilité des surfaces et des valeurs à partager entre propriétaires, les problèmes de changement de répartitions, de changement des pourcentages possédés par les diverses catégories de propriétaires, grands et petits, revêtent un grand intérêt.

A Saint-Guilhem, de 1398 à 1442, c'est le classique remembrement des fortunes, en période de dépeuplement des contribuables (dont le nombre tombe, alors, de 132 à 115) : le seuil critique, la ligne de rupture, dans la comparaison des deux histogrammes de fortune se situe aux cotes qui représentent 0,8 % de la valeur du terroir : cotes de 0,38 x en 1398, de 2,6 x en 1442. Le nombre des petits taillables, détenant un pourcentage de terroir inférieur à ce taux tombe de 98 en 1398, à 68 en 1442. Une tendance au regroupement en cotes moyennes (dont chacune fait plus de 0,8 % du terroir) s'affirme, par compensation : on compte 34 domaines de cette sorte en 1398, 47 en 1442. Trait important d'évolution sociale : le remembrement du XVe siècle ne s'est donc pas opéré en 1442 par une concentration capitaliste, au profit d'un ou deux gros « caciques » de villages, nobles ou bourgeois ; mais bien au profit de plusieurs dizaines de propriétaires moyens, survivants ou remplaçants des paysans plus nombreux de 1398 : il s'est opéré par le jeu classique du regroupement des héritages, sur des « ayants droit » en nombre plus réduit. Au XVIe siècle, cette propriété moyenne, remembrée au temps de Charles VII, tend à nouveau à éclater sous l'effet de forces centrifuges ; la population contribuable aux tailles double par rapport à 1442 : 210 taillables en 1570 ; comme toujours, la moyenne propriété vole en éclats. Elle s'effondre, à nouveau fragmentée en une série de lots minuscules.

Et d'autre part, comme il arrive souvent (mais non toujours), au côté droit de l'histogramme la grande propriété progresse, elle aussi, entre 1442 et 1570.

Par un processus bipolaire, en vertu d'une dialectique des contraires, la moyenne propriété est rongée aux deux bouts, par la petite et par la grande.

Dans ce cas précis, vers 1450, l'apogée d'une classe moyenne de propriétaires ruraux, favorisé par le jeu des basses démographies du XVe siècle, est ainsi doublement démontré, à la fois par la comparaison avec ce qui précède dans le temps et avec ce qui suit. Les autres villages, pour lesquels on peut avancer des comparaisons en pourcentages, apportent un témoignage analogue.

Ainsi, de quelque côté qu'on aborde le problème de la propriété du point de vue des superficies, ou des valeurs cadastrales absolues, ou des pourcentages de ces valeurs, les conclusions convergent (et l'étude du XVIe siècle apportera sur ce point de nouvelles confirmations). Un réseau foncier à mailles assez larges se constitue en Languedoc, à la veille des Temps modernes; ce réseau s'installe, à la faveur d'une démographie raréfiée. Il en est la projection au sol, et la conséquence cadastrale. Vient l'âge moderne : de ces « larges mailles », certaines, parmi les plus vastes, se consolideront, s'agrandiront parfois, elles tendront à se comporter en véritables cellules capitalistes. Mais ce développement moderne vers la concentration n'aura pas la même importance qu'en certaines régions du Nord, en Angleterre ou en Poitou. En fait, après 1500, la plupart des « larges mailles » éclateront à nouveau sous l'impact de l'explosion démographique, en un fin réseau de petites propriétés.

Le remembrement lignager

Nous sommes restés jusqu'ici dans l'abstraction des structures foncières. Il faut envisager maintenant les rapports humains vivants, et cette cellule agricole fondamentale : la famille paysanne. Quelles furent à son niveau les conséquences des *Wüstungen* et de la grande dépression du peuplement, à la veille des Temps modernes? Deux mouvements complémentaires apparaissent : désintégration, intégration.

Désintégration, tout d'abord, d'un grand nombre de familles, et même de lignages entiers. Les études, fragmentaires encore, d'anthroponymie cadastrale mettent le phénomène en lumière. Voici l'exemple d'Albi, le plus ancien : l'étude anthroponymique menée dans un quartier important, complet dans les deux compoix, y est extrêmement révélatrice. Sur les 638 noms recensés dans le quartier du Vigan, en 1343, 74 (en 1358) se retrouvent dans le même quartier, et 68 dans d'autres quartiers de la ville; par contre 498, soit 78 % disparaissent totalement. « L'anthroponymie était assez bien fixée dans les villes du XIVe siècle pour que l'incertitude résultant de changements de noms possibles, dans une même famille ait été faible ». En somme, à Albi, dès la première grande catastrophe, huit familles sur dix auraient purement et simplement disparu des cadastres (par perte totale de leurs biens, par émigration ou, très souvent, par disparition physique). Chiffre incroyablement élevé, mais que viennent confirmer d'autres travaux. Voici un hameau près la Montagne Noire, le *masage* de Prades, en 1375 : cette année-là, un enquêteur y trouve six pauvres familles, allumant feu. Toutes, sauf une, réputées indigentes. Toutes disparaîtront, du moins quant à la descendance mâle. En 1634 en effet, dans le même hameau personne ne portera leur nom. D'autres familles, de fraîche immigration, les auront remplacées : elles donneront dans ce *masage* 43 taillables en 1634, dont 25 pour une seule famille. Ainsi la rupture est totale entre peuplement de la fin du Moyen Age et peuplement moderne; celui-ci a entièrement remplacé l'ancien, avec lequel il est peut-être, et tout au plus, allié par les femmes. Qu'on n'aille pas parler pour cette région, et pour la période pré-moderne, de stabilité des familles paysannes.

Peut-on mesurer, grossièrement, et par comparaison, le taux de déracinement des lignages, durant le XVe siècle languedocien ? Voici quelques données. A Saint-Guilhem-le Désert, des 132 taillables de 1398, 78 portent un nom qu'on ne retrouvera pas dans le livre des tailles de 1442. De même, des 117 taillables de 1442, 62 ne laisseront aucune trace anthroponymique au livre des tailles de 1486. L'usure familiale est donc intense. En moyenne, chaque décennie, de 1398 à 1486, 12,7 % des taillables disparaissent sans laisser sur place d'héritiers qui soient mâles et contribuables (les taux décennaux sont exactement de 13,4 % entre 1398 et 1442, et de 12 % entre 1442 et 1486. Certes ce n'est plus l'effroyable hémorragie des années de la peste albigeoise (8 familles sur 10, déracinées en 15 ans). Mais la perte de substance reste considérable.

La contre-épreuve est facile à réaliser. Après 1500, les taux d'usure de l'anthroponymie cadastrale tomberont à un niveau plus bas et raisonnable qu'au XVe siècle. Dans cette paroisse de Saint-Guilhem où l'on possède un livre de tailles tous les quarante ans environ jusqu'au XVIIIe siècle, on s'aperçoit que les familles paysannes, à l'époque moderne, sont enracinées beaucoup plus solidement qu'au XVe siècle. Après 1500, d'une liste de contribuables à la suivante, c'est seulement un quart des taillables environ qui disparaît sans laisser de traces onomastiques; alors que ce taux de disparition dépassait largement 50 % au XVe siècle : si l'on utilise encore un taux décennal, qui permet des comparaisons précises, ce taux accuse une rupture autour de 1500; après cette date, aux XVIe, XVIIe, XVIIIe siècles, le taux ne dépasse jamais 6 % et il oscille autour de 4,5 %. Or entre 1400 et 1500, nous avons vu qu'il se maintient à 12 et 13 % : le XVe siècle est bien l'époque du déracinement lignager.

A Fontès, une belle série de compoix et livres de tailles, permet des statistiques analogues. Dans ce village également, le taux décennal d'usure de l'anthroponymie cadastrale est maximum entre 1427 et 1505 (8,5 % par décennie). Il décroîtra ensuite, et il tombera à 3 % au XVIIe siècle : une époque de sécurité relative (où les familles pourront s'entasser sur place et refouleront, grâce aux chasse-gueux, une bonne partie des immigrants nouveaux) se substituera enfin au « temps des troubles » bas-médiéval; les villages abattront leurs murailles de pierre; mais ils édifieront paisiblement des murailles sociales...

Au XVe siècle, il n'en est rien encore; les vieux lignages s'effilochent, et disparaissent; l'afflux d'immigrants, de familles nouvelles, si intense qu'il puisse être, ne suffit pas sur le moment à compenser ces phénomènes d'usure; quelle va être, dans ces conditions difficiles, la réaction des familles survivantes? Elle tient en quelques mots : resserrer ou remembrer la solidarité lignagère; on remembre les familles, comme on remembre la propriété, comme on coud ensemble des champs ou des prairies. Le XVe siècle languedocien tend à restaurer, au-dessus des petites cellules conjugales, la vieille unité des sociétés ethnographiques : la famille étendue et patriarcale, la « grande maison » paysanne.

Cette évolution : du ménage au lignage, se dessine en Languedoc, et surtout au pays cévenol, dans l'ambiance dépressive de la période 1350-1480. Bien sûr, on trouvait des familles élargies, des affrèrements ou frérèches, bien avant cette date, et dans la plus belle époque des XIIe et XIIIe siècles. Mais « ces pratiques communautaires, note Hilaire, s'amplifient considérablement dans la deuxième moitié du XIVe siècle, en relation étroite avec la période de crise économique des XIVe et XVe siècles ». En fait, sous le formalisme du droit écrit, du droit romain théoriquement souverain dans le Midi, les difficultés économiques et la régression sociale font affleurer à nouveau, en fin de Moyen Age, le vieux tuf du droit coutumier : et des structures familiales léguées par un passé lointain, connaissent à la veille des Temps modernes un surprenant essor.

Autour de Montpellier, on a des registres de notaires depuis la fin du XIIIe siècle : or brusquement après 1350, on y voit fleurir, en milieu paysan, une série d'institutions patriarcales, ou lignagères, ou fraternelles, peu pratiquées par les générations précédentes; dès lors, ces pratiques ne feront que croître et embellir. Citons, au fil des actes : des donations fictives aux enfants du tiers, de la moitié, ou même de la totalité des biens paternels (c'est une fiction juridique grâce à laquelle le père garde expressément l'usufruit de tous ses biens, et continue à gouverner jusqu'à sa mort la maison familiale, où vivent les ménages de ses enfants mariés); des communautés à trois ménages, formidablement soudées, comme en 1452, où un père donne ses deux filles à deux frères sans le sou, solides gaillards descendus de la montagne : les deux jeunes ménages promettant de vivre à feu et à pot en totale obéissance *sous le joug* des vieux.

Un autre trait de ce XVe siècle lignager, avec la subordination, c'est la promiscuité quasi totale du vieux couple et des jeunes ménages : on vit à feu et à pot, mangeant et buvant « même pain et même vin »; on n'a qu'une bourse dont le père est seul à tenir les cordons, le fils marié ne pouvant détenir une somme supérieure à cinq sous, sans le consentement paternel dûment exprimé. Le voilà bien, ce fils de la famille élargie, quadragénaire, avec ses trois sous en poche! L'oppression du père trouve pourtant sa contrepartie : dans l'obligation où il est de nourrir les jeunes ménages, d'administrer avec prévoyance la cave et le grenier communs, de prévoir les subsistances; la fonction de commandement implique une réciprocité des services rendus.

Cette étroite cohésion du groupe familial crée des tensions antagonistes entre ses membres. Tensions qui deviennent dramatiques si le père veuf se remarie, introduisant une étrangère dans le cercle de famille. Certains patriarches veufs n'hésitent pas du reste à pratiquer, vis-à-vis des jeunes ménages de leurs enfants qui vivent avec eux, ce « chantage à la belle-mère ». « Si vous m'opprimez, je me remarie » dit Hugues, laboureur cévenol, à ses enfants, nouvellement mariés, cohabitant avec lui. A notre époque, le cas Dominici, si extrême qu'il soit, rappelle qu'il ne fait pas toujours bon vivre sous la loi d'un patriarche montagnard, mélange de Jupiter et d'Ubu; la « grande maison » languedocienne n'a rien d'une bergerie à la Florian : les romans cévenols la peignent remplie de haines familiales, de refoulements, et parfois repaire d'incestes et de crimes.

Des clauses spéciales tentent du reste de prévenir une révolte toujours possible des enfants contre le Vieux de la maison : l'acte de communauté spécifie que le lit de l'aïeul est sacré, ainsi que sa ration alimentaire. Malheur au jeune ménage qui tentera de vendre l'un ou de réduire l'autre! Malheur à la petite-fille qui vendra le lit et la couverture de sa grand-mère!

Les clauses dotales sont essentielles pour comprendre cet impérialisme communautaire à l'âge pré-moderne. Le vrai maître de la dot, en cas de communauté, c'est le père du marié : c'est lui qui reçoit la dot, la fait valoir. Entre familles élargies qui s'allient les unes aux autres par un mariage, les dots se versent de père à père; et l'on retrouve, dans la Cévenne du XVe siècle, les clauses classiques de réversibilité des dots où les ethnologues voient l'une des caractéristiques des familles élargies du Maghreb : en famille cévenole, au temps de Louis XI, le gendre apporte avec lui son « augment de dot »; il peut le reprendre, s'il quitte cette famille, sa femme étant morte. Naturellement, avant d'échanger les dots, les grands lignages paysans, dans le pays montpelliérain du XVe siècle, échangent les jeunes hommes et les jeunes filles, de puissance à puissance, au terme de savantes négociations.

Toutes ces clauses marquent le renforcement étonnant de l'institution lignagère vers 1350-1500. Institution paternaliste, étouffante, mais protectrice pour les enfants qui s'y résignent, dure aux filles qui la quittent pour suivre un amoureux. Le lignage ainsi constitué a la solidité sans faille de la famille conjugale. Il ignore, lui aussi, le divorce. Dans la famille élargie, vieux couples et jeunes ménages sont rivés les uns aux autres pour la vie, « mariés » pour le meilleur et pour le pire.

Les facteurs qui jouent en faveur de la famille élargie poussent aussi vers 1350-1500 à créer d'innombrables affrèrements, qui prolongent entre les frères, après la mort du père, l'indivision du domaine et l'exploitation commune de la terre. Certes l'affrèrement, tacite ou explicitement contracté, est d'usage ancien dans le Midi. Mais le XVe siècle languedocien lui donne une nouvelle jeunesse, qui devient bientôt un véritable apogée : le terme lui-même, *affrairamentum*, est définitivement fixé en 1420; ainsi que les clauses caractéristiques : communauté de biens entre frères, qui se font, symboliquement, donation réciproque de la moitié de leurs domaines; vie commune des ménages de frères, même pain, même vin, profits et pertes communs... Psychologiquement, l'ombre du père mort continue à planer sur les ménages associés des frères, qui vivent dans l'indivision et la promiscuité. Au besoin, c'est le seigneur du village lui-même qui se charge de faire respecter la volonté du père défunt, et qui empêche un fils récalcitrant de procéder unilatéralement au partage du bien familial. La vie commune est poussée très loin : feu, mas, pain, vin, pot, table, bourse, dettes, tout est communautaire. Il y a un coffre unique où l'on place l'argent de la *frérèche*. Chaque frère possède une clé, l'argent de poche étant limité à 5 sous par frère; l'un des frères, généralement l'aîné, tient la barre, et s'intitule *gubernator* de la maison commune. Bien entendu, les dots des belles-sœurs sont jetées dans la masse commune; elles ne sont restituables que dans le cas bien improbable d'une rupture de l'association : les textes sur les liquidations d'affrèrement sont, eux aussi, rares; quand on s'affrère, c'est pour la vie : engagement lourd de sens pour chacun des frères, pour leurs épouses et pour leurs enfants.

La fraternité, dans la Cévenne du XVe siècle, terre classique de l'affrèrement, finit par devenir une dimension essentielle de la vie sociale. Elle y contamine toutes sortes de liens : un ami s'affrère avec un ami, une fille avec son père! les liens d'affection, se distinguant mal de ceux de l'intérêt. Ainsi Jean Rey, en 1446; sa femme l'a quitté. C'est une « mauvaise femme ». Heureusement Rey a un grand ami, Colrat. Il l'aime, il en est aimé. Échec conjugal, amitié masculine passionnée (non dépourvue d'ambiguïté, dans ce cas et dans quelques autres) : Rey et Colrat s'affrèrent donc; ils se donnent réciproquement tous leurs biens; ils exploitent leur terre en commun; et si Marguerite, l'épouse infidèle de Rey, veut revenir « habiter avec eux » et se conduire « en bonne épouse », alors les deux hommes promettent qu'ils seront compréhensifs : ils l'accueilleront à leur foyer. Ils pardonneront.

A partir de 1440, un véritable délire de fraternité — contaminant jusqu'au lien conjugal! — semble avoir saisi la Cévenne. On voit, alors, se multiplier dans ces régions les affrèrements entre époux. Les jeunes mariés s'imposent toutes les charges de l'affrèrement : biens, vie, travail commun, bourse commune, à l'exception classique des cinq sous d'argent de poche pour chaque conjoint. Seules clauses spéciales à l'affrèrement conjugal : le respect mutuel du devoir de fidélité, et l'obligation pour le mari de vêtir convenablement sa femme; certains jeunes mariés, ainsi affrérés, se promettent même d'être au service l'un de l'autre, *jour et nuit, comme des frères*!

La restauration d'une famille élargie, patriarcale ou fraternelle, dans le Languedoc cévenol de l'extrême fin du Moyen Age, est un grand fait d'histoire ethnologique. Le mouvement se situe dans des limites de temps bien déterminées : il démarre vers 1350 où brusquement ce genre de contrats se multiplie; son apogée intervient vers 1450-1510; après 1550-60, les actes de communauté familiale ou d'affrèrement deviennent à nouveau rares chez les notaires de Ganges, presque inexistants chez ceux de Montpellier : l'institution ne disparaît pas entièrement, mais désormais elle ne joue plus qu'un rôle assez faible, très minoritaire. Elle tend à devenir une survivance.

Duby a montré comment les crises du xe siècle et de l'an mil avaient conduit, dans l'effondrement des hiérarchies politiques et sociales, au réveil passager des institutions lignagères. D'une façon analogue, les crises des xive-xve siècles ont favorisé en France un nouveau et dernier réveil de la famille élargie. Réveil momentané, mais général; n'est-ce pas justement à cette époque, en 1484, qu'on signale, près de Caen, la maison à dix couples et soixante-dix âmes, vivant à feu et à pot?

Il serait d'une rare platitude de rendre compte de ces phénomènes, uniquement par des considérations économiques, fiscales ou sociales ; c'est d'abord l'angoisse du XVe siècle et, par contraste, le besoin urgent, affectif de sécurité qu'elle engendre, qui explique le retour général aux archétypes familiaux. Ni la royauté, disloquée, ni la seigneurie, faible, ne sont capables de fournir à l'individu la protection matérielle et morale qui lui sont nécessaires. Les *structures libidineuses de l'État* (Freud), se sont effondrées ou révélées impuissantes au temps des guerres anglaises : certes, l'individu peut toujours éprouver pour son Roi un amour lointain, mêlé de révérence et calqué abstraitement sur celui qu'il porte à son père ; mais il sait désormais qu'en retour de cette affection et de cette obéissance, il n'obtiendra pas les contreparties normales dont jouissaient ses ancêtres : ordre, travail paisible, sécurité, et les avantages réciproques que procure le respect de la légalité. Alors, l'homme réévalue, dans les liens affectifs, comme dans les formules juridiques, les protecteurs premiers, naturels : le père-patriarche ou, son substitut, le frère aîné.

Cela dit, la psychologie, même profonde n'explique pas tout. Indiscutablement, la vogue passagère de ces grosses molécules familiales est liée aux conditions particulières des *Wüstungen* et de la dépopulation qui sévissent avant le grand essor démographique des temps modernes : c'est en montagne que les frérèches poussent comme des champignons, au XVe siècle, de l'avis de leurs historiens : en pays d'habitat lâche et dispersé, où les défrichements sont rudes et souvent peu rentables ; en période de main-d'œuvre rare et chère, si l'on songe à la dépopulation et à la hausse des salaires réels au XVe siècle. Pour les grandes fermes de la montagne, le choix vers 1420-1450 est dramatique : l'exploitation par un seul couple est impossible car il faudrait embaucher des ouvriers, avoir des capitaux, de grosses rentrées d'argent : impensable. Alors il faut abandonner ; ou bien avoir recours à la forme la plus archaïque et la plus efficace du maintien de la colonisation montagnarde : la grande famille, avec ses prestations gratuites de travail, sans recours au salariat. Il est clair que ce recours à la *frérèche* a permis sur les sols ingrats des montagnes du Midi le maintien d'îlots de peuplement au XVe siècle ; c'est lui qui a favorisé, aussi, le premier essai de récupération des terres abandonnées, vers 1467-1508, et qui a porté en avant de nouvelles franges pionnières de défrichements. C'est seulement après 1550, quand un fort peuplement et une nombreuse main-d'œuvre seront à nouveau solidement accrochés au sol montagnard, que la frérèche, le grand lignage oppressif et fraternel des Cévennes ou du Vivarais, ayant accompli son rôle historique, régressera enfin, laissant le champ libre à de petites exploitations par familles réduites et nucléaires, ou à de grands mas sur le mode capitaliste, tels que les préconisera Olivier de Serres.

Les malheurs de la rente foncière

Voici posés (par le biais de la propriété, puis de la famille paysanne, cellule de base de la production agricole), les problèmes de l'exploitation de la terre à la veille des Temps modernes. Comme toujours, c'est la série, la comparaison d'un domaine, ou d'un même type de bail, d'une période à l'autre, qui, de ce point de vue, permet de mettre en perspective et de caractériser une époque.

Transportons-nous aux domaines du Chapitre Saint-Nazaire de Béziers, avec leurs magnifiques séries de comptes et de baux, qui couvrent 400 ans (1380-1780). Aux XVIe, XVIIe, XVIIIe siècles, ces domaines seront toujours, ou bien loués à des fermiers, à rente de grain ou d'argent, ou bien arrentés à mi-fruits (50 % des grains). Or, à la fin du XIVe siècle, les chanoines biterrois sont moins exigeants : leurs fermiers de 1384 et 1389 ne leur versent que 2/5 de la récolte : proportion modeste, qu'on trouve notamment dans la ferme de Saint-Pierre, sise en plaine fertile, et véritable usine à blé. Non loin de là s'élève le gros mas du Viala : le fermier de 1393, n'y est tenu qu'au versement du quart des fruits, comme son successeur de 1397. Mais les laboureurs du XVIe siècle, eux, en 1544 et 1587, prendront le Viala à mi-fruit : ils auraient sûrement envié le sort de leurs prédécesseurs du temps de Charles VI ; c'est le propriétaire, ici, qui semble à plaindre, à l'époque du Roi fou : ce propriétaire qui ne touche qu'un quart de récolte, au lieu d'une moitié sous François Ier ou Henri III.

Arrive le XVe siècle : le propriétaire continue de perdre, l'exploitant d'améliorer sa position : les bonnes terres de Saint-Pierre versaient encore 2/5e de récolte en 1393 ;

en 1413, elles ne cèdent plus que le tiers des fruits aux maîtres du sol. Sur 30 sacs de récolte les chanoines de Saint-Nazaire en perçoivent 15 au XVIe siècle, 12 en 1393, 10 seulement en 1413. Pauvres chanoines de 1413! Leur fermier paraît, quant à lui, mieux partagé que son lointain successeur de 1585, qui sera métayer pour de bon, à 50 %, sur ce même domaine de Saint-Pierre.

A quatre lieues de là, en 1430, les meilleures terres du Narbonnais, les « condamines » les plus grasses, ne versent qu'un quart de récolte. A l'ouest du Languedoc, dans le Lauraguais, autre grenier à blé, entre 1350 et 1450, « il est rare que le cultivateur doive remettre plus du tiers de la récolte au propriétaire; ce sont souvent les 3/4, les 4/5e qu'il garde pour lui, ... le régime est très favorable au travailleur ».

Cette moindre rente s'expliquerait-elle par de moindres rendements? C'est peu probable; la technique céréalière et la productivité agricole n'ont guère varié en Languedoc du XIVe au XVIIe siècles; les baux et inventaires languedociens de 1384 portent déjà la mention classique sur l'état des terres : *mi-garach*, *mi-rastouilh*, autrement dit, l'assolement biennal, qu'on retrouve sans changement sur les mêmes terres, en 1542 ou 1780.

Quant aux labours d'araires, autre facteur de productivité, les fermiers du temps de Charles VI ou Charles VII, en sont aussi généreux, voire davantage, que leurs successeurs, contemporains de la Ligue ou de la Fronde : à Saint-Pierre, Ermengard donne 7 raies par an en 1384. Agulhon, 9 raies en 1389. Les laboureurs des XVIe et XVIIe siècles ne feront pas mieux.

Ni la fertilité ni la productivité n'ont beaucoup varié ; la production est demeurée stable; mais sa répartition s'est nettement modifiée. A l'époque moderne, cette répartition favorise le propriétaire; à la fin du Moyen Age au contraire, elle avantage l'exploitant. Les causes? L'une d'elles au moins est bien connue. Dans ce monde dépeuplé, quantité de terres sont devenues vacantes. La terre s'offre, à qui veut la prendre. Et les maîtres du sol ne sont plus en état de dicter leur loi : si cette société regorge de terre, elle manque de bras. Les paysans candidats exploitants peuvent ainsi poser, voire dicter leurs conditions, modifier à leur profit, au détriment du propriétaire, le partage de la récolte brute; et les preneurs gagnent sur les bailleurs.

Les propriétaires du XVe siècle sont donc en fâcheuse posture. Certes leurs domaines ont tendance à s'arrondir, par suite du remembrement général. Mais s'ils veulent tirer profit de ce processus, vivre mieux sur ces biens-fonds plus vastes, il faut qu'ils exploitent eux-mêmes, qu'ils cumulent la maigre rente du propriétaire foncier et le revenu plus substantiel de l'entrepreneur de culture. Ils doivent cesser d'être propriétaires-rentiers pour devenir propriétaires-exploitants. Ils ne s'en privent pas. Voyez les chanoines de Narbonne sur leurs granges puissantes. Celles-ci, après 1550 et au XVIIe siècle, seront très souvent données en fermage ou en métayage. Au contraire, au XVe siècle, sur ces mêmes terres, c'est le triomphe de la gestion directe. Les chanoines recrutent eux-mêmes les moissonneurs, font faner, couper, gerber, dépiquer, (toutes tâches de routine et de servitude, dont ils se déchargeront volontiers sur un fermier après 1550 et au XVIIe siècle, au fur et à mesure que la rente foncière montera, et qu'elle suffira à leur bonheur).

Entre ces chanoines et leurs ouvriers agricoles, sous Louis XI, pas d'écran. Un simple contremaître ou *bayle* assure la transmission des ordres, en 1478-1482. Son rôle de direction est très limité; il laboure; sa femme fait la cuisine. L'essentiel reste « dans la main » des chanoines, qui tiennent les comptes, versent les salaires du bayle et des ouvriers, ainsi que leurs rations annuelles en froment, huile, sel, vin, piquette. Le bayle lui-même n'est qu'un ouvrier supérieur, un caporal de culture, illettré, payé comme un bon bouvier.

Ainsi s'affirment les conséquences de l'étiage démographique de la fin de la période 1350-1480. D'une part, il élargit l'assiette terrienne du propriétaire; mais d'autre part il augmente la part de récolte de l'exploitant direct. Le gagnant dans ces conditions, ou le moins perdant, ce n'est pas le propriétaire en général; ce n'est pas le rentier du sol; c'est le propriétaire faisant valoir; qu'il soit véritable paysan, ou que, noble, prêtre ou bourgeois, il assume directement la gestion de son domaine.

Ceci posé, les conditions, dans cette société pré-moderne, sont-elles favorables au développement d'un capitalisme rural et par exemple d'une classe de grands fermiers, entrepreneurs de culture, possédant « non pas des terres » « mais de l'argent à la bourse », pour faire valoir les domaines d'autrui? Il ne le semble pas.

Soit de nouveau le grand domaine de Saint-Pierre près Béziers. Aux XVIe et XVIIe siècles, on y observera déjà certaines caractéristiques (encore incomplètes), de la grande culture : un gros fermier, coq de paroisse, la mènera avec des dizaines de bœufs et de mules, et des centaines de moutons; il « sortira » chaque année des milliers de setiers de grains. Or un ou deux siècles plus tôt, d'après les séries fragmentaires de baux dont on dispose, la situation du domaine de Saint-Pierre est bien différente : la propriété y reste unifiée mais l'exploitation est démembrée, volatilisée; en 1389, 7 hectares en sont loués par division à trois laboureurs pour quatre ans; en 1413 enfin, l'ensemble du domaine est baillé à tiers de fruits en sept lots à sept cultivateurs; tous sont petits paysans d'une paroisse voisine; ils prennent pour six ans, qui 30 setérées, qui 10, qui 6 ou 8, des labours du mas. Ils n'ont ni argent, ni train de culture : le Chapitre est obligé de vendre à crédit à certains d'entre eux, pour 16 x, remboursables en six ans, l'araire, la lourde reille (1) en fer et l'unique paire de bœufs au moyen desquels ils gratteront la terre. Au contraire, sous François Ier, Sully ou Louis XIII, un fermier unique, capitaine de culture, assumera l'unité de commandement; seul maître à bord, après le propriétaire.

Pourtant dès le XVe siècle, les conditions foncières sont théoriquement réunies pour la grande culture : grands domaines, vastes bâtiments de granges, hérités d'anciennes villas gallo-romaines ou de réserves seigneuriales. Ce qui manque à la grande culture à la fin du Moyen Age, ce n'est ni la terre ni la pierre, c'est l'argent et c'est l'homme; on ressent cruellement l'absence d'une classe de gros patrons paysans, riches et audacieux.

Certes, il existe déjà en Languedoc dès la fin du Moyen Age, un certain nombre de fermiers de style capitaliste : le 8 septembre 1395, Jean Montagnac prend à ferme pour quatre ans, moyennant 40 x par an, la vaste grange d'Amilhac : ce faisant, il se comporte en grand entrepreneur de culture; mais les gens de son espèce ne se multiplieront vraiment que bien plus tard. Chaque fois qu'on veut comparer dans le temps, dîmes à dîmes, grange à grange, village à village, XVe à XVIe ou à XVIIe

(1) *Reille* : soc d'araire.

siècle, on voit que le fermage capitaliste est encore dans l'enfance à la veille des Temps modernes.

Pourquoi ? Par manque d'argent, d'abord. Le marasme monétaire du XVe siècle est un fait bien connu; en Languedoc, il ne se dissipera lentement que sous le règne de François Ier : entre 1453 et 1504, même la taille royale dans plus d'un village est payable en huile ou blé, fait dont je ne trouve plus d'équivalent après 1505. Ces mêmes causes monétaires qui empêchent à la ville la formation d'une riche bourgeoisie, acheteuse et rassembleuse des terres, jouent aussi à la campagne pour freiner la création d'une classe de fermiers capitalistes.

Aux causes monétaires, viennent s'en ajouter d'autres qui tiennent au partage du revenu brut de l'exploitation : ce que l'exploitant gagne d'une main, par la modération forcée de son propriétaire, ne va-t-il pas le perdre de l'autre, par suite des exigences de ses ouvriers ? C'est poser, après le problème de la rente foncière, celui du salaire agricole, au point initial de notre période.

L'intervalle doré des salaires

Vers 1480 : l'intervalle doré des salaires. Expression valable dans certaines limites pour les travailleurs urbains, dont le salaire-argent constitue le revenu essentiel; l'est-elle aussi pour le travailleur agricole le plus typique, pour l'ouvrier nourri dont le salaire en nature est complété chaque année par quelques piécettes ?

De l'évolution, fort peu étudiée à ce jour, des salaires mixtes, argent-nature, dépend en effet le sort du prolétariat rural. Interrogeons les archives de granges, régies par un Chapitre. Un contrat soigneusement établi y fixe le sort de l'ouvrier chef de culture ou *bayle*, et des bouviers ou *boyers* qui lui sont subordonnés. Ce contrat est régulièrement conclu vers 1475-1510, attesté encore à diverses occasions jusqu'en 1600-1650. Si son contenu économique va en se dégradant, ses dispositions formelles ne varient pas d'un siècle à l'autre; d'où une comparaison possible. Le bayle reçoit de ses patrons (les chanoines narbonnais) en argent, une fraction de son salaire; en argent aussi la *pitance* ou *companage* destinée à l'entretien de son ménage et des bouviers (achat de viande notamment); en nature enfin, il perçoit grain, vin, huile, sel, toujours pour lui-même, sa famille et les bouviers. C'est le type même du salaire mixte d'une collectivité ouvrière. Comparons point par point ces trois composantes du salaire du bayle, à cent ans de distance, au début et à la fin de nos séries (1480-1580), et nous verrons mieux à quel point l'ouvrier du XVe siècle est privilégié.

1. *Salaire en argent*

En 1478 le salaire en argent du *bayle* est le même dans les deux granges connues, à La Bastide et à Védilhan : Béraud Crosat, « pour lui et sa femme », touche 24 x 12 s par an; même salaire dans l'autre mas. Qu'en advient-il, au bout de cent ans? Fait incroyable, quand on songe à l'énorme inflation des prix dans l'intervalle, ce salaire à la fin du XVIe n'a subi qu'une faible augmentation : en 1571-1585 il est toujours à 24 x (8 écus) à La Bastide et Védilhan, 30 x en 1583, 25 x en 1590, 36 x en 1593, 1596 et 1600. En 1480, les 24 x que touchait le bayle représentaient un salaire assez confortable, égal en pouvoir d'achat à 30 setiers de froment, soit presque la ration frumentaire annuelle de trois ouvriers agricoles [1]; avec cet argent, la « baylesse » pouvait se permettre, au temps de Louis XI ou Charles VIII, quelques fantaisies de toilette. En revanche les 30 ou 36 x que touchera vers 1583 ou 1593, Jean Cassagnol, bayle de La Bastide, pour les « gaiges de luy et de sa femme » n'équivalent plus qu'à 8-10 setiers de grain, mesure de Montpellier; à peine une ration ouvrière annuelle. Déchéance; baisse radicale (des 2/3) d'un pouvoir d'achat.

En 1480, le bayle touchait, en argent, un salaire substantiel; en 1580, il ne perçoit plus qu'une sorte d'argent de poche, complément dérisoire d'un salaire dont l'essentiel est désormais versé en nature.

2. « *Companage* »

Il est vrai qu'une somme d'argent complémentaire est allouée au personnel ouvrier de chaque grange : c'est le « companage » destiné à divers achats, dont surtout la viande. En 1480, cette somme pour Béraud Crozat, sa femme, « les deux boyers » et le boyerat (jeune bouvier) de La Bastide, monte à 12 x 6 s par an, soit 2 x 9 s 2 d

(1) En setiers de Montpellier : 49 litres.

par tête. Au sujet de cette indemnité de pitance les chanoines narbonnais se conduiront par la suite à la façon de certains patrons modernes : ceux-ci laissent intact le salaire de base, mais « lâchent quelque chose » pour telle ou telle « prime » (de rendement, de transport, etc.). Les chanoines, au XVIe siècle, tiendront très bas, comme on a vu, le salaire proprement dit du bayle; mais ils augmenteront la prime de companage : de 2 x 9 s par tête et par an vers 1480, celle-ci passera à 6 x en 1585-1590 dans les deux granges : quasi-triplement nominal alors que les prix de la viande quadruplent. La réduction du companage réel est nette; mais elle n'a pas le caractère scandaleux de celle qui affecte le salaire monétaire de base, examiné précédemment.

3. *Rations en nature*

Si le salaire en nature devait subir au XVIe siècle une régression comparable à celle des deux éléments monétaires ci-dessus étudiés, le prolétariat n'aurait plus qu'à se suicider.

Il n'en est rien. En volume, les rations allouées par les chanoines à leurs ouvriers, ne diminueront pas de 1480 à 1580; mais c'est la qualité qui baissera : pain de froment sous Louis XI; pain de méteil sous Henri III. En 1590, les travailleurs de La Bastide toucheront par tête et par an 7 setiers de froment et 3 setiers de seigle[1]; ceux de Védilhan, moins bien pourvus, 5 setiers de froment et 3 setiers de seigle. Le pain grossier que la ménagère fera cuire avec ces 8 ou 10 setiers au four de la grange sera aussi abondant, mais beaucoup plus noir qu'en 1480. Autour de cette date, en effet, les travailleurs des deux granges sont encore nourris comme des bourgeois. Non que leur pain soit de fleur de farine; mais il est composé de pur froment : 8 setiers de froment par tête, en 1482, dans les deux fermes; pas trace de seigle, ni d'autre grain vulgaire. Au long du XVIe siècle, le patronat ne rognera pas sur les quantités, mais il modifiera la qualité.

Dans certains cas même, le travailleur touchera moins d'argent de poche, mais mangera davantage de pain à la fin du XVIe qu'au XVe siècle : à La Bastide, on l'a

(1) Le setier de Narbonne : 70 litres.

de 1348, indubitablement, inaugure en Languedoc cette période de l'homme rare, qui couvre encore tout le XVe siècle : homme rare, c'est blé abondant et bon marché. Après 1351, les disettes s'espacent; une tous les dix ans, tous les vingt ans; la déflation démographique résout brutalement les problèmes de subsistances, par la suppression des bouches en surnombre.

A la longue, une telle amélioration modifie le mode de nourriture, le pain quotidien, l'équilibre agricole des céréales panifiables. De ce point de vue, le XVe et le début du XVIe siècle se situent à un point d'inflexion : avant, pain d'orge; après, pain de méteil (froment-seigle); dans l'entre-deux, pain de pur froment, à la table du paysan.

D'abord l'orge. Au Moyen Age, l'assolement céréalier du Languedoc reste longtemps fixé aux normes de la Méditerranée antique : orge et froment sont les « deux grands »; dans la plaine, ils forment au XIIe siècle, la base de tous les fermages. En année commune, les pauvres dévorent l'orge, et au marché de Nîmes, fin XIIe siècle, elle est la céréale pilote, dans la marche ordinaire des prix. Certes le seigle est déjà cultivé au Moyen Age, sur les sols propices du plateau central; mais dans les plaines du Bas-Languedoc, au XIVe siècle encore, il demeure pratiquement inconnu : les inventaires de greniers en 1323 mentionnent seulement dans le bas pays des sacs d'orge et de froment. Les halles aux grains s'appellent *orgeries*...

Cette orge médiévale n'est-elle donc qu'une céréale à bouillie, le froment seul étant panifiable? Vue trop simple : l'orge languedocienne, dès 1200, est bel et bien, pour le populaire, céréale à pain, et pas seulement matière première à *polenta*. Un règlement de panification, élaboré en 1196 à Montpellier, s'exprime de façon formelle à ce sujet : à cette date, le riche mange le pain du meilleur froment, la majorité consomme du pain gros, fait d'un méteil d'orge et de blé, ou bien simplement du pain d'orge, lourd et indigeste malgré un fort blutage.

La culture médiévale de l'orge d'hiver (dite encore *escourgeon*) en assolement biennal avec le blé (escourgeon, jachère, froment, jachère, escourgeon, etc.), aux fins de panification, représente une structure localisée; elle a peu retenu l'attention des historiens : car en France on ne trouve cet assolement à l'état pur (à sa belle époque) que sur la lisière sud-est, qui joint la Méditerranée des mangeurs d'orge. Dès qu'on escalade l'amphithéâtre montagneux qui borde, au Nord et à l'Ouest, ce royaume de l'orge d'hiver, dès qu'on monte, aux Alpes, en Rouergue, en Haute-Cerdagne ou qu'on file vers les pays humides du Bassin Aquitain, seigle et avoine remplacent dans les documents médiévaux *l'ordi* languedocienne et provençale. Aux vrais Méditerranéens, consommateurs d'orge, s'opposent Alpins, Rouergats, et autres montagnards, qui consomment le seigle depuis des temps reculés.

En fait, la rotation à froment, jachère biennale et orge d'hiver est presque inconnue dans la France continentale qui pratique, elle, une rotation à jachère biennale, froment et seigle; ou plus au Nord, une rotation à jachère triennale, froment d'hiver, avoines et orges de printemps. En France et hors de France, la rotation biennale à froment et orge d'hiver est spécifiquement méditerranéenne; qu'on cherche les mangeurs d'orge, dans les anciens et très anciens régimes agraires, où les trouvera-t-on, sinon sur les bords de la Mer intérieure, chez les habitants d'Ensérune, parmi les disciples de Jésus, et les affamés de l'Apocalypse, tous ignorants du pain de seigle, amateurs d'orge et qui suivent en cela l'exemple des pionniers du « Croissant fertile », inventeurs de l'agriculture. En plein Moyen Age encore, le vieil assolement froment-orge se maintient, absolument intact de la Castille à la Grèce; et le paysage agricole y est très semblable à celui, contemporain, de Languedoc et Provence. L'écologie méditerranéenne dont la sécheresse est favorable à l'orge, a longtemps joué le rôle d'un conservatoire des anciennes structures, face à l'impérialisme du seigle et de l'avoine, ces tard-venus des terroirs humides.

Or, à partir de 1400 (date large) la vaste zone de l'orge, qui recouvre encore comme un manteau les terroirs du Sud, commence à se fragmenter, à se trouer ça et là de larges déchirures. Le Languedoc en offre un exemple remarquable, spécialement dans la région de Béziers-Narbonne; dans cette zone, en 1384-1397 encore, les dîmes sont effectivement versées, pour 1/3 en froment touzelle, 1/3 en orge, 1/3 en mixture des deux, ou *raonage*; en 1391 et 1397, les ouvriers coupeurs de grains se nourrissent moitié d'orge, moitié de froment. Dans tout cela, absence totale du seigle.

Ainsi en 1384-1397, l'orge est encore dans toute sa splendeur. Pourtant la fin de son règne approche : dans le Lauraguais, des états de récolte montrent sa part encore appréciable en 1375, déclinant continuellement en 1400, tombant pratiquement à zéro en 1418; à Béziers-Narbonne, l'orge d'hiver jusqu'en 1400 détient une position très forte. Or, en 1480, quand les séries interrompues reprennent, ce grain a presque disparu : les contrats de moissonneurs prévoient la nourriture, non plus à 50 % d'orge comme 80 ans plus tôt, mais bien à 100 % de froment. En trois générations, 1397-1480, la révolution du froment s'accomplit; l'ancien régime alimentaire est jeté bas.

En ce premier XVIe siècle, le froment devient le grain-roi; maître presque absolu d'un empire qu'il partageait encore avec l'orge au XVIe siècle, qu'il partagera avec le seigle au XVIIe siècle : les baux de granges biterroises vers 1527-1531 prévoient des rentes en froment à 100 % ou à 90 %. Vers 1650-1690, au contraire, les mêmes fermes auront des baux mixtes, à 40 % de froment, le reste seigle, saupoudré d'un peu d'avoine.

Restons-en pour l'heure au premier acte (transition d'un régime mixte froment-orge, à un régime de pur froment) : cet épisode se situe entre 1400 et 1480 (probablement vers 1400-1420) et il correspond, en fin de compte, à une hausse appréciable du niveau de vie; à preuve : le « temps jadis », celui du pain d'orge, revêche et pâteux, ne laissera au XVIe siècle que de mauvais souvenirs et pas la moindre nostalgie : orge d'hiver, ou escourgeon, dit Olivier de Serres, c'est grossière nourriture, bonne aux pauvres gens, dans les cas extrêmes; autrement aux chevaux, pour les engraisser ou purger. Avis semblable d'Estienne : l'escourgeon, c'est une graine de famine, pour Périgourdin misérable; le seigle est tellement meilleur, conférant aux filles qui s'en nourrissent une chair ferme et succulente. Pline déjà opposait les premiers Romains, mangeurs d'orge, à ses contemporains de l'*Urbs*, délicats consommateurs de froment : « l'orge, dit-il, c'était bon pour nos anciens; aujourd'hui c'est bon pour les chevaux ».

En simplifiant : une phase froment (XVe, début XVIe siècle) s'intercale entre une phase orge (médiévale) et une phase seigle (moderne). Un tel phénomène comporte des significations multiples; démographique d'abord : si l'on se passe d'orge, à la fin du XVe siècle, c'est que, année commune, il y a suffisamment de froment pour tout le monde; puisque, par un renversement de la thèse malthusienne, la population a décru plus vite que les subsistances. Signification « culturelle » ensuite : l'aire de l'orge dominante coïncidait avec celle de l'agriculture méditerranéenne la plus typique (puisqu'on la trouve aujourd'hui encore en Espagne, Maghreb, Grèce); en rejetant l'orge vers 1400-1480, en s'adonnant surtout au froment, et plus tard à un assolement froment-seigle-avoine, le Bas-Languedoc tend sur ce point à s'éloigner du modèle méditerranéen classique, froment-orge, pour se rapprocher du modèle continental froment-seigle-avoine.

Autre phénomène complexe, déterminé à la fois par l'abandon des cultures, et par la hausse du niveau de vie : la forte position de l'élevage à la veille des temps modernes. Voyez Fontès, village déjà étudié; en 1505, les hommes y sont encore peu nombreux : 106 taillables du cru, à peine plus qu'en 1427 (95 taillables du cru), beaucoup moins qu'en 1695 (248 taillables du cru).

Or ce village sous-peuplé de 1505 est alors plus rempli de bétail qu'il ne le sera jamais par la suite. En 1505, 2 948 brebis et chèvres; mais en 1683 (alors que l'effectif humain sera presque triple), l'effectif ovin et caprin aura baissé d'un bon tiers : 1 917 têtes de bétail menu, seulement.

A Coussergues, ce village mort annexé par Pierre de Sarret, le troupeau de 1503 (2 500 moutons, appartenant au maître ou confiés au fermier, 219 chèvres, 29 bœufs, 54 vaches, 16 chevaux, 98 porcs), est de très loin le plus massif, de tous les troupeaux qui paîtront dans ce domaine, dans la suite des temps modernes. C'est un vrai *ranch* que conduit Sarret, soldat quinquagénaire, flanqué de sa jeune femme, de ses dix enfants, de ses deux bâtards-matadors, les irascibles *Jeanny* et *Michou*.

Et les cartes de Thérèse Sclafert confirment; en 1471, la Provence, elle aussi, a plus de troupeaux bovins, ovins et caprins, qu'elle n'en comptera jamais, jusqu'en 1956... Grasse, aujourd'hui ville des fleurs, est au XVe siècle la capitale des moutons.

A l'extrême fin du Moyen Age, les rois insolents de ce Midi, dépeuplé d'hommes et de laboureurs, grouillant de bétail, ce sont donc les pasteurs de troupeaux : « A nous quatre, nous avons plus de poids que vous tous, tant que vous êtes », déclarent en 1433 quatre bergers, à la poignée de chefs de familles qui s'efforcent tant bien que mal de défendre le terroir dépeuplé d'Aniane contre les déprédations du pacage.

La contraction des terroirs, l'essor des terres vagues fait le bonheur momentané des bergers. Parallèlement, la hausse du niveau de vie et de la consommation de viande fait-elle la fortune des bouchers ?

On est frappé en tout cas par la bonne résistance qu'offre cette corporation à la dépression du XVe siècle; à Montpellier, quartier Saint-Firmin, il y a 458 taillables au compoix de 1404, 294 à celui de 1435. Les effectifs des métiers du textile s'effondrent. En revanche, il y a davantage de bouchers pour une population plus réduite : 17 *mazeliers* (*mazeliers* de mouton pour la plupart) en 1435, contre 14 en 1404; au quartier Saint-Mathieu pas de *mazelier* en 1404, mais 3 en 1435...

La chaîne de la viande, du berger au boucher, fonctionne donc fort bien, et même mieux que jamais, dans le malheur des temps; à cela, rien d'étonnant; les pâturages abondent; et, par ailleurs, les facilités frumentaires en période de dépopulation, ainsi que le pouvoir d'achat plus élevé des salaires, ouvrent la voie à une consommation accrue de viande.

Le XVe siècle languedocien offre ainsi l'exemple d'une dialectique du malheur et du bonheur. Du grand naufrage de 1348 et des générations suivantes, émergent peu à peu certaines promotions remarquables : le salarié gagne sa vie mieux que jamais; l'exploitant agricole dicte sa loi au propriétaire foncier; le paysan propriétaire lui-même voit s'élargir son lopin de terre; tous ces gens mangent une nourriture plus raffinée, un pain blanc, un froment plus nourrissant (puisqu'il s'agit d'une céréale plus riche en gluten) que l'orge traditionnelle de leurs ancêtres; la nature leur offre généreusement des pâturages plus vastes que jamais, un gibier accru, des forêts conquérantes; l'espace inculte, la terre abandonnée sollicitent le défricheur courageux qui n'a que les forces de son lignage. Un peuple cruellement décimé puise dans ses épreuves, dans ce contact avec une terre rajeunie, une vigueur nouvelle. Et (tout comme le clerc qui veut sauver le patrimoine de l'Église), le seigneur qui veut maintenir sa famille doit se mettre à l'école paysanne et s'établir exploitant direct; sinon il ne lui reste plus qu'à se lancer dans le « gangsterisme ».

La propriété nue, le capital foncier sont, pour un temps, fort peu rentables. La propriété n'est profitable que jointe avec l'exploitation, et si possible avec l'exploitation lignagère, qui évite de verser des salaires trop lourds. En d'autres termes, avoir le capital (la terre) ne suffit pas; encore faut-il y joindre la direction du travail, et même le travail effectif des membres de la famille élargie.

Promotion du « secteur primaire », de la production directe des biens de la terre, au détriment des fortunes foncières (qu'elles soient seigneuriales ou capitalistes, peu importe), dont les marges bénéficiaires se réduisent. Une telle promotion du travail prépare les conditions d'une expansion nouvelle de l'économie rurale.

Vers 1480-1500, voici en tout cas un peuple fort, bien nourri, vigoureux; il est en état de renouvellement rapide par suite du déracinement récent de la majorité des familles; il est stimulé par cette prime au défrichement, que constitue la faiblesse de la rente foncière; il est maintenant solidement planté sur ses domaines remembrés, sur ses lignages puissants. Purifié, rajeuni par un siècle d'épreuves, il est prêt derechef à se lancer à l'assaut des *hermes* et des friches; à créer torche, hache et araire en main, de nouveaux et plus larges terroirs; ramassé sur les chiffres de la population minima et sur les meilleures terres, il porte en lui l'énergie créatrice qui va faire explosion, à la façon d'une *nova*, dans les premières décennies du XVIe siècle.

Dès 1480-1490, des symptômes d'essor démographique se font sentir en Comtat, et dans les garrigues montpelliéraines; à partir de 1500 commence la nouvelle vague du peuplement, qui monte à l'assaut des terroirs.

CHAPITRE II

POPULATION, SUBSISTANCES, REVENU : LES « CISEAUX » DU XVIe SIÈCLE

I. — L'ÉRUPTION DÉMOGRAPHIQUE

« Comme des souris dans une grange... »

Le fait éclatant du XVIe siècle, entre 1500 et 1570, c'est la multiplication du nombre des hommes. On n'a pas les registres d'état civil qui permettraient d'apprécier de façon détaillée le phénomène. Mais la documentation fiscale donne des indications tendancielles incontestables. Tous les deux ou trois ans, quand le greffier d'une paroisse refait le livre des tailles, pour tenir compte des mutations foncières (enregistrées entre temps dans la marge du compoix), et aussi à chaque demi-siècle (en gros) quand l'arpenteur, sur la demande des consuls vient de nouveau mettre en compoix les terres d'un chacun, les listes de contribuables s'allongent de façon perceptible dans le livre des tailles, de façon considérable dans le compoix, qui emmagasine d'un coup l'accroissement numérique d'une ou deux générations.

Fait remarquable : aucune pression provinciale n'est faite sur les greffiers villageois pour qu'ils recensent davantage de taillables. Aucune administration des contributions directes ne vient unifier leur travail, ni leur indiquer la tendance à suivre. Et pourtant, tous ces scribes de paroisses, tous ces atomes de la fiscalité ancienne, travaillant chacun pour ses consuls, chacun dans sa sphère étriquée, s'accordent sans le savoir, et affirment en chœur le prodigieux essor du nombre des taillables, dans les deux générations qui s'étendent de l'avènement de Louis XII au déclenchement des Guerres de Religion.

L'essor qu'ils mettent en relief est général; une seule exception qui ne saurait infirmer la règle, le minuscule village de Saint-Geniès-de-Varensal, perdu parmi ses châtaigniers. La hausse démographique ne semble pas tellement précoce (voir Lodève, Lunel où elle ne commence pas avant 1513-1518); la Ligurie, ou même la Provence paraissent avoir démarré plus tôt (mais l'Espagne plus tard : il n'est pas inconcevable que la vague de repeuplement se soit propagée d'Est en Ouest, le long du golfe du Lion, à partir d'un épicentre italien).

Quoi qu'il en soit, cette hausse languedocienne, déjà un peu tardive, est vraiment considérable. Essayons de l'évaluer très grossièrement. Les taux d'accroissement décennaux du nombre des taillables varient entre 6,7 et 21,2 % : la moyenne régionale serait de 11,5 % entre 1500 et 1560. A ce rythme, le nombre des taillables doublerait en deux ou trois générations. Or ce nombre est certainement fonction, pour une grande part, du nombre des chefs de famille. Celui-ci a-t-il doublé lui aussi? En l'absence de données directes, il est difficile d'apporter un chiffre précis. Rappelons toutefois pour ceux qui mettraient en doute la formidable mobilité démographique du premier XVIe siècle que, dans une période à peine plus longue (1480-1560), la Provence a vu tripler le nombre des maisons, d'après des sources incontestables.

Maisons, feux, ou taillables encadastrés, c'est toujours la même conclusion partout confirmée : le triomphant essor, la démographie explosive des deux premiers tiers du XVIe siècle dans la France méridionale.

Massive, la hausse est également continue. Le cas de Gignac est très typique où, grâce à la densité des documents, on voit la population littéralement se gonfler, et presque d'année en année. Certes, il y a des mortalités, des crises d'épidémies, des disettes, qui momentanément stoppent la croissance. Mais ce ne sont que coups d'arrêts brefs. Rien à voir avec les coups de hache (Fronde 1662, 1694, 1709...) qui démantèleront la démographie malsaine du XVIIe siècle français.

Toutes les communautés voient grossir leurs effectifs; et à l'intérieur de chacune d'entre elles, chaque quartier se peuple et croît au rythme général du village ou de la ville. A Montpellier, c'est d'un même pas que les six quartiers et faubourgs voient éclater leurs effectifs étriqués, à partir de 1500-1510.

Au total, vingt-sept communautés attestent cet essor du peuplement au XVIe siècle. Le contraire, certes, paraîtrait étonnant, car le phénomène n'est pas seulement languedocien, chacun le sait. « Entre les années 1470 et 1540, connues par des enquêtes générales, le nombre des maisons a pratiquement triplé en moyenne en Provence, le chiffre de la population rattrapant ainsi celui de l'époque qui a précédé la grande peste deux siècles auparavant »; les pays de la Méditerranée, et certaines parties de l'Europe occidentale sont emportés eux aussi par ce grand mouvement, où le Languedoc n'est qu'un cas local.

La chronologie de l'essor présente du reste ses particularités. En Espagne, il semble que celui-ci ait été maximum entre 1560 et 1600, quand la péninsule est atteinte de plein fouet par le flot des métaux précieux d'Amérique. Dans le Languedoc tout proche, au contraire, l'essor se ralentit nettement après 1560-1570. Si nous essayons, là où les sources le permettent, d'isoler d'analyser particulièrement la période 1560-1600, nous constatons que les taux d'accroissement démographiques, en majorité, deviennent médiocres, nuls ou négatifs. Le puissant essor du premier XVIe siècle est bel et bien « cassé » après 1560-1570. Les responsables? Probablement pas l'économie, assez favorable à la « peuplade », comme on peut le voir en Italie ou en Espagne sous Philippe II. Plutôt la guerre civile, particulière à la France : les paroisses dont la population décroît ou marque le pas sont précisément celles qu'ont éprouvées les combats de religion, tel Bessan, pris et pillé par les Ligueurs en 1587. Par-delà ces épisodes sanglants, mais brefs, nul doute que la démographie médiocre des années 1560-1600 ne reflète les classiques misères de la guerre, celles que provoquent les massacres, le vol du bétail d'araire ou de croît, les réquisitions, l'impossibilité de labourer ou de semer. Enfin, les divers exodes, ceux des protestants en Suisse, des catholiques en Espagne, contribuent eux aussi à saper le dynamisme du peuplement.

Cette cassure de 1570 a quelque chose de définitif. Après 1600, malgré la paix revenue, on ne retrouvera plus la folle exubérance, la joyeuse fureur démographique du temps de Louis XII, de François Ier et d'Henri II, ce temps où les Languedociens se multipliaient « comme des souris dans une grange ». La croissance reprendra, certes, après 1600, mais sage et lente, pour s'arrêter vers 1675-1680. Un tel ralentissement est inévitable : les taux d'accroissement, très forts de Languedoc et de Provence, probablement stimulés par l'immigration entre 1500 et 1560, ne s'expliquent que parce que la population part d'un niveau bas et d'une densité faible. Même si les guerres de Religion n'avaient pas éclaté, un essoufflement se serait produit — et il s'est effectivement manifesté au XVIIe siècle — par saturation des terroirs, des ressources, des subsistances, de l'emploi.

Cela posé, la démographie languedocienne du grand essor (1500-1570) tend à présenter par rapport à la période précédente, certains symptômes originaux, très positifs. Ainsi la peste; depuis 1481 au moins et jusqu'en 1516 en Languedoc, elle reste quasi annuelle, endémique, contraignant à chaque éruption, le parlement de Toulouse à déménager; et le Languedoc, en 1510, passe encore pour la province la plus pesteuse du royaume : l'infection s'y trouve sans doute enracinée dans le sol, que les cadavres des rats et les déjections des puces ont abominablement contaminé.

Après 1516, au contraire, la terrible maladie s'atténue; les contagions s'espacent; c'est très net à Toulouse où la vigilance médicale et policière du Parlement permet d'établir pour la première fois une véritable série statistique et continue; de 1481 (date initiale de la série) à 1516, les épidémies de peste sont signalées presque tous les ans; après 1516, au contraire, espacement notable; une fois passée la violente attaque de 1529-1530, les récurrences deviennent rares, plus rares encore après 1564, et par cela même d'autant plus impressionnantes aux contemporains; on sait que la peste disparaîtra finalement d'Europe au XVIIIe siècle, pour se replier sur ses bases d'Europe orientale et d'Asie; l'épidémie de 1653 sera la dernière à Toulouse; l'épidémie marseillaise de 1720 ne fera qu'effleurer l'angle oriental du Languedoc (Gévaudan, Cévennes). En bref, la peste languedocienne, dès le XVe siècle, a perdu généralement son caractère « apocalyptique » de 1348; après 1516, elle cesse de surcroît d'être endémique; après 1530 et surtout 1564, elle ne fait plus que de rares et fulgurantes apparitions, jusqu'à son extinction complète.

Les séries d'autres régions languedociennes confirment celle de Toulouse.

De même, en cette démographie dynamique, on note une autre régression, celle de la lèpre. Les admissions à la léproserie de Nîmes forment une série statistique, et suggèrent une chronologie : jusqu'en 1535, une ou deux admissions tous les ans, souvent davantage; après cette date, les entrées sont de plus en plus rares; des séries d'années entières s'écoulent, sans un lépreux nouveau. En 1523, les lépreux de Nîmes sont encore entassés dans leur maison commune; à la fin du siècle au contraire, en 1594 ils y sont au large, bien meublés, soutenant procès sur procès, de leur chambre de reclus; et leur *majoral*, fils de lépreux, personnellement, sain, fait des placements avec l'argent maintenant superflu de la bourse commune. De même, achève de disparaître, vers 1519, la *lèpre blanche* dont se trouvaient atteints les *capots*, *cagots* ou *ischaureillats*, si nombreux dans le Narbonnais, les Pyrénées et le Nord de l'Espagne : leurs descendants, les *cagots* resteront jusqu'au XVIIIe siècle frappés de ségrégation, avec leurs hameaux, leurs cimetières, leurs bénitiers particuliers; mais ces parias sociaux, à tout le moins dès 1519, sont reconnus médicalement sains.

Ainsi l'essor démographique du XVIe siècle, jailli de la situation si particulière de la fin du XVe siècle, rencontre, en outre, certaines conditions favorables dans l'atténuation des vieilles maladies infectieuses de la fin du Moyen Age. Moindre virulence des germes? Immunisation progressive des populations (à laquelle ne croient pas les travaux récents). Changements dans les variétés de rats, vecteurs de puces pesteuses? Pollitzer, spécialiste de la peste, penche pour les deux premières hypothèses. Retenons simplement cette atténuation de la morbidité de type ancien, asiatique ou africain; même l'entrée en scène des maladies américaines de relais, comme la syphilis, propagée en masse vers 1535 par les prostituées de Montpellier et d'Avignon, ne parvient pas à rendre négatif un bilan démographique et médical, qui reste relativement à l'époque précédente extrêmement favorable. Somme toute, l'homme est devenu graduellement plus sain; le bacille pesteux plus faible; et la mortalité, ainsi prise « entre deux feux », s'est atténuée; de quoi laisser libre cours, pendant quelques générations, à l'essor démographique.

La riposte extensive : défrichements marginaux

« Peuplade »; autrement dit défrichement. Les deux termes se tiennent au XVIe siècle, comme autour de l'An Mil. A partir de 1520, les autorités, jusque-là indifférentes ou même favorables, s'émeuvent des graves réductions que subissent forêts et broussailles « arbres ou espines », par feu, hache, pioche. En 1520-1521, c'est le premier cri d'alarme du Parlement de Toulouse aux paysans : « quand cesserez-vous de *dépopuler* les forêts, d'y couper le bois vert et sec ». En 1539, puis 1546, premiers gémissements des États de Languedoc : « le pays s'en va tout dépeuplé en bois. » Des commissaires défendent la virginité du domaine royal et s'inquiètent de voir tant de gens y défoncer sans permission « les terres et possessions stérilles »; ils s'irritent de la fièvre des moulins qui, là comme en Franche-Comté, saisit les riverains, semant de digues et de roues les oueds les plus arides.

Vers 1555-1558, la dévastation des pauvres bois du Languedoc méditerranéen s'achève : les fours de boulangers dévorent les rondins d'yeuse; à défaut d'arbres vrais, on achève de plumer les garrigues, en brûlant les broussailles; des files d'ânes, croulant sous le romarin, apportent aux villes leurs cargaisons de combustible.

Plus encore que la coupe du bois de chauffage, compte la mise en culture. Les compoix révèlent quelques figures de défricheurs ou défricheuses : Isabelle de Lerm, en 1534, dans un village héraultais, a installé son domaine sur des prés et des bois, fort méchants, sans doute, qu'elle a *rompus*, semés de grains, plantés d'amandiers, de jeunes oliviers; même les prés, dans cette paroisse comme dans la région biterroise, sont couchés en céréales, vers 1530-1540, tant est grande la faim des hommes multipliés.

Dans la Vaunage nîmoise, les compoix de Langlade ont été scrupuleusement étudiés : en fichant les lieux-dits, on parvient à suivre l'avance d'une frange pionnière, escaladant les garrigues. Langlade en 1500 : une plaine, 306 ha totalement labourés; une garrigue, 520 ha, totalement vierge, ou peu s'en faut, à 3 ha près; en 1576, le viol de la garrigue est consommé : 44 ha sont défrichés, quinze fois plus qu'en 1500. Poussée démographique, hausse de la demande et des prix ont conjuré leurs effets : il a fallu mettre ou remettre en valeur des terres misérables, rocailleuses, jamais conquises encore, ou peut-être abandonnées depuis 1350 ou 1400.

Ces défrichement sont onéreux, prédatifs d'arbre et de sol, peu rentables : ils réclament force bétail et main-d'œuvre; ils rapportent peu; des terres maigres défrichées au XVIe siècle, bien peu d'exploitants voudraient aujourd'hui. N'y a-t-il pas d'autre solution que celle-ci à l'impérieuse pression démographique du XVIe siècle?

La riposte intensive : plantations dispersées

On peut défricher les terres vierges ou redevenues telles : développement extensif. On peut aussi planter les terres défrichées anciennes ou nouvelles, et grossir de cette façon leurs revenus : développement intensif. La plantation, c'est la riposte classique de l'agriculture méditerranéenne à l'essor démographique; c'est bien souvent la seule forme d'intensification qu'elle connaisse (en l'absence de bons assolements, de fourrages, de fumure, et la plupart du temps d'irrigation). Le XVIe siècle plantera donc à tour de bras. D'abord l'olivier : un cycle d'oléiculture occupe la Renaissance agricole. Dès 1500, de compoix en compoix, on aperçoit les files d'arbres qui s'avancent entre les sillons; et certaines régions se consacrent à la production de l'huile. Autant que l'olivette, (cette monoculture d'une parcelle), c'est le *camp en holieu*, le *camp en olivas* autrement dit le champ mixte — blé, huile — sillons et rangées d'arbres, qui l'emporte; ce champ arboré est sol à tout faire; il donne à la fois froment, millet, olives et quelques raies de « légumes » (fèves), sur les terrasses étagées qui bordent le Rhône, l'Hérault, où les torrents subcévenols. A Gignac, toujours sur les bords d'Hérault, si actifs alors, les progrès de l'arbre à huile sont continus du XVe siècle à la fin du XVIe : dans le premier compoix (début XVe), 6 olivettes sur 920 parcelles, moins de 1 %; dès 1462, 19 % des parcelles sont en olivettes, la révolution s'amorce; en 1519, l'olivette marque le pas (15 % des parcelles) mais le champ arboré s'infiltre partout (16 % des parcelles); 1/3 des parcelles d'une façon ou d'une autre produisent de l'huile; en 1534, au rythme même où s'enfle la vague démographique et où grossit dans ce bourg le bataillon des taillables, l'olivier envahit tout : 42 % des parcelles en olivettes, 14% en champs arborés d'oliviers. En 1596, enfin, c'est le triomphe : partout des pentes découpées en terrasses et banquettes; partout des arbres : 34 % des parcelles en olivettes, plus 36 % en champs mixtes à huile et à blé. Les touffes argentées d'oliviers surgissent même dans la masse plus sombre des vignobles. La *cultura promiscua* gagne la partie. Les vignerons, les défricheurs abandonnent leur vin ou leur grain pour faire de l'huile. La matière grasse est reine : *amelliers* (amandiers), *nouguiers* (noyers) poussent désormais en grand nombre dans le sillage de l'olivier.

Donc, un dénominateur commun : l'offensive de l'arbre à l'huile au XVIe siècle; ici progressant insidieusement, piquetant les labours; là s'implantant de façon compacte, en massifs denses d'olivettes.

Le témoignage des compoix est saisissant d'unanimité; à juste titre, on lui reprochera d'être chronologiquement trop lâche. Donnons donc la parole aux dîmes. Interrogeons ces longues séries décimales qui constituent sur les fluctuations agricoles depuis 1480-1500, le témoignage le plus vivant, car le plus direct. Chaque année à Narbonne, et dans les villages environnants, les chanoines de Saint-Just adjugent au plus offrant la dîme de l'huile, quelques jours avant la cueillette des olives. Le fermier adjudicataire se réserve un bénéfice, modeste : car il n'a aucun frais de culture et son intervention se limite à prélever les fruits sur le tas et à les faire écraser. La rente d'huile en nature qu'il s'engage à verser au chapitre représente ainsi une fraction très importante de sa recette brute. De toute façon, les variations (annuelles, décennales, séculaires) du volume de cette rente sont fortement influencées par le volume de la dîme, c'est-à-dire de la production : grosse récolte, grosse dîme, grosse rente, et *vice versa*.

Lisons les quatre courbes : Narbonne et Gruissan à partir de 1479; Moussan depuis 1480, Cuxac depuis 1498. De prime abord, les graphiques paraissent heurtés, pleins de « trous » et de dents de scie. C'est que l'olivier de ce temps-là pratique spontanément la jachère et qu'il n'a qu'une vraie récolte tous les deux ans : l'année suivante, épuisé, car manquant d'engrais, il se repose. Il récupère. D'où les dents de scie des diagrammes. Quant aux lacunes, elles s'expliquent soit par le manque total (forte gelée, parasites), soit par l'absence d'afferme (les chanoines décidant une année de percevoir eux-mêmes la dîme et non de la bailler à rente), soit enfin par la carence d'un scribe.

Inconvénients mineurs. La lecture des courbes reste claire : elles disent l'augmentation de la production d'huile au XVIe siècle, spécialement dans les centres gros producteurs. Dans deux paroisses, la rente décimale double de 1500 à 1560, montant à 20 charges à la veille de la guerre civile. A Narbonne et Cuxac, terroirs peu oléicoles, la hausse tendancielle, moins marquée, demeure sensible, au cours de ces soixante années. Hausse du XVIe siècle : les dîmes de l'Aude valident les compoix de l'Hérault. L'oliveraie narbonnaise, si importante jusqu'en 1709, prend forme au premier XVIe siècle.

Après 1560-1570, le rendement des dîmes d'huile décline, dans les trente dernières années de la guerre civile : s'agit-il vraiment d'une baisse de production? ou bien du résultat des grèves décimales, menées sournoisement par les paysans? Nous y reviendrons. Pour l'instant, restons-en à la première partie du XVIe siècle, où tous les documents sont unanimes. L'économie renaît (1500-1560), l'olivier foisonne : vers 1560, il est dans toute sa splendeur; aucun planteur ne prévoit les quatre grands hivers (1565-1573) qui ne laisseront momentanément de l'oliveraie languedocienne que carcasses fourbues et torturées, noircies et massacrées par le gel.

Ces planteurs de la Renaissance, on les voit un peu partout surgir au détour des vieux registres : en 1533, Bernard Pomayrols, cordier de Béziers — un cordier qui n'est artisan qu'à mi-temps, ayant toujours un pied au verger — se charge de planter 12 *estaques* (jeunes troncs d'oliviers) pour le compte des chanoines. Ceux-ci fournissent les plants et payent les journées du cordier; Bernard fait les frais de plantation, apporte son casse-croûte, se charge aussi d'arroser, de labourer, cultiver, fouir les *estaques*; souvent dans les actes de notaires, je note des planteurs semblables; et dans chaque mas, vers 1530-1550, il est admis que le fermier plante à ses frais 10 ou 12 estaques par an, 1 000 par siècle, pour un domaine moyen. Ainsi s'explique aisément dans le plat pays l'essor du champ arboré et la régression des champs nus, « l'habillement des terroirs ».

Un tel effort soutient la poussée vers le Nord de la frange septentrionale de culture; Olivier de Serres, géographe attentif, note le fait : d'un siècle à l'autre, écrit-il, l'olivier « se recule de la mer »; il fructifie en divers lieux qu'on estimait autrefois à cause de leur « froidure » impropres à son accroissement. Cette marche vers le Nord continuera bien après le XVIe siècle. En 1552, Félix Platter, descendant de Lyon sur la rive gauche du

Rhône, aperçoit les premiers oliviers à Pierrelatte, chargés de fruits rouges, verts et noirs, déjà mûrs et très amers. Trois siècles plus tard, Flahault rencontre les vergers d'oliviers 10 km plus au Nord, à la latitude de Viviers. En rive rhodanienne droite, le décalage séculaire est plus sensible encore : en 1595, d'après Thomas Platter, la limite Nord est à Bourg-Saint-Andéol; en 1886, à 33 km en amont! L'arbre progresse donc vers le Nord, à la vitesse respectable d'un kilomètre par décennie, 10 km par siècle.

L'essor oléicole du XVIe siècle est languedocien, méditerranéen aussi. Provence, Comtat, Andalousie, Sahel tunisien également se couvrent d'oliviers au temps de François Ier, Charles Quint, et Barberousse; sous-jacente à cette expansion, on devine la demande partout croissante des consommations locales et de la cuisine méditerranéenne : soupes aux choux à l'huile, interminables carêmes avec merluches et petites soles à l'huile, voilà qui désespère à Montpellier le pauvre Platter, amoureux de la cuisine suisse, au beurre. Et puis se fait sentir l'appel des manufactures de laine et de savon; la demande croissante des grandes métropoles méditerranéennes, comme Gênes vers 1557-1560. La demande lointaine, aussi, des marchés du Nord; on pressent enfin certains trafics africains, liés aux contre-parties d'or soudanais; on sait qu'au XIXe siècle l'huile d'olive ira jusqu'à Tombouctou, portée de caravane en caravane, par cinq relais successifs; elle y sera si chère, à force de frais de transport qu'on ne s'en servira là qu'au compte-gouttes : pour usages de luxe ou d'urgence, toilette féminine ou pansements des blessures.

Quoi qu'il en soit, l'olivier du XVIe siècle conquiert sa place au soleil. Une place honorable, quand le climat et l'exposition sont propices : au cadastre diocésain de Nîmes-Alès, en 1552, l'arbre à huile vient après les céréales et la vigne, presque à égalité avec le châtaignier. Dans le sud de ce diocèse cependant les olivettes font, en valeur, presque le tiers des labours; c'est qu'on est là sous un climat favorable et tout près des ports d'embarquement spécialisés dans le trafic d'huile. Mais si cet essor oléicole est réel, il est nettement localisé; car, pour l'ensemble de ce diocèse, en 1552, l'olivier, bien qu'au quatrième rang des productions végétales, ne compte que pour 6 % du terroir diocésain, en valeur; et guère plus au diocèse d'Uzès...

Oliviers ici, pastel ailleurs; l'expansion du XVIᵉ siècle est grosse de quelques renouveaux agricoles; que devient dans ces conditions, la viticulture?

D'après les compoix, le siècle donne parfois l'impression d'une certaine animation viticole : voici Bessan, gros village de plaine, dont le fleuve (l'Hérault) est branché sur un port tout proche (Agde) : les pourcentages de parcelles en « *vinha* » y sont de 19 % en 1502, de 32 % en 1523.

Voici Sérignan, petit port littoral. En 1521, des travailleurs y découpent en terrasses puis percent des trous et déposent des ceps : *item un tras de terra que a romput... que de present a plantat de malhol* (jeune vigne). Et trente ans plus tard, en 1550-1562, l'assaut viticole semble toujours vivement mené dans cette paroisse; il s'attaque aux sols marginaux, aux « garrigues », « vaccans », terrains en *cosse haulte*, lesquels se chargent de *maillols en broque*, autrement dit jeune vigne, en zone de vieille friche. Le seigneur du lieu en profite; il se débarrasse par un bail à cens ou *nouvel accpte* d'une garrigue dont il n'a que faire : ses paysans sont tout heureux d'y planter des vignes.

Mais une hirondelle ne fait pas le printemps; ces quelques plantations sont sans doute symptomatiques d'un climat économique favorable. Elles ne suffisent pas encore à bâtir un grand vignoble. Et la belle série des compoix de Sérignan permet d'apprécier, au niveau des masses de culture, la portée réelle de ces plantations dispersées. Elle demeure limitée, vite freinée : au compoix de 1521, 17 % des parcelles sont en vignes — dont plus de la moitié — 11 % en *maillols* ou plantiers : indice d'un vignoble jeune comme à Bessan à la même date; le reste : 11 % d'olivettes; 72 % de champs. Vignoble dynamique, mais pas prépondérant. En 1550, compoix suivant : 66 % de champs, 11 % d'olivettes, 3 % de champs arborés d'oliviers, 20 % de vignes. La progression viticole de 1520 à 1550 est réelle, mais fort mince. En outre, elle sera sous peu bloquée par la guerre civile, qui affaiblira l'olivette et le vignoble de cette paroisse : au compoix de 1603, 11 % de vignes, 8 % d'olivettes, 81 % de champs.

Sérignan est un cas exemplaire; des références isolées y suggèrent l'essor viticole. Mais les compoix, documents globaux, massifs, totalisateurs, donnent la juste mesure, modeste, de cette expansion. Il faut noter d'autre part que les vignobles de ces deux paroisses sont directement vivifiés par l'influence de la mer et du grand commerce; en effet, les négociants marseillais prospectent au XVIe siècle la chaîne des petits ports littoraux : Sérignan, Frontignan, Aiguesmortes. Ils viennent y charger des vins pour Gênes, Livourne; et c'est cet appel du large qui incite les planteurs de la côte à sacrifier parfois la friche à la vigne. Même influence au diocèse de Montpellier : dès 1500-1520, il s'y crée un vignoble maritime, centré sur les quelques paroisses qui environnent Frontignan. En ces terroirs, sous François Ier, la vigne approche ou même dépasse les superficies occupées par les grains.

Mais ce cas est exceptionnel; ailleurs, sur le reste de la côte, ou dans l'intérieur des terres, la vigne, en ce diocèse, aujourd'hui totalement viticole, n'occupe au plus que le 1/5, généralement le 1/10 des surfaces consacrées aux grains; 1 à 2 % dans les villages les plus reculés.

Finalement, au témoignage des compoix, le vignoble au XVIe siècle semble parfois dynamique, plus souvent léthargique. Que disent les dîmes ?

Peu de chose; on ne dispose pas encore, au XVIe siècle, de bonne série décimale viticole. Il faut attendre pour cela la période 1600-1650. Quelques notations cependant dans les petites villes. A Béziers, en 1560, les chanoines que ne troublent pas encore les Huguenots, arrentent « le grand dîme » du vin du terroir, à 50 muids de vin et 10 de piquette. Taux extrêmement bas, par comparaison avec les rentes volumineuses de 1615-1650. On ne retrouvera de vendanges décimales aussi faibles que dans les pires années de la crise viticole, à la fin du XVIIe siècle.

Dîmes et compoix complètent ainsi mutuellement leurs affirmations. Dans le Languedoc central (Montpellier-Béziers), malgré l'essor démographique, malgré l'appel çà et là victorieux du commerce maritime, le XVIe siècle est affligé d'une sorte de torpeur viticole. Vérité du Languedoc central. Vaut-elle aussi pour le Languedoc de l'Est, le pays nîmois, les côtes du Rhône ?

Essayons de répondre, compoix en main. Voici Langlade (près de Nîmes), aujourd'hui bon cru de vin : en 1500, 155 ha de labours-grains, 50,2 ha de vignes, toutes en plaine, 29 ha d'oliviers; en 1552 où l'on a seulement les chiffres en livres cadastrales, ces proportions sont encore plus défavorables aux vignes : 18 x 5 s. 10 d. de champs, 5 x 6 s. 11 d. de vignes, 3 x 8 s. 6 d. d'oliviers. Au compoix de 1576, la vigne, en surface, a même perdu du terrain, par rapport à 1500 : elle couvre 35 ha seulement, au lieu de 50 ha, trois quarts de siècle auparavant. Cette régression d'un vignoble est d'autant plus significative qu'elle intervient en pleine expansion d'un terroir et d'un groupe humain! Au moment même où les habitants de Langlade négligent ainsi leur production de vin, ils croissent en nombre; leur terroir vole en éclats, s'éparpille en parcelles innombrables.

Indication vraisemblable : au XVIe siècle, en ce village, les ancêtres des viticulteurs d'aujourd'hui n'ont pas les réflexes des vignerons, la « tripe viticole ». Ces paysans du XVIe siècle, submergés par la pression démographique, harcelés par la demande de subsistances et par la cherté croissante du blé, n'ont qu'une idée en tête : faire du grain, encore du grain, toujours plus de grain. Et pour cela, ils n'hésitent pas à sacrifier une partie de leur vignoble de plaine, fils de la démographie moins exigeante du siècle précédent; et s'ils épierrent et défrichent la garrigue, ce n'est pas, en Vaunage du moins, pour y planter des ceps (vraie vocation pourtant de cette zone aride); c'est pour y semer, contre tout bon sens, les germes de minuscules moissons qui lèveront parfois sur les cailloux, si la sécheresse n'est pas trop pressante.

Le compoix diocésain de Nîmes (1552) vient confirmer ces vues : les vignobles n'y font que 16 % du terroir de tout le diocèse, en valeur; et ils sont essentiellement coagulés autour des villes : les villages, eux, n'ont que des rogatons viticoles.

De Béziers à Uzès, il n'y a pas d'expansion viticole digne de ce nom au XVIe siècle. Il faudra attendre pour celle-ci comme on le verra, les règnes de Henri IV et Louis XIII. Sous François Ier, sous Henri II, le vignoble maintient ses positions du XVe siècle — celles-ci non dénuées d'importance — il progresse quelque peu dans les régions côtières, à cause du commerce, et autour des petites villes : là où chaque artisan tient à faire son vin. Ailleurs il peut régresser, notamment par la concurrence de l'olivier. Dans l'ensemble, les gains dépassent peu les pertes et la viticulture est stabilisée. Pourquoi? Poser cette question, c'est évoquer le problème des marchés du vin au XVIe siècle.

Le marché local d'abord. Il est vaste; en 1480, l'ouvrier agricole boit 1,71 litre de vin pur par jour; de telles habitudes de consommation expliquent l'existence d'un vignoble qui couvre environ 10 % des surfaces.

Cette consommation populaire manifeste peu d'élasticité : au XVIe siècle, la ration individuelle n'augmente pas; l'ouvrier buvait déjà près de deux litres par jour sous Louis XI; il n'en boira pas quatre au temps de Henri II pour stimuler les plantations! On sait bien du reste que les Languedociens n'ont aucun penchant pour l'ivrognerie; le buveur, le tueur d'innocents, disaient déjà les troubadours, c'est le Français du Nord. Et à Montpellier, en 1556, note gravement Platter, tous les sacs à vin de la ville sont allemands; pas un indigène parmi eux, sauf le métayer Antoine qui, justement, a contracté, au cours d'un voyage en Allemagne, les deux vices germaniques : luthéranisme et ivrognerie. Allemands, buvant, rouges comme des écrevisses, et se versant leur verre de vin sur la tête; Allemands ivres morts, pissant dans leurs chausses, tandis que des camarades facétieux leur coupent la barbe et la leur fourrent dans le poitrail... Platter n'a pas assez de mots pour dire l'imbibition de ses compatriotes résidant à Montpellier par comparaison avec la sobriété des autochtones. Même notation du reste à Barcelone, en 1595 : dans les bouges du port, cent prostituées, pas un ivrogne.

En fait, la tendance au XVIe siècle serait plutôt ici au régime sec : voyez les rations de vin déclinantes, servies aux ouvriers agricoles, près de Narbonne, de 1480 à 1580. Dans l'ensemble le marché régional du vin demeure important, mais peu susceptible d'extension; il ne fournit pas la base d'un élargissement notable de la production viticole. Torpeur du marché local. Ajoutons : réticences des marchés extérieurs. Tout au plus les Gênois, les Marseillais enlèvent-ils les vins des villages côtiers; c'est que le transport par barque est bon marché, par rapport aux convois de mules ou de charrettes : et ils ont intérêt à agir ainsi, autant qu'à faire venir à grand frais la boisson produite dans leur propre *hinterland*. Mais cette vocation du vin languedocien au commerce extérieur s'arrête à quelques kilomètres des côtes, au XVIe siècle. A cela, une bonne raison : le vin du Bas-Languedoc ne vaut pas le transport, surtout le transport terrestre extrêmement coûteux. Il ne le vaut pas, tout simplement parce qu'il ne vaut rien, et qu'il ne se conserve pas (mis à part les *muscats*, vins de liqueur).

Aucun doute à ce sujet; qu'on lise les Platter : à Montpellier, notent-ils, le vin, après Carnaval, passe difficilement l'année sans aigrir, parce qu'on ne le soutire pas. C'est tellement vrai que les Languedociens éclairés, tels Olivier de Serres, sont honteux de leurs produits et surtout de leurs caves, où le vin ne passe pas l'année; surtout quand ils les comparent aux caves allemandes de l'époque, soufrées; avec leurs tonneaux lessivés à grande eau, puis parfumés ; avec leurs vins qui durent douze, vingt, trente ans, de la naissance au mariage d'une fille. Olivier de Serres admire, mais il n'imite pas. Ses caves personnelles grouillent de rats, dont les charognes empuantissent ses cuves. Quant au père Catelan, en 1556, il a si peu d'illusions sur sa cave, qu'il en laisse traîner la clef « dont il se soucie peu, le vin ne passant pas l'année dans ce pays ». Résultats : les étudiants allemands qu'il héberge descendent à la cave et se saoulent à perdre l'âme; et on doit, pour les dégager de là, écroulés sous les tonneaux, les tirer par les pieds... Mauvais vin du Languedoc donc! il ne se conserve, ni ne voyage, ni ne s'exporte, ou du moins fort peu. La cave est-elle seule responsable? Il faut aussi accuser les vendanges, beaucoup trop précoces. C'est seulement au XVIIe siècle, au XVIIIe surtout, que les vignerons de Languedoc découvriront le secret des vendanges tardives, augmenteront ainsi la contenance en sucre de leur raisin et finalement le degré alcoolique : dès lors, leur vin, plus apte à se conserver, pourra conquérir les marchés.

Au XVIe siècle, on n'en est pas là : tandis qu'à Dijon déjà, en Suisse, en Vieille-Castille aussi, on vendange régulièrement au mois d'octobre, les vignerons du Languedoc et du Comtat, eux, persistent à couper les grappes début septembre, dès les premiers signes de maturité. C'est en vain que les agronomes les sermonnent « pour l'espoir de mieux garder le vin..., d'attendre la parfaicte maturité du fruit ». Les vignerons n'ont pas d'oreilles; et ils se ruent en vendanges, dès les premiers raisins bons à manger. Aux bords du Rhône, rive droite et rive gauche, entre 1530 et 1562, les récoltes interviennent toujours dans la première quinzaine de septembre (en août, si l'on ne fait pas la correction grégorienne). Même les Cordeliers d'Avignon dont on attendrait plus de soins, en leur qualité de moines, sont aussi pressés que les autres.

En 1528, été horriblement frais, la vendange a lieu le 9 octobre en Bas-Rhône (30 septembre, ancien style).

« On n'a jamais vu ça », s'écrie un notaire. Certes, mais on le reverra au XVIIIe siècle, presque tous les ans, au siècle des vignerons prudents, soucieux de qualité, de maturité. Mêmes notations précoces à Béziers, à Montpellier, dans les années 1520 ou 1550 : où les vendanges sont presque antérieures de trois semaines à celles du XVIIIe siècle.

Le vignoble du Languedoc méditerranéen, au XVIe siècle est donc un vignoble de bas étage, sans clients et sans principes. Certes deux siècles plus tard, il se haussera presque au niveau de ses concurrents de Bourgogne et de Guyenne; et il proclamera cette maturité, en fixant, lui aussi et comme eux, toutes ses vendanges à la saison d'automne, et non plus au déclin de l'été. Mais, au XVIe, il demeure encore, dans tous les sens du terme, sens quantitatif, qualitatif et même péjoratif, un vignoble sous-développé.

Le cas cévenol : châtaigne, charbon, soie

Félix Platter l'a bien noté. Le Languedocien du XVIe siècle, même dans les villes importantes, n'est pas tellement un buveur de vin. C'est plutôt un mangeur de châtaigne : les jeunes filles en dévorent tout l'hiver au coin du feu, rôtie, à s'en rendre malades. Et la consommation appelle la culture. Sur les sols siliceux, le châtaignier s'installe, progresse, aux dépens des *herms* et des *boscs*. Et les compoix parfois jalonnent une sage progression : dans un village, surtout céréalier, 11 % des parcelles sont *castanedas* en 1526; 16 % en 1566. En revanche, au XVIIe siècle, dans cette même paroisse, une telle poussée paraît stabilisée : 17 % seulement de castanèdes en 1649.

Les arpenteurs nîmois, en 1552, parcourent le grand bastion de la Châtaigneraie cévenole dont ils mesurent les surfaces, pour évaluer les revenus cadastraux. Très souvent, à côté des arbres en plein rapport, ils signalent des *plantades* de jeunes châtaigniers (frais émoulus de la pépinière) résultant d'investissements récents et qui ne fructifient pas encore. Ces nouvelles plantations apparaissent en plein cœur du massif; mais certaines sont également disposées en frange pionnière, au Nord-Ouest et au Sud-Ouest de la châtaigneraie, dans des terroirs qui jusque-là négligeaient de cultiver l'arbre à pain. A cette conversion toute récente, il y a de bonnes raisons : la *peuplade* en 1540-1550 finit à la longue par provoquer la *plantade;* l'essor démographique pousse à la mise en valeur des terres froides, par la seule plante qui permette raisonnablement d'y produire des subsistances.

Il faut s'arrêter à cette zone cévenole du châtaignier, foyer de peuplement et aussi d'industries montagnardes. En ces années 1550, où se fait sentir dans cette région, avec le protestantisme, une puissante fermentation révolutionnaire, la Cévenne manifeste simultanément la vitalité de son économie. Cette montagne active doit être replacée d'abord dans le domaine français, — central et méridional — du châtaignier au XVIe siècle, tel que le délimite Olivier de Serres : « Dauphiné, Haute-Provence, partie du Languedoc, Vivarais, Gévaudan, le Velai, aussi l'Auvergne, le Limousin, le Périgord, la Guyenne en quelques endroits »; en d'autres termes, les vieilles terres primaires du sud de la Loire, conservées dans le Massif Central, ou reprises dans les jeunes plissements des Alpes du Sud.

En Languedoc même, une première analyse, superficielle, tendrait à dévaluer l'importance du châtaignier. Au diocèse d'Uzès (compoix diocésain vers 1550) on n'en rencontre pas. Au diocèse de Nîmes-Alès, la châtaigneraie ne compte que pour 568 x; à peine plus que les prés (514 x), deux fois moins que la vigne, huit fois moins que les labours : 7 % de tout le terroir du diocèse, en valeur.

Mais la statistique est pour une fois trompeuse. La géographie du châtaignier n'a rien de commun par exemple avec celle des prairies. Les taches vertes des prés sont disséminées « par petits paquets », dans chaque finage, parmi les labours et les vignes. Elles ne sont jamais majoritaires; elles sont partout présentes. Le châtaignier au contraire est réparti par grandes masses; il est totalement absent des plaines et des grandes vallées; mais au flanc des Cévennes, de part et d'autre d'un axe Alès-Le Vigan, il forme, en 1552, un bloc sombre et puissant, accroché à la montagne, en contraste violent avec la zone d'absence qui l'environne de toute part. C'est peut-être le seul cas, pour ce Languedoc du XVIe siècle, où l'on puisse parler de monoculture. Plus de 90 % des châtaigniers sont concentrés dans 43 villages — alors que le diocèse compte 179 communautés. Et dans ces 43 villages, groupés en une traînée continue d'Alès au Vigan, le châtaignier n'est pas une culture parmi d'autres. Il est le roi, le maître des terroirs, parfois l'occupant unique. Bien sûr, il y est singulièrement favorisé par la géologie : la zone à châtaigniers coïncide avec la Cévenne primaire, pincée entre Causses et garrigues; plus précisément elle s'identifie à la grande veine granitique qui court de Saint-Jean-du-Gard à Soudorgues et à Mandagout. Les grains — en l'occurrence le seigle, car le sol est acide, et le froment vient mal — ne pèsent pas lourd, dans ces 43 communautés arpentées en 1552 : ils y font au total 152 x de compoix, même pas le tiers de la valeur cadastrale des châtaigniers (521 x). C'est la seule région où la prépotence des grains, ailleurs universelle, est mise en échec. A plus forte raison, dans ces terres froides, l'olivier, la vigne sont-ils peu répandus.

Donc le châtaignier, c'est la grande affaire de ces montagnes. Le fossoyer, tailler, greffer, tel est le souci des maîtres de la terre : ainsi en janvier 1586 et encore en mai, quantité d'ouvriers, opérant par couples, s'occupent à *stirpar* et *reboudar* les *castanets* du seigneur de Barjac, aux frontières de Lozère. D'autres travailleurs, sur ces pentes raides, réparent ou construisent les *murailhes* des cultures en terrasses; on les rémunère en livres de lard et châtaignes blanches, nourriture habituelle du populaire, en cette région. Même les menus de la châtelaine sont à base de blé, vin, lard et châtaignes. Et quand le châtaignier va, le métayer va aussi; Christophe de Barjac l'écrit en 1586 à demoiselle d'Aulnes, sa sœur : selon lui, tout se passe bien cette année, les filles poussent et « sont fort galhardes »; les châtaignes sont belles, et si elles se vendent bien, Penarié (le métayer) s'en va être riche, « car il y en a beaucoup et il travaille fort ».

La châtaigne cévenole du XVIe siècle est un fruit à toutes fins : elle est exportée parfois vers les villes d'Italie et de Languedoc; elle est surtout « principale nourriture des Cévenols » : crue, ou bien pelée, sèche et cuite; ou bien broyée en farine puis transformée en pain, noir comme du charbon; elle sert aussi de monnaie aux montagnards (affligés d'énormes goitres), pour payer le médecin : ainsi, en 1595. La Cévenne du XVIe siècle est encore pour longtemps une *terre sans pain*, carencée, membre de cette Internationale de la misère et du châtaignier qu'on trouve assez largement étendue, des montagnes d'Estremadure à celles du Rouergue et de la Savoie : tous ces pays partagent avec elle les mêmes privations, les mêmes traditions...

Misérable, mais pas résignée : c'est en cela pourtant que la Cévenne diffère du Rouergue. La Cévenne paysanne de la Renaissance, aux sols froids et disgrâciés, cherche son salut et des ressources de complément, dans les mines et l'industrie. Près de Sumène, l'un des chefs-lieux de la Châtaigneraie, voici d'un bout à l'autre du XVIe siècle, les paysans du cru, pauvres, dévorés par la fièvre de l'or : ils creusent à grands frais dans l'argile jaune, lavent les déblais dans un filet d'eau et rencontrent parfois des paillettes minces comme une feuille d'arbre, d'un or qui tient très bien l'épreuve et s'exporte aux marchés de Lyon. Plus sérieux sont les mineurs cévenols : leur action, au XVe siècle, était devenue bien minime, quand les mines de la Grand'Combe s'affermaient au prix d'un quintal de saindoux. A partir de 1528, le déboisement leur donne une nouvelle chance; à cette date en effet les garrigues sont dévastées par les boulangers, surtout par les chaufourniers, serviteurs de la construction. La montée des prix du bois confère désormais l'avantage au charbon de pierre; partout les *patus* qui avoisinent Alès se criblent de trous, *balmes*, *espiraux*, *charbonnières*, en 1553. Dans les années 1560-1570, de nouvelles mines, de nouvelles vocations de paysans-mineurs apparaissent à Saint-Félix, à Saint-Andéol-de-Robiac. L'abbé de Cendras, vers 1552-1562, vit à la fois de ses châtaignes et de la houille affermée à un marchand d'Alès. Tant de galeries percées sans ordre, comme les égouts de Paris, finissent par s'entrecroiser : si bien qu'en 1581, un mineur doit promettre, devant notaire, à l'un de ses confrères, Dardailhon, d'arrêter le *tirement* de sa galerie de mine, « là où en dessous Dardailhon travaille » : sous peine d'écroulement, bien sûr.

La houille n'est pas seule en cause. Divers villages à châtaignes et parfois à charbon renferment aussi des gisements superficiels de fer. Au fil des torrents tournent les « molins à batre fer » dont le compoix diocésain de 1552 recense un certain nombre dans la châtaigneraie cévenole, notamment près d'Alès. Plus d'un parmi ces moulins a l'âge exact de la Renaissance économique : le 3 septembre 1487, un boulanger d'Alès, cuiseur de pain et broyeur de fer, descend pieds nus dans l'eau du Gardon, tâtonne quelques instants, puis marque d'un amas de pierre symbolique l'emplacement où il établira la *resclause*, écluse et barrage, d'un moulin à pilonner le minerai. A l'instant même, le greffier, les pieds dans l'eau lui aussi, récite et signe le procès-verbal de cette prise de possession; redevance est versée au seigneur de Portes, maître du torrent. La construction du moulin peut commencer.

Ainsi la houille noire d'Alès est complétée dès 1550 par la houille blanche des torrents cévenols. Innombrables, en effet, sont les moulins : la Châtaigneraie qui contient moins du quart des villages possède en revanche le tiers des moulins recensés dans le diocèse de Nîmes-Alès. Curieuse géographie de l'énergie, plus autonome qu'on ne le croirait, dès cette époque : elle installe des moulins à huile dans des paroisses dépourvues d'oliviers et des meules à grains dans des villages qui ne cultivent pas les céréales et s'adonnent exclusivement au châtaignier. Il y a aussi des moulins drapiers, et *masiers*, ces derniers destinés à fouler le drap, le fer ou le papier.

L'arbre lui-même prend sa part de cette animation industrielle. Dans tout *chastanet* vivant, son maître voit le châtaignier coupé, devenu cuve, barrique ou tonneau. En mars de chaque année, les rustres attaquent les taillis de châtaigniers sauvages ou *jourguieiros*, matière première de cercles à futailles : ils façonnent ceux-ci, ils les empilent en « roues », ils les vendent. Les petites villes retentissent du marteau des tonneliers : la tonnellerie de Sumène, entre 1490 et 1600, vend ses produits dans tout le Languedoc et à Marseille aussi, pour y mettre le vin, le thon, les anchois et sardines salées. Les paroisses cévenoles expédient à Marseille cercles, futailles, osiers, bois déjà « montés » ou bien destinés à être assemblés dans les ateliers de la tonnellerie provençale.

Industrie récente. En 1242, en 1340 encore, des magistrats languedociens plaidaient devant le sénéchal de Beaucaire pour interdire de fabriquer des tonneaux en bois de châtaignier « qui putréfie le vin ». Deux siècles plus tard, le chêne a perdu la partie, et le préjugé populaire s'est retourné en faveur du châtaignier qui « ne donne aucune odeur au vin », alors que le vin logé « en meubles de chêne » en tire « une odeur extravagante, odieuse à d'aucuns » : tonneaux de chêne des XIIIe et XIVe siècles; cuves de châtaigniers du XVIe siècle ...

D'autres industries du bois dépassent même en altitude l'étage de la châtaigneraie : au hameau culminant des Cévennes, Thomas Platter, en 1595, aperçoit quantité de menuisiers. Ils fabriquent des planches, des boîtes qu'ils expédient dans les centres urbains, et qui fournissent du numéraire aux montagnes.

La Cévenne du XVIe siècle apparaît ainsi comme unité dynamique dont toutes les activités sont solidaires : l'arbre à pain y fournit la pâture à des paysans-ouvriers nombreux, travaillant dans les mines, le tissage, les moulins, l'industrie du bois et aussi celle du cuir; cette dernière, dont on reparlera, jouant un rôle décisif dans le développement de la huguenoterie cévenole. Et la densité démographique est surprenante : dans le diocèse de Nîmes-Alès, en 1552, les trois vigueries cévenoles et « castanicoles », Alès, Anduze, Le Vigan, comptent au total 82 communautés — villages et bourgades — et 10 774 maisons, sur les 23 710 maisons que se partagent les 179 communautés du diocèse. La montagne apparaît donc aussi densément bâtie et fortement peuplée que la plaine nîmoise : 132 maisons par village. Puissantes communautés du XVIe siècle, accrochées à un sol froid et rude : cette égalité de peuplement avec la plaine équivaut en fait, si l'on songe à la pauvreté des ressources agricoles du haut pays, à un surpeuplement montagnard; la densité humaine des Cévennes, en 1552, a quelque chose d'effrayant, de déprimant aussi quant aux niveaux de vie et de santé, déplorablement bas : les médecins du XVIe siècle notent la misère des orpailleurs de l'Hérault, les goitres monstrueux des gens de l'Aigoual et de l'Espérou; les écrouelles qui dans les bourgades drapantes, affligent les tisserands; scrofuleux, ceux-ci sont contraints de se marier entre eux et, pour guérir, ils vont à la fontaine de Beaucaire ou bien se font « toucher » par les rois de France... Même les gentilshommes verriers, quoique bien vêtus, paraissent désargentés : ils soufflent eux-mêmes le verre, au feu de leurs fourneaux, dans leurs pourpoints de velours et de taffetas.

Ainsi va la Cévenne du XVIe siècle, avec ses pauvres, ses goitres, ses écrouelles, et ses nobles vêtus de soie. La soie est un cas isolé d'opulence insolite; et elle évoque la présence, parmi les châtaigniers, du mûrier, l'arbre d'or. La châtaigneraie cévenole est le foyer le plus ancien, le plus actif de la sériciculture française :

dès 1234, l'industrie de la soie exportant sur Marseille y est signalée. En 1296, Raymond de Caussargues, habitant d'Anduze, en pleine Châtaigneraie, exerce, en ce lieu, la profession de *trahandier*, c'est-à-dire, tireur de soie, dévideur de cocons, à partir desquels il forme le premier fil de soie grège : texte capital, le premier de cette sorte, en France. Il date les vrais débuts de la sériciculture nationale; il prouve que le ver à soie, probablement importé d'Italie, est désormais élevé directement dans les Cévennes, en 1296.

Au XIVe siècle, la corporation des trahandiers d'Anduze est florissante et bien installée; puis, après une période d'éclipse qui correspond à la dépression de l'extrême fin du Moyen Age, vient la résurrection : à partir de 1497, la soie d'Anduze, appelée aussi soie de montagne, fait sa rentrée sur le marché d'Avignon où les passementiers et taffetassiers l'apprécient fort. A partir de 1510, naissent dans les Cévennes des centres séricicoles secondaires. Hors Cévenne, depuis 1494, d'autres foyers d'élevage du ver à soie s'individualisent, en Provence; et dans le Comtat, près de Montélimar, grâce au seigneur d'Alan, compagnon de Charles VIII à Naples, et qui s'y est pourvu de plants de mûrier blanc pour sa paroisse.

Blancs ou noirs, une première rage de mûriers se fait sentir, à partir surtout de 1540-1550 : on plante alors à Montpellier, à Narbonne, aux Cévennes d'Anduze toujours vendeuses au marché d'Avignon; on plante au Comtat, où une pépinière de mûriers blancs ravitaille depuis 1527 les sériciculteurs; en Bas-Vivarais, en Provence, entre Aix et Salon, plus de 10 000 pieds sont mis en terre. Cette folie de soie et de mûrier coïncide, à partir de 1540, avec l'afflux d'argent américain, porteur de luxe.

Comme il est normal, la vulgarisation (toute relative) du produit, entraîne, au cours du siècle, un avilissement des prix de la soie qui se déprécie et se vulgarise au XVIe siècle. L'époque de Louis XII est loin, où nul ne portait de bas de soie. A plus forte raison, le temps de l'Empereur Aurélien (270-275) quand la soie, au dire d'un texte célèbre, se vendait au poids de l'or. La soie cévenole, dans les années 1540, vaut seulement la centième partie de son poids d'or : plus exactement, d'après un calcul un peu long, mais fort simple, un kilogramme de cette soie se vend 7,86 l. tournois, soit en équivalent-or, 11,48 grammes. Voilà qui oppose deux Méditerranées occidentales : l'une romaine, s'adonnait à la soie chinoise, amenée à grands frais par les caravanes du Lob-Nor et du Pamir; l'autre, moderne, est déjà celle des petits trajets, des mulets prosaïques et bon marché qui transbordent le fil de cocon, d'Anduze au marché d'Avignon. Peut-être faut-il aussi opposer deux refus : Aurélien sagement rejetait loin de lui le pallium de soie pourpre, trop cher car valant son poids d'or; Henri II, avec moins de raison, s'interdit de porter des bas de soie, « quand l'usage en est partout reçu dans son royaume ». Aurélien est sage; Henri II, vieux jeu.

De cette diffusion du mûrier, il faudrait prendre la mesure : celle-ci, considérable par rapport à la régression du siècle précédent, demeure modeste en comparaison de l'avenir. Le mûrier, certes, gagne du terrain; mais pas dans les champs, pas comme « masse de culture »; il est confiné aux jardins, et, du fait de cette position mineure, il ne joue qu'un rôle d'appoint; il représente, pour certains villages cévenols, un afflux de numéraire; mais pas davantage; il n'a pas encore modifié, en 1550-1560, les bases de l'économie.

Et voilà, caractérisée une fois de plus, la déficience, partout présente, de cette expansion languedocienne du XVIe siècle : ici, l'oliveraie grandit, mais ses dimensions restent médiocres, et elle demeure un fournisseur d'appoint, au titre de la cuisine locale. Quant au vignoble, il est minoritaire et léthargique. Le mûrier, enfin, étouffe à l'intérieur des murs étriqués du jardinage méditerranéen. La masse des productions agricoles reste tournée vers la production des aliments énergétiques et pauvres, autrement dit des hydrates de carbone : châtaigne en pays siliceux, grains partout ailleurs. Les graisses, viandes, alcools, textiles, produits de luxe et de marché urbain, comptent encore pour trop peu.

Si l'on en croit les compoix diocésains de Nîmes; 63 % des terroirs (en valeur), soit les 2/3 d'une grande région, économiquement diversifiée pourtant, se consacrent encore en 1552 à la production de pain ou de châtaignes, à la ration de base la plus fruste, celle des hydrates de carbone ou « glucides ».

C'est dire que, pour l'essentiel et malgré quelques initiatives heureuses et très minoritaires (olivier, mûrier) l'expansion du XVIe siècle s'opère, ici, dans le cadre d'une économie vivrière et non dans celui d'une agriculture de spéculation, plantation ou cultures riches, comme ce sera le cas au XIXe siècle, en Languedoc et en Comtat. Même piqueté d'oliviers ou de vignes, même troué de prairies, le paysage consiste d'abord en moissons et labours.

Cette agriculture vivrière atteint-elle l'objectif souhaitable? Parvient-elle à maintenir le niveau de vie des habitants, en nombre croissant, qu'elle est chargée de nourrir? Ou bien se trouve-t-elle réglée par les tendances implacables de l'équation malthusienne? Dans la course des populations et des subsistances, du pain et des hommes, qui l'emporte? Il est justifié de poser le problème en terme de production brute d'abord, en terme de revenu ensuite.

II. — VERS L'AUSTÉRITÉ

La tragédie du blé

La production des « bleds » (ou du moins sa tendance ou *trend*), on la demandera aux courbes des dîmes en grains : vers 1478-1499, les chanoines de Saint-Just (Narbonne) afferment en nature les dîmes en blé de divers terroirs, dispersés et représentatifs. Matériau documentaire excellent : cette « afferme » est adjugée tous les ans, juin, à la veille de la moisson, et en fonction du volume présumé ou « apparence » de celle-ci. Le taux de la ponction décimale reste constant à travers le temps, 1/13 par exemple sur tel terroir, à deux siècles d'intervalle. Enfin le prélèvement du fermier demeure faible : cet homme, en effet, comme on l'a noté déjà pour l'huile, n'a aucun frais de culture; seulement des frais de tirage (collecte des gerbes et transport à l'aire) et de dépiquage; l'un dans l'autre, il prélève, pour ses frais et son bénéfice, 11 à 15 % des grains décimaux; et il donne le reste, 85 à 89 % aux chanoines décimateurs : cette prestation, c'est le fermage de la dîme. Le mouvement de ce fermage, de cette rente, d'année en année, est ainsi représentatif du mouvement de la dîme et par là même de la récolte.

De l'examen des graphiques se dégage une constatation, rassurante à première vue, si l'on songe aux besoins grandissants de la consommation : la production de grains s'accroît après 1480-1500. Les données sont fragmentaires, mais concordantes : à Pépieux, la tendance ascendante est nettement marquée de 1499 à 1519. A Creissan, les chanoines recueillaient 70 setiers vers 1480; et ils en touchent plus de 100 vers 1515-1520...

Pourtant, face au doublement du nombre des chefs de famille, entre 1500 et 1560, cette montée du grain produit paraît très insuffisante : dans la série la plus continue et la plus solide, celle de Creissan, dîmes et moissons augmentent seulement de moitié entre le creux de 1480 et le plein de 1520. Nulle part, on ne constate de doublement des récoltes entre le minimum du XVe siècle et les maxima de production céréalière des siècles suivants (1520-1530 et 1640-1660). Fait plus grave, cette marée modestement montante ne persiste pas. Le reflux intervient partout, dès 1530 : à Creissan, à Saliès, après cette date, les quantités engrangées diminuent, et retombent même, dès 1550-1560, aux bas niveaux du XVe siècle. A Narbonne, après 1520, on ne retrouvera plus les belles moissons décimales de la décennie précédente, contemporaine de Marignan.

Certes, la grève des dîmes qui débute sournoisement porte peut-être une part de responsabilité dans ce déclin? Mais cette grève ne sera vraiment effective, pour le blé comme pour l'huile, qu'après 1560, et elle ne peut expliquer, à elle seule, le « tassement » des courbes d'engrangements dès la période 1530-1560.

En fait, par delà la dîme, c'est la récolte elle-même qu'il faut mettre en cause : l'expansion céréalière est bel et bien « cassée » après 1525-1530. Peut-être la production ne décline-t-elle pas autant que le suggèrent les courbes décimales, alourdies par le début des grèves. Mais la belle ascension du premier tiers du siècle fait place, pour le moins, à une stagnation des récoltes. La tragédie du blé commence : tandis que sa production marque des signes d'essoufflement véritable, la population, elle, continue à s'accroître, au grand galop... Jusqu'en 1520-1530, les subsistances, en voie d'accroissement, faisaient face tant bien que mal, avec un certain retard, aux besoins d'une population qui grossissait. Au second tiers du siècle, tout optimisme est désormais interdit, les fameux ciseaux s'ouvrent; la démographie bondit, tandis que la production du blé piétine.

Pourquoi ce piétinement? Concurrence des plantations? Celle-ci est relativement faible; et au XVIIe siècle, du reste, on verra blé, vin, huile, progresser parfois simultanément sur les courbes de production. En fait, l'essoufflement de la production du blé, après 1530, tient à des raisons plus profondes. Celles-ci mettent en cause les structures de l'agriculture méditerranéenne, la nature même de ses défrichements. Les rendements n'augmentant guère d'un siècle à l'autre, c'est en effet aux défrichements qu'incombe la charge difficile d'accroître les rentrées en grains... Or quelles terres sont défrichées, mises en valeur, en Languedoc, au XVIe siècle? Des étangs malsains, mais fertiles? On ne s'y attaquera vraiment, de façon massive, autre que locale, que sous Henri IV. Des forêts, dont le sol est lourd, difficile à labourer, mais fécond? Il n'y en a guère en Languedoc. Rien de comparable ici aux défrichements modernes de la France de l'Ouest. En Languedoc méditerranéen, les terres qui s'offrent s'appellent *rouquiers*, *garrics*, *herms*, *pasturals*. Et les défrichements pénibles, dispendieux, s'y heurtent toujours, se « cognent », littéralement, au seuil implacable de la rentabilité décroissante. Le défrichement dans ces conditions à quelque chose d'absurde, presque d'inutile...

Tentons un bilan d'ensemble : des indices concordants donnent à penser qu'on se trouve en présence d'une société, dans laquelle, la « reproduction des êtres humains » l'emporte sur la « production des moyens d'existence ». D'un côté, la population croît au galop; de l'autre, la production avance à pas comptés, ou même marque le pas : c'est vrai de la production pour le marché, stagnante (vigne), ou trop minoritaire et localisée, malgré un certain dynamisme (oliviers, mûriers); c'est vrai aussi de la production des subsistances, dont l'expansion se heurte sur les granits de la châtaigneraie, comme sur les calcaires des garrigues « à blé », à la loi des rendements décroissants dans les terroirs infertiles.

L'ensemble de cette conception conduit à poser, comme hypothèse de travail, la distorsion, pour le moins l'inégalité de croissance au XVIe siècle : il s'agit d'un décalage, en somme, entre l'expansion démographique et le développement économique, entre les besoins des hommes multipliés et l'offre de produits, incapable de s'ajuster à ces besoins. Un tel décalage compromet la saine harmonie d'une croissance : certes le produit global s'accroît un peu; mais non le produit disponible par tête d'habitant. A la limite, cette situation présente de véritables dangers de « paupérisation » des masses, par réduction de la consommation individuelle — l'inflation du peuplement dépassant le croît trop lent des subsistances.

Ces tendances sont assez clairement indiquées. Mais le « modèle » présenté demeure rudimentaire : il semble qu'une foule grandissante se presse autour d'un tas de grain, qui, lui, n'augmente pas au rythme des besoins de cette foule. Image juste? image fruste; en fait, entre production et consommation, toute une série de médiations économiques et sociales s'interposent : médiation globale de la valeur et du marché; médiations individuelles de la répartition. Et c'est seulement au travers de celles-ci et de celles-là qu'on peut saisir, sur le vif, un processus éventuel d'enrichissement ou d'appauvrissement, dans le développement déséquilibré du XVIe siècle.

La stagnation du revenu réel

L'ensemble des récoltes d'une année forme une masse de biens de consommation, dissemblables par leur nature et leur usage : grains, laines, bois, bétail, châtaignes, vins, huiles, etc. Heureusement il y a un dénominateur commun; chacun de ces produits a un prix, chacune de ces récoltes a une valeur monétaire; et l'ensemble de ces valeurs « mises en tas », forme le revenu agricole global d'une région donnée, pour une année donnée. D'année en année, ce revenu général varie; il croît, stagne, ou décline; et cette fluctuation globale est essentielle : elle influe en effet sur la formation et la variation de chaque revenu individuel, dans le monde paysan.

Certes, — et la remarque est essentielle — ce revenu global n'est pas toujours *actualisé* au XVIe siècle : l'autoconsommation de la famille paysanne limite beaucoup la commercialisation des produits; l'échange lui-même, quand il intervient, prend souvent la forme du troc : mules contre sacs de grains; services de moissonneurs contre pourcentage de récolte...

Et pourtant, paradoxe, ce revenu général de l'agriculture — qui demeure encore à demi virtuel et n'est qu'une totalité théorique — n'en fait pas moins l'objet de mesures statistiques sérieuses, anciennes, systématiques : la mise au tas des produits, l'évaluation des valeurs globales constituent en effet la base même, approximative et régulière, du calcul et du travail des décimateurs.

Écartons le cas des dîmes perçues en nature : dans certains terroirs fertiles, qui sont bien situés, les chanoines, désireux de remplir leurs cuves, jarres et granges, y font verser directement le vin, l'huile, ou le blé. Dans ce cas, la statistique reste inachevée : il y a bien « mise au tas », mais non mensuration monétaire. Cependant, de telles dîmes en nature forment l'exception, après 1500. Dans la grande majorité des paroisses rurales, l'organisme décimateur (Chapitre, couvent...) adjuge au plus offrant parfois pour un an, généralement pour 3 ou 5 ans, l'ensemble des dîmes du village donné, en bloc : blé, vin, huile, foin, *salicor*, agneaux, laines, pâtures, jardins, etc. Le fermier adjudicataire s'engage alors à verser, à chaque année de son bail, une certaine somme en argent. Un exemple parmi des milliers : en 1560, un bourgeois propose, aux chanoines d'Aiguesmortes, 308 x par an, pour 5 ans, afin de lever en nature et à son profit, au champ, à la vigne ou au verger, toutes les dîmes du terroir de Malespels, dont la collégiale d'Aiguesmortes est décimatrice. Son offre est la plus forte. Adjudication « à chandelle éteinte »; bail conclu : voilà notre homme fermier décimal de Malespels, pour cinq ans, à 308 x par an qu'il versera à ses chanoines.

Que représente ce fermage en argent? Le résultat d'un calcul du fermier, calcul relativement serré puisque d'autres candidats sont en piste, à l'heure des enchères. A la base de ce calcul une série d'anticipations, grossièrement statistiques, qui évaluent : d'abord les récoltes de tous fruits du terroir, année commune; ou plus exactement le volume approximatif à quoi montera leur dîme suivant le taux local de celle-ci : 1/13 ici, 1/11 ailleurs; en second lieu, le preneur prévoit la vente de ces fruits décimaux, aux prix nominaux du marché, et le produit total de cette vente; notre fermier, du fait qu'il s'acquitte intégralement en monnaie, est nécessairement vendeur des fractions de récoltes qu'il lève en nature au titre des dîmes; mettons que le fermier de Malespels escompte ainsi un revenu d'argent de 342 x; vient alors la troisième anticipation : il défalque de cette somme, ce qui est nécessaire pour payer ses frais et assurer son profit; frais et profits minimes, comprimés par la concurrence des autres enchérisseurs, et qui représentent à peu près, selon les textes du XVIe siècle, un dixième du produit total de la dîme; (car le fermier décimal n'a ni train, ni frais de culture — à la différence du fermier de grange — et seulement des frais peu élevés de cueillette ou de dépiquage). Donc, en gros, 10 %, que le fermier gardera par devers lui : 34 x dans le cas de Malespels; le reste, soit 90 %, constituant alors le surplus ou revenu net : la rente décimale en argent versée aux chanoines; en d'autres termes c'est le fermage, somme forfaitaire prévue par anticipation dans le contrat d'arrentement des dîmes; soit 342 x — 34 x = 308 x, comme on l'a vu pour le bail de Malespels.

Cette rente décimale en argent, nous la suivons de bail en bail, de « trienne en trienne », pendant près de trois siècles; mais, comment varie-t-elle ? Pour l'essentiel, en raison du prélèvement très modique du fermier, elle est indexée à 90 % sur le revenu décimal en argent, réalisé par le fermier quand il vend des fruits décimaux recueillis par lui. Mais ce revenu décimal en argent représente à son tour une image en réduction (au 1/10e, au 1/11e ou au 1/13e suivant le taux local des dîmes) du revenu agricole total du terroir : ce revenu agricole brut, réalité théorique, et pourtant réalité capitale, peut se définir ainsi pour une année donnée :

$$A = Rp + R'p' + R''p''... + R^n p^n.$$

(A étant le revenu agricole total; R, R', R'' les volumes des différents produits récoltés cette année-là : blé, vin, huile, laine, etc.; p, p', p'' les prix respectifs de ces produits). A, symbole du revenu agricole, c'est aussi, dans le vocabulaire du « tableau » de François Quesnay, la « Reproduction annuelle », la valeur totale des récoltes brutes, que l'agriculteur destine d'une part à la vente, d'autre part à l'auto-consommation familiale et aux avances retournant à la terre. En bref, la rente décimale en argent (C) est indexée dans la longue durée sur le revenu décimal en argent (B); et celui-ci, à son tour tend à être indexé sur le revenu agricole en argent (A).

Nous ne saurons jamais la valeur absolue de A pour une année ou pour une série d'années données. Peu importe. Ce qui compte, ici du moins, c'est le mouvement, le *trend*, le « diachronique » (et non le « synchronique »). Par le mouvement de C (rente décimale en argent), nous obtiendrons l'approximation (à 90 %) du mouvement de B (revenu décimal en argent); et finalement l'approximation la moins éloignée, la seule qui soit, du reste, dans l'Ancien Régime statistique, sur le mouvement tendanciel de A (revenu agricole théorique, aux prix courants, d'un terroir donné). Or accéder, même d'assez loin, à la connaissance du mouvement de A, c'est accéder à une réalité historique importante, à savoir : le mouvement d'ensemble des différentes récoltes, tel qu'il est pondéré par le mouvement d'ensemble des prix respectifs de chacune d'entre elles.

Ces calculs de tendance du revenu agricole, à partir de la rente décimale en argent, se fondent sur une base géographique et statistique large; l'une des plus larges qu'on puisse exploiter, dans les anciennes archives languedociennes, ecclésiastiques ou notariales. Qu'on en juge : cinq grands centres de collecte de la dîme, cinq sources lumineuses éclairent la recherche, dans le Languedoc méditerranéen. D'Ouest en Est : Narbonne, Béziers, Montpellier, Aiguesmortes, Nîmes. Dans chacune de ces villes, un Chapitre cathédral — ou une collégiale — s'arroge les dîmes d'une grande partie du plat pays, dans des dizaines de terroirs. Au total, dîmes narbonnaises, biterroises, montpelliéraines, nîmoises, et d'Aiguesmortes : 175 finages décimés; souvent fort importants terroirs, ancêtres des grands villages viticoles du XXe siècle; 175 points sur la carte entre Rhône et Aude, où tous les trois ou cinq ans, les chanoines et fermiers débattent et mettent à jour, par contrat, l'évaluation forfaitaire du revenu décimal en argent, lui-même indexé dans la continuité des temps sur le revenu agricole. 175 villages connus, pour une vaste région, où le nombre des paroisses, à l'âge moderne (XVIIe siècle) atteint 570. L'échantillon statistique est ici étonnamment vaste, même au regard des exigences de la statistique actuelle.

De la valeur de ce gros sondage, témoigne aussi la concordance entre les diverses courbes finalement obtenues, et qui disent le mouvement de la rente décimale en argent. Mouvement long, d'emblée (car les baux de dîmes-argent étant renouvelés tous les 3 ou 5 ans seulement, il n'est pas question d'un mouvement « annuel » de la courbe). Ces mouvements longs de la dîme, exprimée en argent, dessinent, au cours des siècles, des vagues très semblables, dans les grandes régions agricoles (Nîmes, Narbonne, Béziers, Montpellier). Seule Aiguesmortes est aberrante jusqu'en 1560, concordante ensuite, on verra pourquoi.

L'information décimale avant 1560 repose sur Narbonne, Béziers, Aiguesmortes. A Narbonne, l'indice du revenu décimal médian, établi à partir des 31 courbes des baux décimaux stipulés en argent de 31 villages (base 100 : la moyenne des baux pour les années 1610-1640), se situe pour les années 1500-1505 à l'indice 14,5; pour la période 1555-1560, à l'indice 35. De 1500 à 1560 — de cet indice 14,5 à cet indice 35 — l'ascension de la courbe est ininterrompue; ascension remarquable, mais limitée : la rente décimale, stipulée en argent, plus exactement en monnaie de compte (livres tournois), fait un peu plus que doubler de 1500 à 1560, soit dans l'intervalle de deux générations. A Béziers, les taux de progression sont du même ordre de grandeur.

Mais n'oublions pas que ces baux de dîmes, qui s'inscrivent ainsi, au long des décennies, sur un graphique ascendant, sont stipulés en monnaie de compte (livres tournois). La hausse est donc purement nominale; et pour en prendre la mesure *réelle*, il faut comparer ce mouvement de l'indice du revenu nominal, au mouvement de l'indice des prix nominaux. Tout salarié sait qu'il est bien vain d'augmenter son revenu, son salaire, si les prix eux aussi augmentent au même rythme.

Trois possibilités théoriques s'offrent ici :

a. Ou bien la hausse nominale H du revenu décimal est plus forte que la hausse nominale H' des prix :

$$H > H'$$

Cela signifie qu'à prix constants, le produit réel des dîmes augmente; et comme la dîme est un pourcentage stable des récoltes, cela signifie une tendance prolongée à la hausse des quantités récoltées, donc un accroissement réel du produit agricole total.

b. Ou bien la hausse nominale du revenu décimal (H) est égale à la hausse nominale des prix (H') :

$$H = H'$$

C'est l'opération blanche : la dîme exprimée en argent est, dans ce cas, automatiquement indexée sur la hausse des prix; mais les quantités dîmées, pourcentage stable des quantités récoltées, restent sans changement. Stagnation du produit agricole réel (en nature). Le prix augmente mais non le produit.

c. Enfin, si d'aventure, le revenu nominal des dîmes monte moins vite que le prix nominal :

$$H < H'$$

cette moindre hausse ne peut signifier qu'une chose : que, le produit réel de la dîme a tendance à diminuer; le prix monte, certes; mais le revenu cependant monte moins : car la quantité de produits engrangés par le décimateur est en diminution. Hausse vive des prix, mais lourdeur des revenus : symptôme d'une baisse des quantités décimées, donc récoltées... Des trois hypothèses possibles, laquelle vaut? Pour le savoir, il faut connaître la marche des prix nominaux.

La mercuriale de Montpellier cote les prix du froment à partir de 1477, et jusqu'au début du XVIIe siècle. Elle indique, pour chaque année sans exception, 2, 3 ou 4 prix, parfois davantage; on obtient donc pour les cent années mises en cause, une série sans lacunes; des médianes quinquennales indiquent le *trend* séculaire.

Et l'on peut, documents et courbes en main, instituer la comparaison : prix nominaux, revenu nominal de la dîme. Intéressante confrontation : de 1500-1505 à 1555-1560, la *touzelle* (meilleur froment) passe de 16 s. 6 d. le setier à 34 s. : soit, l'indice 100 étant posé en 1610-1640, une hausse de l'indice 19,8 à l'indice 41,0. En deux générations, le prix du blé fait un peu plus que doubler. Mais n'est-ce pas à peu près la cadence de hausse du revenu décimal à Narbonne, passant dans le même temps de l'indice 14,5 à l'indice 35. Les deux courbes sont pratiquement superposables. Une conclusion surgit : à prix constants, — ou ce qui revient au même — évalué en grains, qui sont nourriture de base, le revenu décimal réel, reflet du revenu agricole réel, augmente à peine entre 1500 et 1560. Les deux courbes, prix et revenus, montent parallèlement : même allure, même pente.

Ces conclusions rejoignent, élargissent, généralisent celles qu'on a tirées des dîmes en nature, et des défrichements cadastraux. Au XVIe siècle languedocien, si la population s'accroît beaucoup, jusqu'à doubler peut-être, la production en revanche affirme un manque complet d'enthousiasme et d'élasticité : le revenu agricole réel, à prix corrigés (à prix supposés constants) est stationnaire ou faiblement croissant. Or, déduction normale, scandaleuse mais irréprochable : la population grandissant beaucoup, le revenu global croissant très peu, le quotient $\left(\frac{\text{revenu réel global}}{\text{population}}\right)$ autrement dit le revenu réel individuel, moyen, par tête d'habitant, tendra nécessairement à diminuer; et un processus de « paupérisation » est à prévoir.

Premières indications; à nuancer pourtant, sur le mode géographique. Le cas d'Aiguesmortes est ici très éclairant. Au XVIe siècle, c'est un pauvre port, perdu dans le bourbier de Camargue, infesté de moustiques, peuplé de chômeurs; et néanmoins c'est le centre, simultanément, d'un magnifique effort de mise en valeur agricole. Les sacs d'épices et les balles de coton ne parviennent plus sur les quais embourbés; mais les granges croulent sous le grain. Car les terres sont profondes, arrosées, ensoleillées; une fois drainées, elles portent de belles moissons. Voyez les dîmes : dans la Camargue d'Aiguesmortes, au XVIe siècle, elles bondissent littéralement. Le revenu décimal médian (nominal) faisait plus que doubler, à Narbonne, entre 1500 et 1560; à Aiguesmortes, il fait plus que tripler, il quadruple presque en ces soixante années : en 1500-1505, il est à l'indice 28; en 1555-1560, à l'indice 105. Et cette hausse, vive, bien plus rapide cette fois que celle des prix, provient effectivement des terroirs palustres, dîmés par les chanoines d'Aiguesmortes. Hausse impressionnante : elle laisse loin derrière elle la hausse des prix du grain ; elle est significative d'une hausse réelle et forte du revenu agricole, exprimé en équivalent-grain; une fois éliminée la montée fictive due à la poussée des prix, il apparaît qu'à prix constants, le revenu agricole réel des terroirs dîmés par Aiguesmortes a augmenté d'au moins 50 % dans la période envisagée.

Mais le cas d'Aiguesmortes est clair : sur ces sols détrempés, on a pu rompre enfin l'anneau magique, le cercle vicieux où se débat l'agriculture méditerranéenne : non plus défricher, mais dessécher. Au lieu de conquérir des sols squelettiques, qui accroissent les frais, sans augmenter le revenu, on purge d'un excès d'eau des sols fertiles, et l'on annexe d'un coup des terroirs profonds, qui doublent en peu d'années le revenu réel d'une dîme et d'un finage.

Or de telles entreprises, au XVIe siècle, sont très minoritaires; leur rentabilité impressionne, mais les sacrifices humains sont trop lourds. Attaquer des marais, creuser des canaux de drainage, c'est soulever des légions d'anophèles, c'est implanter le peuplement dans une zone meurtrière, où l'eau de boisson elle-même est pourrie. Si les défrichements de garrigues se heurtent au mur des rendements décroissants, les dessèchements de palus, eux, sont arrêtés peu à peu par l'holocauste des travailleurs; au XVIe siècle, ils restent étroitement localisés; et la Camargue attaquée sur ses bords, demeure toujours, en son cœur, un grand chancre malsain. Au début du XVIIe siècle il est vrai, les desséchements seront plus étendus; mais c'est seulement au XIXe siècle, avec la quinine et l'hygiène, que la plaine littorale deviendra pays de grande production agricole. Au XVIe siècle, malgré son dynamisme et la croissance de ses revenus, l'agriculture de la bordure littorale reste une force d'appoint, fort effacée encore dans l'économie régionale. Les revenus d'un Chapitre palustre comme celui d'Aiguesmortes — en dépit du *boom* de ses dîmes — demeurent assez dérisoires, comparés aux prébendes opulentes de la zone saine : entre 1597 et 1607, où l'on dispose pour la première fois de comptabilités globales, l'ensemble des bénéfices qui dépendent de la *mense* d'Aiguesmortes rapporte de 5 000 x à 8 000 x par an. Or quittons les palus de Camargue; allons aux pieds des monts, vers les coteaux ou vers les plaines sèches et saines. A Nîmes, vers 1600, l'ensemble des prieurés décimés rapporte, année commune, 25 000 x par an, le quadruple d'Aiguesmortes; à Montpellier, 45 000 x! Le cas typique majoritaire, au XVIe siècle, n'est donc pas à chercher dans le mince ourlet des plaines palustres; mais bien dans les pays narbonnais ou biterrois si représentatifs du Languedoc méditerranéen : avec leur marqueterie de plaines saines, entièrement cultivées, sans progrès agricole possible; avec leurs garrigues disponibles au défricheur, mais stériles. Là dans ces mixtes de plaines et garrigues, le produit agricole (réel) plafonne désespérément; et le revenu décimal (réel) reflète fidèlement cette stagnation.

Ainsi c'est le produit décimé, autrement dit le revenu agricole réel, qui dans l'ensemble, et mis à part quelques cantons fiévreux du littoral, refuse de s'accroître. Le revenu agricole plafonne; la population agricole, elle, crève le plafond; le revenu paysan moyen, par tête d'habitant, risque donc fortement de décliner. Pour évaluer la réalité de ce risque, et de cette austérité croissante, il faut envisager, après la production, les problèmes de la répartition des biens produits.

CHAPITRE III

MORCELLEMENT, CONCENTRATION, PAUPÉRISATION

Le produit à partager augmente peu, tandis que le peuplement foisonne : la question du partage acquiert ainsi une importance vitale. J'étudierai d'abord le premier temps du partage agricole; celui qui fragmente la production d'un terroir, selon les lignes de force de la structure foncière, au prorata des propriétés de chacun : le XVIe siècle languedocien, le « beau XVIe siècle » représente-t-il une période de concentration, ou bien d'éclatement, de pulvérisation des propriétés? Les études réalisées en France par Raveau, Merle, etc. mettent l'accent dès la Renaissance, sur la concentration des terres, en mains seigneuriales et bourgeoises; en va-t-il ainsi en Languedoc? Inversement, on ne peut exclure l'hypothèse d'un morcellement foncier : qu'on songe au pullulement démographique, et à la pratique constante dans cette région, et à tous les niveaux sociaux, du partage successoral. Diverses hypothèses sont possibles : laissons la parole aux faits, aux compoix.

Méthode : la question foncière doit être envisagée successivement sous ses deux aspects : les superficies (« hectares », ou « setérées » du vieux temps) et les valeurs cadastrales (livres cadastrales). Ainsi parviendra-t-on à l'approximation maximale. Ces deux approches sont du reste complémentaires : les évaluations en superficie sont les plus précises, et les plus suggestives; mais les surfaces d'inégale valeur, (limons et garrigues) n'y font l'objet d'aucune pondération; et puis, jaillissant des seuls compoix, qui sont rarement refaits (tous les cinquante ou cent ans), elles sont extrêmement discontinues dans le temps : pour encadrer par exemple les générations foncières de 1500 et 1560, on devra se contenter de comparer les superficies arpentées au compoix de 1492, à celles qu'enregistre le compoix successeur, confectionné en 1607; la « fourchette » est vraiment trop large. Au contraire, les estimations pondérées en valeur cadastrale, enregistrées au compoix, et mises à jour régulièrement dans les rôles de tailles successifs, permettent de serrer de très près, et même de parcourir pas à pas une période donnée; grâce à elles, on peut scruter de décennie en décennie, entre 1500 et 1560, les transformations de la structure foncière.

Aux surfaces, on demande les points de repère solides, les indications initiales; aux valeurs, les vérifications fines et pondérées, les raffinements chronologiques.

Hectares ou setérées

Superficies, d'abord : voici Lespignan. Deux compoix terriens : 1492, 1607; 103 taillables en 1492; 174 en 1607. Le classique essor démographique du XVIe siècle; ici néammoins relativement modéré (mais peut-être la paroisse a-t-elle été saignée, après 1560, par la guerre civile, avec son cortège de fléaux). J'ai esquissé ailleurs, pour ce village, une comparaison à grand rayon, opposant deux compoix très distants, 1492 à 1653 : les propriétés, sous Mazarin, paraissent extrêmement émiettées, par comparaison avec les domaines plus vastes et bien remembrés de la fin du XVe siècle. Voyons si le XVIe siècle a sa part, dans ce processus de pulvérisation; et, si oui, quelle part. Pour cela, comparons les compoix de 1492 et 1607 : quant à l'évolution globale du finage, d'abord, il y a stabilité, ou léger progrès. Le terroir, mis en valeur et approprié, fait 4 984 setérées en 1492; 5 605 s. en 1607; soit + 621 s. en 115 ans; même pas 15 % d'augmentation. Les défrichements ou dessèchements du XVIe siècle, sans être négligeables, ont peu accru les capacités productives du finage, ici comme ailleurs. Cependant, si la production totale n'a guère augmenté, la répartition du sol et donc de ses produits a profondément changé, comme sous l'effet d'un bouleversement : pour découvrir le fait, il suffit de ranger les propriétés en histogrammes, ou polygones de fréquence, par ordre de superficie croissante, de 0 à plus de 1 000 setérées, et comparer ensuite les histogrammes en 1492 et 1607. On dispose, dès lors, d'une lecture totale des phénomènes d'évolution : ces deux histogrammes sont bien différents ! En deux mots, je résume mon impression : la petite propriété progresse ; la grande aussi ; la moyenne se tasse. Problème des limites ou frontières entre petits, moyens et grands, entre groupes à réactions historiques différentes, dynamiques ou régressifs : ces limites sont tracées par la comparaison des diagrammes eux-mêmes ; les histogrammes affrontés jouent ainsi un rôle déterminant au stade même de la recherche, un rôle heuristique ; ils ne se contentent pas d'assumer une simple fonction d'illustration.

La confrontation des histogrammes montre, en effet, que les seuils critiques — où les tendances d'évolution changent de sens — se situent, dans ce village particulier, à 20 s. et 110 s. Régressent les domaines, qui, par leur superficie, se situent entre un plancher de 20 s., et un plafond de 110 s. Progressent en revanche les propriétés qui couvrent moins de 20 s., ou plus de 110 s. : elles progressent aux deux bouts de l'échelle, les naines et les géantes.

Groupe I (plus de 110 s.) : en 1492, les cinq plus gros propriétaires, dépassant 110 s., se partageaient 1 854 s. ; en 1607, ils sont 12, sur 2 708 s. : les « plus de 110 s. » avaient 40 % du terroir à la fin du XVe siècle, ils occupent près de la moitié du sol, au règne d'Henri IV. Groupe II (de 20 à 110 s.) : en position mitoyenne sur l'échelle des superficies, ils étaient 59 au temps de Christophe Colomb ; ils régnaient alors sur 2 765 s. ; au terme de la comparaison, à l'époque Sully, ils ne sont plus que 44, qui tiennent 2 066 s. ; le compartiment central est donc en baisse, dans les structures foncières. Groupe III (propriété la plus petite, de moins de 20 s.) : ils étaient 39, sur 365 s. ; les voilà devenus, par une multiplication des Lilliputiens, 115, entassés sur 831 s.

La structure foncière se creuse au centre, et se renforce aux extrémités, la propriété moyenne ou mitoyenne est attaquée sur deux fronts ; elle est rongée, à gauche de l'histogramme, par l'essor démographique : celui-ci favorise le morcellement, et fait éclater, par scission ou « mitose », quinze domaines de plus de 5 ha, qui donnent naissance à des unités plus petites. Elle est rongée à droite par les rassembleurs de terre, qui mettent à profit, comme en Brie ou en Poitou, leur enrichissement du XVIᵉ siècle, pour récupérer des parcelles de paysans endettés.

On peut proposer ici un « modèle » : modèle céréalier, à « gros » rendements qui correspond bien aux conditions de ce terroir : à raison de 10 hl à l'hectare (rendement de plaine correct) et en assolement biennal, ce terroir de Lespignan produirait (année commune) 6 000 hl vers 1490-1500; 6 726 hl vers 1600-1610. Faible augmentation : elle correspond à ce qu'on a dit du « plafonnement » des récoltes et du revenu agricole réel, au XVIᵉ siècle.

Une simple division indique que chaque propriétaire dispose en moyenne en 1492 de 60 hectolitres, et en 1607 de 39 hectolitres par tête. La ration de travailleur de force étant de 5,6 hectolitres par tête et par an au XVIᵉ siècle, la marge paraît confortable : en 1492, et même en 1607, le propriétaire moyen peut nourrir sa famille, vivre et même vendre.

Ce propriétaire idéal est une abstraction. En fait, grâce aux histogrammes, ces prismes qui décomposent le revenu global, on peut connaître la « ventilation » réelle de la récolte. En 1492, les six plus gros propriétaires, disposent chacun en moyenne d'un domaine de 72 hectares, et récoltent chacun 360 hectolitres de blé. La majorité des propriétaires — les 59 du groupe II — est convenablement lotie, avec en moyenne 55 hectolitres par domaine. Enfin une minorité — les 39 du groupe III — moissonne et dépique seulement 11,2 hectolitres par tête soit 2 rations, ce qui est trop peu pour une famille : il faut en effet nourrir les enfants; et d'autre part l'homme ne vit pas seulement de pain. En conséquence, ces micro-propriétaires sont acheteurs de subsistances, et leur domaine ne leur suffit pas pour vivre.

Précisément cette minorité de « Lilliputiens », de 1492, devient, début XVIIᵉ siècle, la majorité. En 1607, les douze coqs de village disposent en moyenne de 270 hectolitres par domaine. Les « mitoyens » (groupe II) qui ne sont plus que 44, et qui ont perdu leur majorité numérique du XVᵉ siècle, vivent toujours à raison de 55 hectolitres par propriétaire. Mais désormais, c'est la grosse majorité des propriétaires du village (115 sur 171) qui, appartenant au groupe III, est mise à la portion congrue : chaque petit lopin, dans ce groupe III, tellement accru en nombre, récolte seulement 9 hectolitres, même pas deux rations, pour un ménage pourvu d'enfants.

Bilan immédiat : en 1492 la grande majorité des propriétaires vendait du grain et pouvait ainsi s'acheter ce qui lui était nécessaire; elle vivait au-dessus du « minimum d'indépendance ». En 1607, la grande majorité est acheteuse de grains pour sa consommation, car elle campe désormais sur des propriétés trop petites pour sa subsistance. Et du même coup, l'on comprend mieux pourquoi la structure foncière tend à se creuser au centre et à s'accroître, à se polariser aux deux extrémités. Ces micro-propriétaires qui ont perdu leur indépendance, qui ne se suffisent plus à eux-mêmes, doivent chercher du travail sur les grands domaines : ils fournissent une main-d'œuvre abondante à la grosse propriété, laquelle, sa tâche ainsi facilitée, ne fait que croître et embellir au cours du siècle. Complémentarité, commune croissance : la petite propriété des journaliers est finalement utile aux grandes unités des latifundiaires. Les lopins minuscules permettent aux travailleurs de la terre de subsister dans les périodes de chômage, et d'attendre les maxima des travaux saisonniers, où le maître du grand domaine « fait goûter aux journaliers la douceur de sa bource ». Ce renforcement simultané des grands et des petits, au détriment des moyens, pendant le XVIe siècle, est un processus contradictoire, mais logique.

Livres cadastrales

Après les surfaces, les valeurs cadastrales. Elles permettent de serrer de près, par une chronologie dense, les effets sur la structure foncière de l'explosion démographique au XVIe siècle. L'enquête porte sur dix villages (1) : tous affirment avec force, pour le XVIe siècle, un intense morcellement, et la constitution d'une micropropriété proliférante; tous, sans exception. Dans trois cas, sur dix, ce mouvement de pulvérisation foncière est si intense qu'il paralyse toute tentative de remembrement; qu'il désintègre non seulement la moyenne propriété, mais même la grande, qui doit elle aussi céder du terrain. Dans les sept autres terroirs, le morcellement, quoique très marqué, s'accompagne pourtant,

(1) Cf. les dix monographies dans l'édition complète de ce livre, p. 243.

à l'autre extrémité de l'échelle foncière, d'un mouvement plus ou moins prononcé de concentration terrienne. La grande victime, dans ce deuxième groupe de villages, celui des « sept », c'est évidemment la propriété moyenne : attaquée de front, comme partout, par le morcellement, elle est simultanément prise à revers par la concentration, des rassembleurs de terre : lutte sur deux fronts, et qui la laisse mal en point.

Un exemple de morcellement intégral

A Fontès, l'exceptionnelle densité des documents fiscaux permet de suivre avec précision l'histoire du morcellement foncier, de 1500 à 1580. Voici en 1504, un livre de taille, fils d'un vieux compoix, aujourd'hui perdu : 2 379 x livres cadastrales au total (c'est « l'allivrement » total du terroir). En 1505, nouveau compoix, perdu lui aussi : mais son fils le plus proche, le rôle des tailles de 1505, nous est conservé. Il taxe les contribuables en fonction de ce jeune compoix, qui vient tout juste d'être fabriqué : le nouvel allivrement total est de 2 010 livres cadastrales. De la famille de rôles de tailles issus de ce compoix, on a gardé ceux de 1505 (déjà cité), 1533, et 1539. Les mutations sont nombreuses, mais très bien enregistrées; le jeu de cartes est sans cesse battu, redistribué entre les joueurs, mais l'allivrement total reste invariable, comme il est normal : 2 017 x en 1533, 2 021 x en 1539. Entre 1539 et 1543, un nouveau compoix est refait : son allivrement total est de 1 025 x livres cadastrales. (Notons incidemment que la livre cadastrale de 1540 vaut environ deux livres cadastrales de 1505; déflation? Non. En fait, l'unité choisie est parfaitement arbitraire en valeur absolue, dans ce village; seule compte aux yeux des arpenteurs de 1505 ou 1540, sa commodité, pour étalonner, pondérer, à surface égale, les différences de valeur relative des terres, bonnes, médiocres ou mauvaises.)

Ce compoix de 1540 subsiste, mais en lambeaux, « barbouillé ». De sa postérité de rôles de tailles, deux survivent, très bien conservés : ceux de 1543 et 1581. Voilà donc un XVIe siècle abondamment jalonné (1505-1581), avec une série de rôles de tailles qui forment comme autant de coupes, à travers l'évolution sociale de quatre-vingts années.

Une double série de comparaisons s'impose : entre

rôles de tailles de familles différentes (comparaisons en pourcentages), et entre rôles de tailles de même famille, à graduation commune (comparaisons en livres cadastrales). Double lecture, qui permet contrôles et vérifications.

Entre 1505 et 1533, comparaisons très faciles : les deux rôles des tailles sont fils du même compoix; le seuil critique, obtenu par confrontation d'histogrammes, est à 30 livres cadastrales (1,5 % du « compoix »); « à droite » de ce seuil, chez les « moins petits », il y a de 1505 à 1533, diminution du nombre des domaines, par éclatement; leur nombre tombe de 23 à 18; même les plus gros sont victimes de ce processus : des trois plus grosses unités foncières de 1505, une seule en 1533 tient encore son rang. « A gauche » de ce seuil critique de 30 livres cadastrales, chez les petits, dont le bien-fonds fait moins de 30 livres cad., il y a, toujours entre 1505 et 1533, prolifération : 82 lopins de ce genre en 1505; 118 en 1533. Après cette date, la tendance au morcellement persiste : voyez les livres de tailles de 1543 et 1581, fils tous deux du compoix de 1540 : la débâcle foncière est telle en 1543-1581 qu'elle atteint à la fois la grosse propriété, la moyenne et même la fraction la plus aisée des petits, bénéficiaire pourtant du morcellement de la génération précédente.

Le seuil critique en effet en 1540-1581 est nettement plus faible qu'en 1505-1533; il se situe non plus à 1,5 %, mais à 0,4 % de la valeur cadastrale totale, soit 4 livres de compoix, dans la graduation du compoix de 1540. Ceux qui franchissent un tel seuil (ils étaient 73, titulaires d'une cote foncière de 4 livres cadastrales ou plus en 1543) sont victimes du morcellement : ils ne sont plus que 65 en 1581. Inversement, les 117 « micro-taillables » (< 4 livres cadastrales) de 1543 deviennent 186 en 1581.

Tentons un bilan séculaire, pour la grande propriété; elle est liquidée en moins de trois générations (1505-1581) : en 1505, huit coqs de village dépassent le seuil de 3 % du total cadastral; à eux huit, ils tenaient le quart du terroir; en 1581, un seul propriétaire dépasse ce seuil fatidique de 3 %; et son lot ne fait qu'1/20e de la fortune totale du village. Une marée de petite culture a tout submergé. Et la grande propriété ne reprendra quelque vigueur qu'au XVIIe siècle. Cette volatilisation des moyens comme des gros domaines est un fait attesté, dans les rôles de tailles successifs; attesté aussi par l'histoire individuelle des familles : voici en 1504 et 1505, les deux « caciques » du village, Antoine Hébrart et Pierre Peysson, 15 % du terroir en valeur cadastrale, à eux deux. Les biens fonciers de Pierre Peysson au rôle des tailles de 1504 font 5,6 % du terroir avec 133 livres cadastrales (sur un total de 2 379 livres cadastrales); en outre, Pierre possède 418 *fèdes et cabres* (brebis et chèvres) sur les 2 948 que compte le troupeau total du village soit 14,1 %. Pierre meurt entre 1505 et 1533. Son héritier, Guilhem Peysson, maintient encore, au rôle des tailles de 1543, le rang de la famille. Il s'approprie toujours 5 % du terroir (51 livres cadastrales, sur 1 025 x d'allivrement total), en 1543. Mais Guilhem meurt après cette date, et au livre des tailles de 1581, l'héritage de l'ancêtre Pierre est désintégré : les quatre fils Peysson, Jean, François, *Jehan june* et Antoine se partagent le gâteau : Jean l'aîné reçoit une terre de 10 livres cadastrales (1 % du terroir), Antoine, 2 livres cadastrales, les deux autres chacun 3 livres cadastrales. Une partie de l'héritage manque : sans doute vendue, ou passée en mains de gendre. Éclatement d'une fortune foncière : c'est un exemple, parmi tant d'autres.

Le refoulement des morcelés

Jusqu'ici je me suis placé dans l'hypothèse la plus favorable aux petites gens : celle d'un morcellement sans contre-partie, d'une démocratisation contagieuse du terroir. Mais cette hypothèse n'est valable que dans la minorité des cas. En règle plus générale, le morcellement toujours intense et partout attesté, est contenu sur des superficies relativement étroites. Efficace aux dépens des moyens domaines, il échoue contre le bloc solide, armé de capitaux, contre la masse en expansion de la grande propriété.

A Sérignan, le processus est complexe dans le temps. Mais le résultat final est assez concluant. Documents : un livre de taille (1453), soit 125 taillables; et deux compoix : l'un de 1521, à 207 taillables; l'autre de 1550, à 268 taillables : soit la coutumière expansion démographique, si marquée dans le Biterrois. Mais l'évolution sociale, telle qu'on la devine à travers le mouvement de la structure foncière, est moins homogène. Au début, tout se passe de la façon la plus démocratique. Partons de 1453, de l'époque du sous-peuplement : les propriétaires sont assez au large. Des quatre plus gros, deux ont chacun 7 % du terroir; les quatre, en tout, tiennent plus d'un quart de terroir. Grands éleveurs, sur sols marécageux : l'un des quatre plus gros possède 800 *fedas*, 105 *bestias bonas*, *una sauma*, 30 *best-cavalh*, plus une *carretta*, et aussi un pressoir. Parmi les quatre, un bourgeois et trois riches paysans. Parmi les taillables aisés (mais qui n'atteignent pas au niveau de fortune de ces quatre plus gros) certains sont quelquefois « amphibies »; voici l'un d'eux : terres : 5 florins de compoix (2 % du terroir, en valeur); cheptel : 700 *fedas*, 14 *bestias* grasses, 1 *sauma* (et 1 *carretta*)...; et puis 3 barques, 2 *files*, 1 *boliech* (petit filet) et même une *gondola*. Menant tantôt paître ses vaches près des étangs, tantôt pêcher ses barques sur les flots, notre homme répartit les risques et joue sur les deux tableaux.

Structures équilibrées, que vient jeter bas le grand vent de l'essor, au XVIe siècle. Comme partout, le morcellement s'opère, dans les débuts, au bénéfice des petits paysans. Car la grande propriété — les quatre gros domaines de 1453 — se disloque et se brise, et disparaît. En 1521, le plus gros taillable n'a plus que 4 % du terroir. C'est une espèce de réforme agraire qui intervient spontanément, dans le courant de la division des héritages. Avec les débris des grands domaines, une quantité de petits biens, dont chacun fait moins d'1/20e ou de 5 % du terroir, vient s'ajouter à ceux qui existaient déjà dans cette catégorie des < 5 %. Une démocratie d'agriculteurs, de pêcheurs et de vignerons prolifère autour du petit centre portuaire.

La génération suivante — celle dont le bilan foncier s'inscrit dans le compoix de 1550 — est beaucoup moins favorisée que ses devancières. Certes l'essor démographique continue; et la petite propriété grandit en nombre et en dimensions sociales — mais non plus en importance économique réelle. Car le morcellement s'opère désormais en dessous d'un seuil ridiculement bas : non plus 5 % (ou 1/20e de terroir) comme en 1450-1520; mais 0,2 % (ou 2/1 000e de terroir) entre 1520 et 1550. Ces tenanciers infimes (< 0,2 %) étaient 77 en 1521; les voilà 149, en 1550 : on hésite à les décorer du nom de propriétaire, tant leur lopin est microscopique. C'en est fini du morcellement raisonnable de la génération précédente.

Cette catégorie « raisonnable », dans les gabarits

de lots fonciers situés entre 0,2 % et 5 % du terroir (0,2 % < x < 5 %), s'était enrichie, et accrue en effectifs grâce aux dépouilles des grands domaines, dans la période 1450-1520. Mais voilà maintenant qu'après 1520 cette catégorie est victime du même processus qui assurait jusque-là son développement. Le morcellement finit par dévorer ses propres enfants, et les unités foncières qu'il a contribué à former, vers 1450-1520, éclatent à leur tour à la génération suivante, victimes de la pression démographique et d'un processus ininterrompu de pulvérisation des terroirs qui donne naissance à des lopins de plus en plus petits. Bref cette catégorie des « 0,2 % - 5 % » fleurissait vers 1500; elle se trouve en pleine déconfiture de 1521 à 1550; 34 unités en moins, en 30 ans. Un domaine moyen désintégré chaque année.

De cet invraisemblable morcellement, témoignent encore, dans ce village, les textes : ainsi en 1550, Durand Roure partage son bien unique, un bout de jardin; surface : un quart de quarte; valeur : 1 sou de compoix. Quatre preneurs : les 4 enfants, Guilhem, Jehane, Durand, Catarine Roure; part individuelle : un quart de quart de quarte, ou 3 deniers de compoix chacun... Cependant, le refoulement des morcelés, sur des lots infimes, s'explique aussi par d'autres raisons que l'inflation galopante de la démographie; car entre 1520 et 1550, à droite de l'histogramme, on assiste à l'accroissement d'un gros domaine (de « coq de village »), nébuleuse en voie de condensation : en 1520, ce mas important n'existait pas encore; en 1550, il fait désormais à lui seul 14,1 % de la valeur du terroir : 353 livres de compoix (sur un total de 2 500 livres cadastrales). Ici la moyenne propriété est donc attaquée sur deux fronts : désintégrée à gauche par le morcellement, happée sur sa droite par un gros rassembleur de terre. Ce processus est typique de bien des villages.

Quoi qu'il en soit, au terme de ces monographies, fastidieuses, mais indispensables, on rencontre donc un dénominateur commun, partout présent : le morcellement, lame de fond, phénomène de base, qui disperse les terroirs dans l'irrésistible mouvement des partages successoraux; et puis un phénomène secondaire, plus modeste : la concentration foncière en gros domaines, assez fréquente; mais elle est loin d'être attestée partout. Une victime : la propriété moyenne, désagrégée en tous lieux par les partages, démantelée aussi dans certains cas, çà et là, par les acquêts des rassembleurs de terre.

Ce deuxième phénomène, le remembrement à tendance capitaliste n'offre rien de mystérieux. Des dizaines d'études l'ont déjà défini, depuis Marc Bloch. Reste à savoir pourtant qui sont les rassembleurs ? des bourgeois, enrichis par la hausse des prix? des lignées seigneuriales, en mal d'agrandissement des héritages ? la classe des officiers, comme l'a souligné Vénard pour l'Ile-de-France ? En Languedoc, tous ces groupes sociaux, dès le XVIe siècle, sont à pied d'œuvre : quand le terroir est gras, suburbain, proche d'une ville de judicature, comme Montpellier, leur offensive, spécialement celle des robins et des financiers, acquiert un caractère agressif. J'ai tenté de le montrer pour un village de plaine (Lattes). Les monographies de compoix, présentées ailleurs, illustrent aussi l'action de la noblesse : messire de Thézan à Joncels; et celle des milieux proches des finances royales : le sieur de Mirman ou Miremand, à Montagnac.

Cependant, le cas de ces deux seigneurs intéresse davantage le XVIIe siècle; et leur action même est limitée, car on est loin des zones suburbaines : ces rassembleurs de terre, Thézan et Mirman, armés de capitaux nobles ou fiscaux, n'accaparent guère que 3 à 8 % du total cadastral d'un village.

En fait, et si l'on s'en tient dans ce chapitre aux seules données qui concernent le XVIe siècle, on en vient à souligner le rôle des coqs de village, d'origine paysanne. A Saint-Guilhem-le-Désert, le rassemblement des terres n'est pas l'œuvre des seigneurs, mais de trois roturiers sans le moindre titre de noblesse ou de notabilité : en ce cas les rassembleurs qu'on trouve à droite des histogrammes ne sont même pas des bourgeois, sortis du cercle des « familles » de la région. Sinon ils auraient droit, à défaut de particule noble, à ces titres *Noble*, *Mestre*, *Moussen*, *Monsieur*, dont les compoix ne sont pas avares. Les nouveaux riches dans ces villages, sont des parvenus, dont les souliers collent encore à la glèbe : riches paysans, marchands ruraux.

Phénomène local, typiquement languedocien ou méridional ? Sans doute la structure foncière du Languedoc, avec ses alleux, ses tenures à cens infime, se prête davantage à l'ascension paysanne que les terroirs de la France de l'Ouest, où la noblesse tient plus solidement l'homme et la terre. Mais il y a aussi des causes plus générales : l'essor économique du XVIe siècle favorise le profit paysan, nous le montrerons; il stimule l'ascension d'une fruste bourgeoisie purement rurale, distincte de la bourgeoisie urbaine; une différenciation s'opère alors dans la paysannerie : d'une part un petit groupe de coqs de village s'enrichit par le profit d'exploitation et par l'accroissement de ses domaines; mais la masse glisse au paupérisme par le morcellement des tenures.

Il faut en revenir au morcellement, fait essentiel dans cette région au XVIe siècle; fait socialement plus massif, et bien plus général que les phénomènes inverses de remembrement (qui ne prendront véritablement le dessus en Languedoc qu'après 1630 ou 1680). Les historiens, préoccupés à juste titre par les origines du capitalisme agricole, se sont peu intéressés aux questions soulevées par la division accélérée des héritages, ce trait caractéristique des époques et des contrées de « petite culture ». Il faut donc y insister : impossible sans cela de comprendre le XVIe siècle dans la France du Sud, cet océan de petite culture.

Amoindrissement des héritages; appauvrissement des héritiers

Problème de base : morcellement rural signifie-t-il, en ce lieu et en ce temps-là, paupérisation paysanne? Et faut-il raisonner dans ce cas précis, comme deux mille ans plus tôt, Hésiode, bon connaisseur des réalités méditerranéennes : le poète grec loue « le fils unique, qui conserve la maison paternelle, et qui fait croître la richesse dans les maisons ». La division des héritages provoquée par l'essor démographique du XVIe siècle, a-t-elle fait « décroître la richesse » dans les maisons rurales toujours plus nombreuses?

Le mieux, pour répondre à cette question est d'inverser les termes du raisonnement. Étant donné le caractère universel de ce morcellement, quelles conditions eussent été nécessaires pour que celui-ci n'entraînât pas de paupérisation?

Premier cas : morcellement absolu du sol, des superficies appropriées; il concerne les villages où la comparaison des compoix successifs et des propriétés est réalisée en superficies foncières, en hectares; dans ce type de recherche, on recense toujours à la fin du XVIe siècle, ou au début du XVIIe, des lopins bien plus nombreux et plus exigus qu'à la fin du XVe siècle. Pour éviter l'appauvrissement des propriétaires, il faudrait dans ce cas que l'augmentation des rendements céréaliers vînt compenser la diminution en superficie des domaines individuels. Répétons qu'il n'y a pas trace d'une telle augmentation des rendements : labours, assolements, façons culturales restent à peu près invariables d'un siècle à l'autre. Il est vrai qu'antérieurement à 1750, il existe un ultime recours contre l'appauvrissement des titulaires du sol, dont les domaines, multipliés à l'excès, se rétrécissent chacun, comme peau de chagrin. Ce recours, c'est la plantation. On peut admettre que « l'habillement d'un domaine » en oliviers, surtout en vigne ou en mûriers, augmente assez le revenu à l'hectare, pour que le pouvoir d'achat en grains d'un domaine morcelé de 2 hectares en 1600 soit équivalent à la production en grains d'un domaine plus vaste, de 4 hectares en 1500. Le fait se produira au XIXe siècle : grâce à la monoculture viticole, le vigneron de 1860, au domaine restreint, aura un niveau de vie plus élevé que le polyculteur céréalier de 1760, aux biens fonciers plus étendus. Au XVIe siècle, rien de semblable. Les plantations existent, mais leur développement est limité, malgré quelques initiatives intéressantes; et l'accroissement minime du revenu à l'hectare qu'elles déterminent, ne compense pas la régression en superficie du gabarit moyen des propriétés. On sait d'autre part que les rentes décimales attestent la stagnation, ou la progression très faible du produit agricole global de 1500 à 1560, et même pratiquement de 1500 à 1650. C'est l'indice que les détenteurs du sol ne parviennent pas à obtenir des rendements plus élevés, ou des productions plus rémunératrices, qui compenseraient l'amenuisement progressif de leurs lopins individuels, de génération en génération. Dans ces conditions, la tendance à l'appauvrissement tend à prévaloir, aggravant les problèmes spécifiques du *microfundium* et du *nanisme* rural, bien vus par René Dumont : « proportion excessive d'énergie humaine, exiguïté par trop grande de l'exploitation, surpopulation ».

Venons-en au second cas étudié : quand le morcellement est mesuré, non plus en hectares, mais, selon le cas, en livres cadastrales (« livres livrantes », ou livres de compoix d'une même famille de documents fiscaux), ou bien en pourcentages de valeur de terroirs, sans qu'on soit informé des superficies en hectares affectées par ce morcellement. Ici aussi, pour que le revenu individuel de chaque propriétaire morcelé ne se réduise pas par rapport à celui des prédécesseurs moins nombreux et plus largement lotis, il faudrait que le revenu global du terroir, ou, ce qui revient au même, de chaque centième ou « pour cent » (%) de terroir allivré, augmente suffisamment. Posons un cas classique et très simple : un terroir donne deux compoix ou rôles de tailles (1500, 1580). Le nombre des propriétaires, ou contribuables fonciers, double dans ce finage, au XVIe siècle, entre ces deux dates : doublement coutumier, on l'a vu. Simultanément, le gabarit moyen des propriétés repérées sur les histogrammes de cotes foncières, se retrécit de moitié, en pourcentage de terroir entre 1500 et 1580 : le domaine médian fait 2 % du terroir allivré en 1520; 1 % seulement en 1580. Pour que cette chute en pourcentage de terroir n'induise pas une baisse du revenu réel de chaque propriétaire, d'une génération à l'autre, il faudrait que le revenu réel total du terroir ait doublé dans le même intervalle, doublement obtenu par des méthodes extensives (défrichements) ou intensives (hausses de rendements, ou plantations). Alors il y aurait morcellement apparent, nominal (comme au XIXe siècle), mais nullement paupérisation. Car ce qui se fragmenterait, ce serait l'univers dynamique d'un revenu en pleine expansion. Ceci compenserait cela. Doublement du nombre des parties prenantes; doublement du revenu foncier à partager; opération blanche : le revenu du propriétaire individuel demeurerait inchangé. Pas d'appauvrissement.

Mais tout notre dossier plaide pour une évolution moins heureuse. En fait, la hausse des rendements est dérisoire; plantations et défrichements sont modestes, et ceux-ci marginaux; et le produit réel total plafonne; la division progressive de ce revenu en un nombre de parts toujours plus nombreuses et plus petites correspond donc à un amenuisement réel de ces parts, et à l'appauvrissement réel des parties prenantes.

Soit un terroir encore : revenu réel, calculé en équivalent-grain, 3 000 quintaux en 1500; 3 600 quintaux en 1560. Dans ce même temps, le domaine-type de ce terroir, la propriété médiane, tombe par morcellement de 1 % à 0,5 % de ce terroir; produit de ce domaine-type : 30 quintaux en 1500, 18 quintaux en 1560; appauvrissement : — 12 quintaux. Il faut conclure, avec René Dumont : « accroître à tout prix une paysannerie nombreuse aboutit à accroître les parties prenantes au partage des recettes agricoles ».

Encore avons-nous raisonné ici sur des cas de morcellement pur. En fait, dans la majorité des terroirs, celui-ci s'accompagne d'un certain remembrement réalisé par les plus gros domaines. Dans cette variante, la petite propriété proliférante est en position plus difficile encore : elle doit comme toujours se partager un revenu villageois global en état de stagnation; et sur ce revenu global quasi stable, le prélèvement des grands domaines est plus important qu'autrefois. L'appauvrissement des petits tenanciers, victimes de leur accroissement numérique, est accru dans ce cas par la progression des plus gros.

CHAPITRE IV

SALAIRES, RENTES, PROFITS : L'APPAUVRISSEMENT DES « TRAVAILLEURS DE TERRE »

Jusqu'ici les problèmes de répartition sont étudiés dans leur complexité *horizontale* : c'est le champ de force des structures foncières, et la division du sol en propriétés qui détermine en un premier temps, le partage du revenu global de la terre. Vient maintenant le deuxième cycle du partage, cette fois dans sa complexité *verticale*; partage aux trois niveaux hiérarchiques et superposés, partage aux trois catégories de revenus sociaux distribués par les domaines agricoles : rentes foncières, profits, salaires.

LA DÉGRADATION DES SALAIRES RÉELS

D'abord les salaires; et parmi eux, l'un des plus typiques de l'économie ancienne : le salaire intégral en nature, tellement répandu pour les grands travaux. Ainsi aux moissons : le 21 mai 1570, Thomas del Longe, habitant des Corbières, passe contrat avec les chanoines, maîtres de La Bastide-Redonde, près Narbonne : il promet en son nom et au nom de ses douze camarades « personnages travailleurs », *de bien copper les bleds... à demi-pied de terre, faire lier..., à temps propre mectre les gerbes en molles l'espi en dedans, rentrer les bleds et grains, mectre les paliers dans le boval.* Salaire de l'équipe : le douzième setier des grains battus sur l'aire, « de douze setiers l'un » (8,2 % de la récolte).

En fait, on l'a vu, à la fin du XVe siècle, le moissonneur ou *ségaire* touchait encore le dixième setier. Salaire royal; équivalent à la part du décimateur. Au XVIe siècle, le taux des dîmes ne bouge pas. Mais le *ségaire*, quant à lui, voit diminuer sa part. Fixons bien la chronologie précise d'un phénomène, dont un chapitre précédent n'a donné que les points temporels extrêmes; chronologie indiscutable puisqu'elle concerne à travers le siècle les mêmes domaines agricoles : à partir de 1525, les moissonneurs de La Bastide et Védilhan perdent 10 % de leur revenu spécifique réel; ils n'ont plus droit en effet qu'au onzième setier (9 % de la récolte), au lieu du dixième setier (10 % de la récolte); à partir de 1546, nouveau décrochage : le douzième setier (8,2 % de la récolte). Ce type de revenu salarial a donc baissé de 18 % depuis la fin du siècle précédent. Après 1560, cette baisse s'accentuera, avec des allures de catastrophe. Vers 1600-1630, on tombera aux taux minima : le dix-huitième setier (5,5 % de la récolte). 45 % d'appauvrissement réel (cas extrême), entre Charles VIII et Louis XIII.

Dans l'évolution du salaire mixte — nourriture, et complément d'argent — il faut reprendre le cas du *bayle* ou chef de culture, ce salarié qui incarne le faire-valoir direct traditionnel. Au XVIe siècle les traits de ce personnage sont assez vivement dessinés par les textes : ainsi en 1570, Antoine Darrieux (originaire du Narbonnais), et sa femme sont bayle et baylesse de La Bastide-Redonde. Antoine commande à quatre bouviers (*boyers*), dont deux savent conduire des charrettes. Mais il n'est lui-même qu'un exécutant, astreint aux plus exténuantes besognes, car ses maîtres se méfient des autres ouvriers : son travail est d'exécution, plus que de direction, et son salaire n'est guère supérieur à celui d'un simple charretier ; en 1566, le bayle touche 24 x de salaire personnel pour lui et sa femme, alors qu'un charretier célibataire (son subordonné) perçoit 15 x. L'étude du salaire du bayle, amorcée déjà au chapitre précédent, est bien révélatrice de la « condition ouvrière » dans l'agriculture ancienne.

Vers 1480, le bayle touche en argent : son salaire, 24 x 12 s.; et sa « pitance » individuelle, 2 x 9 s. 2 d. Total-argent, par an : 27 x 1 s. 2 d. Et ce total de 1480 à 1551 reste pratiquement stable! La « courbe » dessine une droite presque horizontale. Alors que le prix du blé double presque à Montpellier, le salaire en argent du bayle reste bloqué à 27 x. En 1540, il tombe même momentanément à 25 x 10 s.; car le prix du froment vient à baisser et les chanoines s'en autorisent pour baisser les salaires (1). Cependant en 1549, on revient au niveau de 1480-1535 : soit 27 x. En 1557 enfin, les chanoines se décident « à faire un effort »; car les prix, fouettés par l'inflation-argent, sont en hausse rapide, et les taux périmés du XVe siècle deviennent intenables. Le salaire monétaire du nouveau bayle est porté à 28 x 10 s. (2). Augmentation dérisoire, qui ne lève pas, en fait, le blocage permanent des salaires : car de 1480 à 1560, le prix régional du froment fait plus que doubler. Le pouvoir d'achat du salaire monétaire du bayle est en baisse radicale; et cette baisse n'est pas terminée.

Aucun doute : dans le cas de salaires mixtes, nature-argent, la prestation réelle en argent diminue spectaculairement. Et les prestations en nature? Elles se maintiennent beaucoup mieux; néanmoins, elles tendent également à baisser, en quantité dans certains cas, en qualité dans d'autres. Le fait a déjà été établi. Je me borne à en préciser les modalités chronologiques, pour le XVIe siècle.

Jusque vers 1530, les fournitures de produits alimentaires, affectées aux bayles des mas narbonnais et à leurs bouviers, conservent leur niveau élevé de la fin du XVe siècle. A partir de cette date (1530), divers symptômes de baisse apparaissent. Au contrat de cette année-là, on note une baisse de la ration de sel : d'une *cartière* par tête et par an, à 0,8 cartière. En Languedoc aussi, on entre alors dans cette période de rationnement du sel, qui déclenchera bientôt en Angoumois et Guyenne les émeutes de la gabelle (1537, 1548). Baisse de la ration d'huile également : de 1478 à 1534 celle-ci est fixée,

(1) Aude, G 31, f° 211, acte du 25-9-1540 : Pierre Manhe de Moussan, nouveau bayle de La Bastide-Redonde aura 23 x par an pour son salaire et celui de sa femme (au lieu de 24 x, taux habituel depuis 1480). Pour lui, sa femme, 3 boyers et un *boyerat*, soit 6 personnes, il touchera 15 x de « pitance », au lieu de 20 x en 1534 (soit 2 x 10 s. par tête, au lieu de 3 x 7 s.). Son salaire personnel argent et total sera donc de 25 x 10 s. au lieu de 27 x 7 s. pour son prédécesseur de 1534 (cf. Aude, G 31, f° 133, acte du 25-9-1534).

(2) Aude, G 33, f° 14 v°, 11-10-1557; le salaire personnel du bayle demeure à 24 x; mais le companage ou pitance des 6 membres du personnel passe de 20 x à 27 x, soit 4 x 10 s. par tête. Bergier gagne donc :

24 x + 4 x 10 s. = 28 x 10 s.

dans les contrats d'ouvriers agricoles, à 14 litres par tête, soit 12,8 kilogrammes. Au contrat de 1540, elle tombe à 11,6 litres, soit 10,6 kilogrammes. Elle restera fixée à ce taux à la fin du XVIe siècle, et même bien plus longtemps. En 1850, encore, Gasparin allouera 10 kilogrammes d'huile d'olive par an à chaque ouvrier de ses domaines de Vaucluse et de Camargue.

Pour la viande, produit-test d'un bon niveau de vie populaire, la dégradation est un peu plus tardive : après 1540. Cette année-là, le nouveau bayle, Pierre Manhe, nourrit encore pour l'ordinaire de la ferme « 3 porcs masles sans aucune truye ». En 1549, il y a toujours six adultes à nourrir à la ferme, mais ils n'ont plus droit qu'à élever « deux pourceaulx » pour leur usage; clause maintenue jusqu'au bail de 1562, inclus. En 1566, nouvelle atteinte : « ung pourceau » seulement.

L'étude de la *pitance* ou *companage*, somme consacrée à l'achat de viande ou de lard, et qu'on met parfois purement et simplement dans les actes notariés, sous la rubrique « achept de viande », le confirme bien. Cette somme forfaitaire d'argent est également répartie entre les membres du personnel de la ferme. On peut la représenter statistiquement par son pouvoir d'achat en viande de mouton (dont on connaît les prix aux boucheries de Narbonne).

Pouvoir d'achat, en viande de mouton par tête d'ouvrier, du companage *annuel aux fermes narbonnaises*

années 1480	39,5 kg
années 1533-1534	40,9 kg
année 1549	32,7 kg
année 1551	38,2 kg
année 1562	35,0 kg
année 1563	30,0 kg

En 1583, ce pouvoir d'achat tombera aux environs de 20 kilogrammes, la moitié du taux du XVe siècle; et l'ouvrier agricole, à l'époque de Henri II fera figure de paria, en comparaison des simples gens de pied de l'armée Montmorency, qui perçoivent gaillardement 77 kg de viande par tête et par an! Crise de la consommation populaire de viande; décadence grave de l'élevage, aussi, à partir de 1530. Nous y reviendrons.

En fait, les années 1530-1540 paraissent bien marquer le tournant vers la paupérisation salariale. Voyez la ration de vin : en 1530 encore, on reste fidèle aux normes bachiques du XVe siècle, et la ration de vin n'a pas changé : 5 muids (1) de vin, et 2 muids de *prenses* (piquette) pour 5 personnes; soit 1 muid de vin et 0,4 muid de *prenses* par tête; soit 625 litres de vin, et 250 litres de piquette par tête et par an; bref 2 litres de vin par jour, pour le travailleur de force. Pas de cirrhose en vue pourtant : car le « degré » demeure faible. En 1534, léger changement. Les chanoines embauchent un sixième ouvrier, mais « oublient » d'augmenter la ration globale de vin, maintenue à 5 muids. Du coup la ration individuelle tombe à 521 litres de vin. En guise de consolation, les maîtres compensent la qualité par la quantité; et ils forcent sur la piquette, dont la ration individuelle est portée de 250 litres à 416 litres, par tête et par an. Taux stabilisés jusqu'en 1585. Et la ration de pain? Sa dégradation, son « noircissement » déjà évoqué, n'intervient vraiment qu'à la fin du XVIe siècle. Jusqu'en 1560, la grosse ration de pur froment, caractéristique de la fin du XVe siècle, demeure la règle, en dépit de quelques fléchissements temporaires : la ration de froment par tête et par an s'élève à 8 setiers (2) (5,6 hl) dans les fermes narbonnaises en 1475-1485. En 1551, on reste au froment pur, avec une ration plus forte que jamais : 10 set. par tête et par an (7 hl). Le seigle, grain noir et grossier ne s'imposera vraiment qu'après le déclenchement des guerres civiles, au terme du long appauvrissement du XVIe siècle. Sa victoire finale se marque dans les contrats de 1580-1590, où le grain fourni aux travailleurs est désormais mélangé : 7/10 de froment, 3/10 de seigle.

Pour prendre l'exacte mesure de l'appauvrissement ouvrier, il faut en effet comparer la fin du XVe siècle à la fin du XVIe : quelles qu'en soient les causes — inflation des prix, dépassant la montée des salaires, abondance démographique qui fait effondrer le prix du travail, et renchérir les subsistances, restrictions et disettes provoquées par la guerre civile — les effets sont d'une ampleur

(1) Le muid, mesure de Narbonne.

(2) Le setier, mesure de Narbonne.

marquée. Plusieurs comparaisons sont possibles. En volume ou poids de produits d'abord (1) :

	Ration annuelle	
	1480	1580-90
Pain	560 litres de pur froment.	700 litres de grain, à 7/10 de froment, 3/10 de seigle.
Vin	625 l de vin, 250 l de piquette.	521 l de vin + 416 l de piquette.
Viande	39 kgs 5	18 kgs 2
Huile	14 litres	11,6 litres

En équivalent-calories, par jour :

	1480		1580-1590	
	cal.	%	cal.	%
Pain	3 531	84,6	4 417	89,9
Vin-piquette	133	3,2	153	3,1
Viande du companage	186	4,6	86	1,7
Huile	313	7,6	261	5,3
TOTAL	4 163	100	4 917	100

Quoi qu'il en soit, et à première vue, notre homme de 1590 ne paraît pas à plaindre : il est mieux nourri que les sous-développés d'aujourd'hui; il dispose d'autant et davantage de calories que son prédécesseur de 1480; il engouffre chaque année (au maximum), plus d'une demi-tonne de pain et d'une demi-tonne de vin : presque 2 kilogrammes de pain et 2 litres de vin par jour. Mais ces calories sont devenues plus pauvres et ce régime est déséquilibré. Les carences en protides et lipides se sont fortement accentuées depuis la fin du XVe siècle. Protides : 20 kilogrammes de viande par an, c'est deux fois moins qu'au temps de Charles VIII, c'est trois fois moins que la ration carnée annuelle des biens nourris : Parisiens de 1788, de 1955, à 62 ou 63 kilogrammes de viande par an.

(1) Rappelons à nouveau que ces rations individuelles sont des rations maximales : la présence des enfants, au foyer du *bayle* ou contremaître-chef de culture, diminue d'autant les prestations de nourriture versées aux salariés adultes.

Compensation : la ration de pain a été augmentée (mais noircie). Cette abondance des « glucides » ne saurait pallier la déficience des aliments carnés : en effet « à l'intérieur de chaque régime alimentaire, l'élément d'équilibre est la quantité de protéines disponibles... une carence de protides ne se compense pas à l'intérieur d'un régime alimentaire par une surabondance de graisses (lipides) ou de sucres (glucides); c'est une carence irréparable. Les conséquences sont immédiates : une plus grande fragilité biologique, une vulnérabilité accrue aux épidémies, par conséquent un relèvement immédiat du taux de mortalité ». Il faut souligner cette allusion à la mort : l'une des clefs du tournant démographique qui met fin à l'allègre montée de population des années 1500-1560 ne serait-elle pas à rechercher dans la détérioration du régime alimentaire, spécialement du régime carné ?

Pour les lipides et glucides, on peut comparer, directement, la ration déséquilibrée des ouvriers narbonnais, au menu équilibré de leurs contemporains mieux nourris, les bourgeois de Béziers. Voici, d'après un livre de raison inédit, la famille de Rocolles à table : en 1583-1590, une veuve, deux filles et la servante (la *chambrière*); pour ces quatre, 3 muids (1) de bon vin par an, soit 495 litres par tête. Certes la veuve, la servante et les filles ont une bonne « descente ». Mais elles boivent moins que leurs contemporains du prolétariat, qui consomment 521 litres de vin et 416 litres de piquette par an. Le vin — symbole du luxe et des classes riches dans l'Europe du Nord — demeure au contraire, dans la France viticole du Sud, l'aliment excitant, mais peu énergétique, du travailleur de force mal nourri.

Notations semblables pour le pain : les dames de Rocolles disposent de 27 setiers de froment par an, soit 1 kilogramme de pain par tête et par jour. C'est respectable; c'est bien moins, pourtant que les 1,7 kilogramme de pain journalier, alloués à l'ouvrier narbonnais. Cette moindre ration de pain et de vin est-elle spécifique chez les Rocolles d'une alimentation féminine? Non. Car au XVIe siècle la servante de ferme, elle, mange comme un valet de labour; plus d'une demi-tonne annuelle de pain noir : 630 kilogrammes par an, 1,7 kilogramme par jour.

(1) Les muids et setiers, pour les rations de ces dames, sont à la mesure de Béziers.

Si les dames de Rocolles boivent moins de vin aigre ou piqué, mangent moins de pain, nourriture pauvre, ce n'est nullement parce qu'elles sont femmes; c'est parce qu'elles ont accès, en plus grande quantité, aux nourritures riches : viande et huile. Leur ration d'huile d'olive s'élève en effet, pour quatre personnes, à 76 litres par an; soit 19 litres par tête et par an ou 47,2 grammes par jour; presque le double de l'ouvrier agricole narbonnais, leur contemporain moins bien nourri; davantage que l'ouvrier agricole bien nourri de 1480; davantage que le Marseillais de 1960; moins, il est vrai que le Français du Nord en 1960 (70 g de matière grasse par jour). Mais on sait que l'huile d'olive a un pouvoir calorique supérieur à celui des beurres, margarines, ou graisses, utilisées dans la cuisine septentrionale.

Quant à la viande, les bourgeoises de Béziers en mangent bien davantage que les prolétaires agricoles de leur temps : « l'ordinaire » de la maison Rocolles, s'élève à plus de 100 x par an, pour quatre personnes : or, cet ordinaire consiste en grande partie en achats de viande, puisqu'il n'inclut pas les frais d'habits, souliers, gages des servantes, blé, vin, huile, pourceau, les uns comptés à part, les autres versés en nature par le métayer. Près de 100 x pour quatre personnes en achats de viande, alors que la *pitance* des ouvriers narbonnais ne s'élève qu'à 27 x par an (1580) ou 35 x par an (1590), pour six personnes.

Le sort des ouvriers agricoles n'est pas tellement reluisant, par rapport à ces bourgeoises bien nourries, et spécialement gourmandes d'huile d'olive; on imagine volontiers, chez les Rocolles, la mère, matrone dodue, et les filles, belles plantes; car les calories fournies par les lipides sont essentielles dans la période de croissance.

En d'autres termes, la ration ouvrière est plus énergétique (pain), que celle des bourgeois du type des Rocolles ; mais elle est nettement plus pauvre et moins équilibrée, avec son pourcentage écrasant de glucides...

Tentons maintenant, après ces considérations monographiques, le bilan total des valeurs (dans le salaire mixte) et de leurs pourcentages ; le bayle touchait en 1480 un salaire mixte qui valait au total :

17,1 x = valeur des produits fournis en nature,
\+ 24,0 x = salaire en argent

soit 41,1 x, valeur totale du salaire.

En 1590 son salaire total, constitué de ces deux éléments homologues vaut 101,8 x + 36 x = 137,8 x.

Évalué en livres tournois, en valeur nominale, le salaire du bayle a donc un peu plus que triplé. Or, dans le même temps (1480-1590), le prix du blé passe de 1,6 x à 8 x l'hectolitre sur les marchés languedociens. Le salaire réel total du bayle, estimé en équivalent-blé, tombe donc de 25,7 hectolitres de froment à 17,2 hectolitres : en d'autres termes, de 3,7 rations céréalières annuelles de travailleur de force, à 2,5 rations annuelles. Chute verticale : les conclusions, si discutées, de Hamilton, sur la paupérisation du XVIe siècle, à propos des salaires-argent, sont ainsi, et pour la première fois, généralisées aux salaires mixtes, les plus typiques de l'économie ancienne.

En outre, la structure même de ce salaire mixte s'est fondamentalement modifiée. En 1480, il s'agit réellement d'un salaire mixte, où la part de l'argent est prépondérante : 24 x en argent contre 17 x, valeur des prestations en nature. En 1590, changement complet : les prestations en nature équivalent à 101 x, le salaire argent à 36 x. Le bayle n'est plus qu'un ouvrier nourri, à qui l'on donne accessoirement de l'argent de poche.

Dans la fraction en nature du salaire, on note aussi l'affaissement des prestations non frumentaires : la part du pain grandit, dans ce type de rémunération, entre le règne de Charles VIII, et l'avènement d'Henri IV. En 1480, le pain est estimé en valeur à 7,8 x; il fait en valeur 45,6 % du salaire-nature, mais 19 % seulement du salaire total (argent + nature) : soit 1/5. Or, à la fin du XVIe siècle, le pain (54 x) fait 53 % du salaire-nature, 39 % du salaire total. La part du pain devient la part du lion : elle saute de 20 à 40 % du salaire total, autrement dit de 1/5 à 2/5. Cette fringale de pain (et de vin) c'est une fois de plus l'indication d'une certaine pauvreté, et spécialement d'une carence de viande. Le salarié compense cette carence, ou croit la compenser, en investissant la moitié de son gain, dans les calories à bon marché des grains.

Les salariés languedociens, sous le coup de la paupérisation, ont dû adopter un comportement commun à bien des siècles, et à bien des pauvres : ils se sont restreints sur le sel, la viande, les matières grasses, dont la consommation diminuée est le signe même de l'impossibilité de se nourrir convenablement. Sans doute aussi ont-ils économisé sur le cabaret, sur les vêtements; ils ont racommodé les haillons ; et ce faisant, ils ont maintenu à tout prix la consommation des produits essentiels : pain et vin, aliments de base de la Méditerranée pauvre, depuis la Cène. Mais même dans ce domaine, la qualité baisse : vers 1580-1590, le pain du pauvre est noir, et son vin est piqué...

Après les salaires en produits, et les rétributions mixtes, nature-argent, viennent les salaires de type moderne, payés en argent : ils intéressent la vaste catégorie des journaliers de la terre et de l'artisanat. En 1480-1500, un maître maçon, à Montpellier, gagne, année commune, 0 x 4 s. par jour, ou même davantage. Son confrère charpentier, à peu près autant. Quatre sous par jour, au marché local, c'est 16 litres de froment, de quoi fabriquer 15 kilogrammes de pain : la ration journalière de huit travailleurs de force. Gain confortable : ce maçon, peut, sans trop de mal, nourrir, loger, habiller sa famille. Le manœuvre non qualifié qui aide le maçon gagne 3 sous par jour (11 kg de pain environ, 6 rations journalières de travailleur de force). Le *terraillon* (terrassier) fait 3 s. 6 d. par jour, soit 13 kilogrammes de pain, 7 rations.

Beaux salaires, que va ronger l'inflation des prix, et surtout la saturation humaine du marché du travail. Dès la période 1530-1550, c'est chose faite. Malgré quelques hausses, le salaire nominal, en ces deux décennies, augmente peu, par rapport au début du siècle. Le maçon de 1530-1550 gagne 5 sous par jour, le terraillon 3 s. 10 d. ; l'ouvrier agricole, ici le *poudaire* de vigne, chargé de la taille du cep, fait 3 s. 4 d. par jour.

Qu'est devenue l'aisance d'antan ? Les cinq sous journaliers du maçon, en 1530-1550, n'équivalent plus qu'à 9 kilogrammes de pain, au lieu de 15 kilogrammes à la fin du XVe siècle : soit 5 rations journalières de travailleurs de force, au lieu de 8. Le *poudaire* de vigne de 1530-1550 est plus mal loti encore : il gagne 3 s. 3 d. par jour, alors que le froment est à 23 sous le setier (1) ; son salaire vaut 7 litres de froment ou 6,6 kilogrammes de pain, un peu plus de trois rations.

Et cette tendance à l'appauvrissement se maintient jusqu'au bout du siècle. Les prix du blé entre 1480-1500 et 1585-1600, sextuplent. Or les salaires-argent quotidiens (maçons, charpentiers, ouvriers agricoles), dans le

(1) Le setier, mesure de Montpellier.

même intervalle, triplent. Donc, exprimé en blé, le salaire réel du journalier payé en argent tomberait lourdement.

Mais suffit-il d'étudier le type de salaire en général, pour le maçon comme pour l'ouvrier de vigne? N'y a-t-il pas une lourdeur spécifique du salaire agricole? Pour le savoir, il faut jeter quelque lumière sur les structures du salariat terrien, dans l'ancienne économie.

Première constatation : la hiérarchie des salaires, dans l'agriculture n'est pas la même que dans le secteur urbain. Un document méridional est très révélateur, à cet égard. C'est la taxe des gages, promulguée en 1594, par les Trois États du Comtat. Voici ce texte, présenté, pour plus de clarté sous forme de tableau :

	Salaires journaliers en 1594	
	de l'artisanat	de l'agriculture
« HAUTS » SALAIRES	Maître masson se nourrissant : Hiver : 10 sous. Aultre temps : 15 sous le jour.	
SALAIRES « MOYENS »	Manœuvre se nourrissant : Hiver : 5 sous le jour. Aultre temps : 7 sous.	Brassiers travailleurs ou vigneyrons se nourrissant : Hiver : 7 sous. Reste de l'année : 8 sous.
« BAS » SALAIRES (femmes)	Femmes manœuvres se nourrissant : Hiver : 3 sous. Aultre temps : 4 sous.	Femmes, à toutes œuvres, se nourrissant : Hiver : 3 sous.

D'après ce tableau, tentative élémentaire d'une sociologie ancienne du monde ouvrier, on voit nettement que la hiérarchie des salaires industriels est à trois étages : ouvrier qualifié (10 s.-15 s.), manœuvre (5 s.-7 s.), femme-manœuvre (3 s.-4 s.); tandis que la hiérarchie parallèle dans l'agriculture comporte seulement deux étages : brassier, travailleur ou vigneron (7 s.-8 s.) et femmes à toutes œuvres (3 s.). Simultanément un décalage apparaît; la couche supérieure du prolétariat agricole, en effet, se situe seulement au niveau de la couche moyenne du salariat industriel : en d'autres termes, l'ouvrier agricole qualifié (faucheur, brassier aillant la vigne) est payé beaucoup moins que l'ouvrier qualifié du bâtiment; il est au niveau du manœuvre maçon ou terrassier.

Toutes les données qu'on possède sur le XVIe siècle ouvrier confirment cette classification, mise au point par les légistes d'Avignon : disons qu'au XVIe siècle, à Montpellier (1530), à Béziers (1580), en Avignon (1594), l'industrie distribue des salaires de trois sortes : bas (femmes), moyens (manœuvres), hauts (maître maçon ou menuisier, travailleur qualifié); alors que l'agriculture ne distribue que des salaires bas (femmes) ou moyens (brassiers) : il n'y a pas de hauts salaires agricoles.

Le taux normal des rémunérations peut varier; mais cette structure, véritable grille de salaires, se maintient de façon durable; et, comme l'agriculture ne comporte que des rémunérations moyennes ou basses, l'appauvrissement du siècle y prend un aspect plus rude, plus tragique.

Or, dans cet univers à deux étages des journaliers agricoles (étage misérable : les femmes; étage pauvre : les ouvriers mâles), qui domine statistiquement? En viticulture, c'est l'homme, embauché pour *poudar* ou *fogar*, pour tailler, ou pour fouir le cep; les femmes (coupeuses) ne sont majoritaires qu'en vendanges. La promotion d'une viticulture plus vaste, à partir du XVIIe siècle, correspondra donc à un relèvement du niveau de vie ouvrier, puisque la viticulture est distributrice de salaires masculins, qui sont les plus élevés.

Mais au XVIe siècle, la viticulture languedocienne n'est qu'un secteur minoritaire, et sans grande expansion, noyé dans la masse des céréales et polycultures anciennes. Or, dans ce dernier secteur, traditionnel et céréalier, la répartition des salariés, selon les sexes, est fortement tranchée. Chez les domestiques à l'année, grosse majorité d'hommes : quatre bouviers pour une chambrière de ferme. Chez les saisonniers, rémunérés à part de fruit, le rôle de la femme est déjà plus important : aux moissons, une lieuse pour deux coupeurs; au dépiquage, neuf femmes pour dix hommes; enfin dans le secteur des journaliers payés en argent, qui m'intéresse ici, le travail féminin devient largement majoritaire; et les rémunérations féminines écrasent par leur nombre (mais non par leur taux), les masculines.

Ainsi, Rocolles, bourgeois de Béziers vers 1580 : dans son activité principale d'exploitant agricole (céréales et olives, qui font 80 % du revenu de ses terres), il distribue en deux ans 519 journées de salaires, dont aux hommes, pour semer, 29 journées, et aux femmes, pour sarcler les blés et amasser les olives, 490 journées.

Les femmes dominent donc chez lui, à 94 %. Ces femmes, Catherine Birette, la Pastorelle, la Gavachette, etc., représentent l'appoint journalier décisif, à 2 s. 9 d. par jour et par tête; elles viennent compléter au jour la journée, le travail à l'année des domestiques mâles à 20 x l'an, qu'embauche aussi Rocolles.

Cette prépondérance des femmes dans l'embauche journalière du secteur non viticole et céréalier, on la retrouve intacte, conservée sans changement jusqu'au XVIIIe siècle.

Fermes biterroises, 1773-74. Secteurs d'activités non viticoles (grains, luzerne, haricots, etc.)

Fermes de	Nombre de journées payées	
	de femmes	d'hommes
Saint-Pierre, Amilhac, Les Salles................	2 969	1 486
Taux journalier (en sous)	8 sous	25-30 sous

Bilan de ce tableau : pour deux journées de femmes, à bon marché, une journée d'homme, chère. A défaut d'un gros gain, les journalières ont le nombre, la majorité numérique, et le rôle de cette main-d'œuvre féminine, surabondante, sous-payée, apparaît essentiel, dans l'économie traditionnelle, non viticole, du Languedoc ancien; plus important même que celui de la domesticité à l'année: dans ces mêmes fermes biterroises, pour 300 jours de travail de domestiques loués à l'année, j'en compte 540, fournis par les journaliers et principalement par les journalières.

De cette prépondérance statistique des gens à la journée sur les domestiques, Olivier de Serres, à la fin du XVIe siècle, est pleinement conscient, et ses conseils aux maîtres du sol en témoignent : « plus avoir de gens à la journée qu'à l'année » et encore « ne se charger par trop de serviteurs louëz à l'année... d'autant qu'avec de l'argent l'on trouve des gens à la journée pour avancer les affaires ».

Difficultés des travailleuses

Bon calcul de l'agronome : pour cette masse de journaliers agricoles, et spécialement pour sa majorité féminine payée au rabais, la paupérisation du XVIe siècle a sévi plus durement qu'ailleurs. Pour s'en convaincre, il suffit de considérer l'évolution, à travail semblable, du rapport des salaires féminins aux salaires masculins. La série languedocienne, à ce sujet, commence vers 1349-1350 : les vendangeuses, ces années-là, gagnent à la journée les 8/9 ou les 4/5 du salaire des vendangeurs. Il est vrai que cette situation « favorable » est due à la disette de main-d'œuvre, à la peste; cette disette provoque dans les structures salariales, d'invraisemblables bouleversements; tandis qu'en Languedoc les employeurs payent les femmes presque au même tarif que les hommes, en Italie, les salaires agricoles vont jusqu'à rattraper et dépasser ceux de l'artisanat urbain!... Par la suite, à partir de 1367 et durant tout le XVe siècle, le rapport languedocien des salaires femmes-hommes se stabilise à un taux moins élevé : 50 %. Quand l'homme, par exemple aux vendanges, à Toulouse, touche 2 *gros* pour sa journée, la vendangeuse perçoit, elle, un *gros* seulement; de même à Nîmes, un tarif de 1420 fixe le salaire féminin à la moitié de la rémunération masculine; ou tout au plus, quand le travail presse (récoltes, vendanges), aux 5/8. Ce demi-salaire féminin, quand la femme fait équipe avec l'homme, semble une institution durable, consacrée par les siècles : en 1524 encore aux vendanges du Chapitre de Béziers, les femmes, (coupeuses), nourries, ont 10 deniers par tête et par jour; les hommes, également nourris, chargeurs ou travailleurs aux cuves, ont le double, 20 deniers par tête et par jour. En 1536, cinq hommes et six femmes font des pieux ou pilotis près de Béziers. Ils ne sont pas nourris. Les hommes gagnent 40 deniers, les femmes 20 deniers par jour.

Or, dans la deuxième moitié du XVIe siècle, le salaire féminin se dégrade : cette règle des 50 %, vieille de deux siècles, est abolie. En 1579, aux vendanges de Béziers, les chanoines donnent 1 s. 3 d. par jour aux coupeuses, mais 4 ou 5 sous aux ouvriers mâles, qui portent les *semals*, ou s'affairent aux cuves. En 1585, Rocolles, fort pingre, alloue en vendanges, un sou aux ouvrières, 4 sous par jour aux hommes. Ces mêmes années, au travail du bois (fagots, *trenats*), les femmes ont 2 s. 6 d., les hommes 8 sous. Ainsi, à la fin du XVIe siècle, la femme gagne seulement 37 % du salaire d'un ouvrier agricole ou d'un manœuvre du bâtiment, au lieu de 50 % dans le premier tiers du XVIe siècle ou à la fin du Moyen Age. Sévère paupérisation féminine, bien plus marquée que celle des pères ou des maris : au siècle de l'Amérique des trésors, et de l'inflation galopante, le salaire nominal d'une vendangeuse nourrie passe de dix deniers en 1536 à quinze ou dix huit deniers à la fin du siècle; or, pendant ce temps, les prix ont fait plusieurs fois la « culbute ».

De ce point de vue, les années 1550 forment donc une période charnière : alors s'installe, et pour longtemps, l'appauvrissement féminin, jusque-là peu marqué. Étudions cette période charnière, à l'aide de la seule série salariale féminine qui soit complète et continue pour la période 1500-1600, celle des nourrices, forte corporation féminine, avant le siècle des biberons.

L'abbé Rozier, de sa résidence languedocienne, décrit, dans son dictionnaire, la nourrice idéale; il s'attarde, avec complaisance, sur le teint, la gorge, la taille. Ces femmes ont, en effet, leur importance; au XVIe siècle, elles sont personnages municipaux; le Consulat de Montpellier leur donne à nourrir *Jehane*, ou telle autre, « trouvée en ung fumier » (1575); ou bien, il leur confie, moyennant salaire, les petits bâtards des notabilités locales (évêques, consuls, etc.). Nourrices de ville, donc, ou nourrices de campagne (« dont les enfants de lait souffrent beaucoup, parce qu'elles se livrent aux travaux des champs »), comment les paye-t-on? La grille des salaires est à deux étages : femme qui allaite (*lactans et nutriens*), et nourrice sèche (*nutriens*), chargée d'un « enfant norry sans laict ».

En 1480, les *lactantes* gagnent 17 sous 6 deniers par mois, les *nutrientes* 12 s. 6 d. seulement. Grâce aux comptes de *clavaires* on suit ces rémunérations année par année jusqu'au XVIIe siècle. Or, fait à peine croyable, ces chiffres, 17 s. 6 d. par mois pour les « allaitantes », 12 s. 6 d. pour les « sèches », ne varieront pas jusqu'en 1562. Je l'ai vérifié pour chaque année sur le manuscrit : l'allocation-nourrice, attestée chaque mois pour des dizaines de femmes, reste égale à elle-même pendant les 80 années où débute la révolution des prix. La courbe ne s'envole, bien lourdement du reste, qu'à partir de 1563 : elle ne rattrapera pas l'énorme avance prise par la courbe du froment.

Voilà qui témoigne d'un appauvrissement intense : des salaires bloqués, depuis 1480, à l'indice 100, pendant que le prix du froment passe de l'indice 100 en 1480, à l'indice 250 en 1560.

La courbe des nourrices confirme ainsi celle des fagoteuses ou des vendangeuses : le retard accumulé par les salaires féminins est spécialement intense, au XVIe siècle. La femme est grande victime de la paupérisation. Sans doute parce que son gain est considéré avec condescendance, comme un salaire d'appoint, qu'il est légitime de comprimer, quand la conjoncture s'y prête.

De tels faits intéressent l'histoire de la condition féminine au XVIe siècle. Quelques beaux destins, Diane, Marguerite, Gabrielle, ne doivent pas masquer la détresse des travailleuses, exploitées, d'autant plus tentées par certains gains : on connaît l'impressionnante prostitution méditerranéenne du XVIe siècle. D'Avignon à Narbonne et à Barcelone, les « femmes de débauche » se tiennent à l'entrée des villes, dans les *rues chaudes*, sur les ponts; (« sur le pont d'Avignon, vous rencontrerez toujours deux moines, deux ânes, deux putains », prétend un dicton de l'époque, cité par Platter) : assises dans des fauteuils, les prostituées jouent du luth, et, *gag* vieux comme le monde, arrachent le chapeau des passants, pour les contraindre à venir le chercher dans leur chambre. La répression est rare : on n'en trouve de traces qu'en 1570, quand certains consuls alarmés par les maladies nouvelles, ferment le *Bon hostal*. Mesures inefficaces : en 1594, ce « honteux commerce » est plus florissant que jamais. Les souteneurs guettent les servantes, les chambrières, plus ou moins naïves, venues de leur village. Les motivations économiques, la décadence du salaire féminin n'ont sûrement pas créé le phénomène. Ont-elles contribué à l'accroître ?

Le fait important, ici, c'est que féminins ou masculins, tous les salaires, agricoles, ruraux, artisanaux, sont en baisse, quant à leur pouvoir d'achat réel en froment; qu'il s'agisse de salaires en nature, en argent, ou de rémunérations mixtes, le dossier, dont nous détachons, il est vrai, les points extrêmes, demeure toujours impressionnant : dans le premier cas, entre 1500 et 1600, la part de récolte des moissonneurs tombe de 10 % à 6 %; dans le second cas, le salaire-argent passe de l'indice 100 à l'indice 54; enfin le salaire mixte du chef de culture, si l'on calcule son équivalent en grain, passe de 31 hectolitres à 17 hectolitres de froment d'une date à l'autre. Baisses comparables; tendance commune.

Cet appauvrissement languedocien est seulement l'aspect local de phénomènes plus vastes : Earl J. Hamilton a montré, pour l'Espagne, la paupérisation des gages entre 1500 et 1600. La « grande pénitence » des salariés, sévit aussi en Normandie, en Poitou, à la Rochelle, et dans l'économie française de l'Atlantique, au XVIe siècle.

Les causes? L'inflation d'abord : les prix en hausse mènent la course, devant les salaires. Mais on note aussi que les salaires versés intégralement en nature, en pourcentages de récoltes, sont amputés par l'appauvrissement.

Il faut donc mettre en cause, par delà des phénomènes monétaires passagers, le dérangement profond des structures sociales, provoqué par la très forte poussée démographique du XVIe siècle : l'essor de la population, après 1500, bouleverse le marché du travail, jusqu'ici favorable aux travailleurs. Cet essor crée, dans le prolétariat rural, une armée de réserve de chômeurs, réels ou potentiels, dont les effectifs pèsent lourdement sur les revenus des travailleurs employés. Cette armée de réserve, embauchée seulement dans les batailles de pointe des grands travaux saisonniers, Oliviers de Serres l'a décrite, en quelques lignes cruelles : il évoque les « pauvres manœuvres », « mal nourris en leurs pauvres maisons », « qui ne touchent argent que pour les journées qu'ils travaillent en beau temps, lequel par après ils ont loisir de despendre en chommant pour l'injure des saisons ». Chômage permanent ou chômage saisonnier que les curés languedociens, dans l'ancien régime économique, évaluent selon les lieux à quatre ou huit mois de l'année. A lui seul, il explique pour une grande part le vagabondage rural dans le Midi méditerranéen du XVIe siècle. En février-mars 1569, deux mille tâcherons s'embauchent, pour tailler les vignes des bourgeois marseillais; l'hiver passe; la taille se finit; en avril, on n'a plus besoin d'eux; les consuls de Marseille décrètent que ces hommes, désormais « désoccupés », sont des vagabonds. Et ils les expulsent, malgré les hauts cris de Balthazar Garnier, fermier de la farine. Tâcheron en mars, vagabond en avril, voilà le sort fréquent du journalier, qu'il soit provençal ou languedocien.

La paupérisation des salariés dont les occasions de travail diminuent, dont le revenu réel individuel s'amenuise, rejoint celle des paysans, dont les propriétés se morcellent et se rétrécissent. A l'origine de ces deux phénomènes et de ce double appauvrissement, affectant souvent les mêmes hommes — qui sont simultanément travailleurs et titulaires d'un petit bien foncier — il y a un processus commun : la faim. Faim de terre et de revenu, faim de subsistances, faim d'emploi qui obsèdent une population à rapide croissance; et cela au moment même où l'offre de terre, de subsistances et d'emploi demeure quasi stationnaire, ou n'augmente qu'assez peu.

LA STAGNATION PERSISTANTE DE LA RENTE RÉELLE

Sur l'aire et sur le champ, à la table du mas, à la bourse du maître, la part du salarié diminue. Mais au profit de qui?

Rappelons d'abord les données de base du problème : le salaire réel baisse, le revenu global (réel) de la terre stagne, ou croît peu; donc, si le nombre des salariés par unité de revenu n'augmente pas (nous reviendrons sur cette modalité), la part réelle du maître ou de l'employeur doit s'accroître, de 1500 à 1560-1590.

Cependant, il faut compliquer les schémas : dans l'économie agricole ancienne, le jeu ne se joue pas à deux mais à trois : salarié, exploitant (fermier), propriétaire foncier; ou en terme de revenus : salaire, profit d'entreprise, rente foncière (1).

Dans ces conditions, la baisse du salaire réel, enregistrée au paragraphe précédent, n'entraîne pas *ipso facto* la hausse du profit d'entreprise. Cette hausse théorique, peut être absorbée, mangée par une hausse corrélative de la rente, le fermier se bornant alors à servir d'intermédiaire, et à « répercuter » sur son propriétaire le profit qu'il pouvait légitimement escompter de la baisse des gages de ses ouvriers.

La question est vivante : derrière ces catégories abstraites, rente et profit, c'est le sort des classes sociales qui est en jeu : noblesse, clergé, jeune bourgeoisie urbaine, bénéficiaires de la rente des domaines fonciers; laboureurs de villages qui assument l'exploitation de ceux-ci; de ces deux groupes, lequel va tirer profit de l'exploitation accrue des travailleurs de terre au XVIe siècle? En dernière analyse, ce qui se joue, c'est la compétition entre deux formations sociales différentes : entre le capitalisme rural naissant des exploitants agricoles; et la vie rentière des propriétaires fonciers (car la bourgeoisie urbaine,

(1) Par rente foncière, j'entends évidemment, non les cens dérisoires, recognitifs des tenures, mais la rente à court terme : celle-ci résulte de l'amodiation du domaine à un fermier, pur agent d'exploitation, qui n'acquiert aucun titre à la propriété.

dans la mesure où elle s'installe complètement dans le rôle de « rentier du sol », se renie en tant que classe capitaliste, pour s'aligner sur le mode de vie noble « à vivre noblement et ne rien faire »).

Certes il n'existe pas au XVIe siècle de documents qui donnent, en quelques domaines-types, le mouvement de la répartition du revenu, décomposé en rente, profit et salaire. Pourtant on peut connaître le mouvement réel de la rente foncière au XVIe siècle : non pas, comme l'a fait Daniel Zolla, dans un ouvrage intéressant, à partir des revenus totaux en argent des grandes communautés ecclésiastiques; car les revenus de ce type sont essentiellement constitués par l'accumulation des dîmes, levées sur des « prieurés » ou paroisses. Ils sont donc indexés sur le revenu décimal, reflet du revenu agricole, bien davantage que sur la rente foncière.

Pour connaître la rente pure, il faut abandonner la méthode de Daniel Zolla, trop globale; il faut constituer des séries de fermage provenant de domaines bien déterminés, et d'unités véritables d'exploitation agricole; il faut laisser les « prieurés » dont le revenu le plus clair — quelques vignes ou jardins mis à part — provient de la dîme; sans doute, le document ecclésiastique, par sa continuité, demeure la source essentielle, mais on doit aller au-delà du revenu monétaire total de la « mense » décimale; on doit tenter d'isoler dans la masse des comptes ou des baux ce qui concerne tel domaine ou telle terre, relevant de la communauté ou du Chapitre; monographies agricoles en séries : voilà la méthode. A force d'archives, ecclésiastiques et notariales, j'ai pu constituer treize séries de ce genre, intéressant treize domaines. Ces séries mettent en cause — non sans lacunes — les XVIe et XVIIe siècles.

Enfin, dernier avantage pour le chercheur de ces séries domaniales : la rente foncière, dans douze cas sur treize, est versée en grains. C'est un revenu réel, et non un revenu exprimé en unités monétaires nominales.

Pour le XVIe siècle, époque d'expansion, comparable par certains aspects au XVIIIe siècle, on s'attendrait à une montée rapide et soutenue de la rente foncière. Ce n'est pas le cas, ou fort peu. Des treize domaines étudiés, deux seulement voient s'accroître la rente. Dans les autres cas, les fermages réels, encaissés en nature par les maîtres du fonds, augmentent peu, stagnent, parfois même décroissent légèrement, entre 1500 et 1560. Rien de comparable, au XVIe siècle, à la montée des rentes qu'on enregistrera au XVIIIe siècle.

A titre d'exemple voici la monographie, fort éclairante, d'une grande parcelle à travers deux siècles et demi (1535-1769) : elle s'appelle *condamine de l'aumosne*; elle est sise à Coursan (Aude), bon terroir; elle appartient au Chapitre cathédral de Narbonne. Sa contenance est invariable, de 1535 à 1769 : 5 hectares environ. En 1535, 1548, 1551, 1559, les divers rentiers qui afferment la condamine en donnent exactement, par an, 5 hectolitres. Un hectolitre à l'hectare : prélèvement raisonnable, pour un rendement qui, compte tenu de l'assolement biennal, ici de rigueur, du XVIe au XVIIIe siècle, avoisine 5 hl/ha. Le propriétaire prend le cinquième, au plus le quart de la récolte. Quelle différence avec le XVIIe siècle : en 1611, Estienne Arnailh prend cette condamine à ferme, à raison de 15 setiers de froment par an (2,1 hl/ha), le double du taux qui précédait la guerre civile. Arnailh a les inconvénients du métayage (pratiquement il verse le mi-fruits) sans en avoir les avantages : à savoir la réduction de la rente, en cas de mauvaise récolte.

Mais au XVIe siècle, la rente est légère; et cette condamine narbonnaise, louée bon marché, à raison d'un hectolitre à l'hectare, ne constitue pas une exception : 1 hectolitre ou 1,5 hectolitre à l'hectare, c'est le taux général payé par d'innombrables fermiers du Narbonnais, entre 1550 et 1565 : année commune, c'est le quart des fruits. Ce taux uniforme ne sera relevé, au détriment des fermiers, que dans les premières années du XVIIe siècle.

Après les parcelles isolées, qui plaident pour une rente légère au XVIe siècle, voyons les gros mas et les domaines complets.

Les terres de Creissan sont un autre domaine du Chapitre de Narbonne : 100 setérées de terre; assolement biennal attesté de 1540 à 1716, pour le moins. On suit le domaine de 1505 à la Révolution : et la courbe de la rente y est fort caractéristique. Constamment basse, et même déclinante au XVIe siècle, où le domaine rapporte à ses maîtres 60 à 70 setiers de grain, par an, plus 2 charges d'huile, elle escalade les pentes au XVIIe siècle : vers 1650, elle dépasse la cote des 100 setiers froment et des 2 charges d'huile. En termes de métrologie contemporaine, le fermier de 1540 verse à l'hectare, 1,32 hectolitre de froment, et 0,14 hectolitre d'huile; tandis que son lointain successeur, lui aussi fermier pour cinq ans, payera en 1665, à l'hectare, 3 hectolitres de froment et 0,14 hectolitre d'huile. Le rendement moyen étant estimé à 5 ou 6 hectolitres à l'hectare (compte tenu de la relâche biennale), on passe là aussi d'un prélèvement du quart à un prélèvement de moitié; le purgatoire du fermier commencera donc au XVIIe siècle.

La rente foncière, en l'occurrence, agit comme une variable autonome, indépendante des fluctuations séculaires de la production : dans ce terroir de Creissan, on connaît à la fois la marche de la rente foncière (d'après le domaine en question), et celle de la production d'ensemble du village (d'après la dîme arrentée en nature). Or, tandis que la *production* des grains plafonne, vers 1630-1670, au même niveau que vers 1510-1530, la *rente*, elle, est nettement plus élevée au milieu du XVIIe siècle qu'au premier tiers du XVIe siècle. Le propriétaire foncier, titulaire de cette rente, ne s'est donc pas contenté d'indexer ses exigences sur les progrès de la production. Il a augmenté, au XVIIe siècle, sa part du gâteau, au détriment des autres parties prenantes. Au premier tiers du XVIe siècle, c'est l'exploitant, servi par une rente immobile, qui profite de la hausse du produit réel et de la baisse du salaire effectif; au XVIIe siècle, c'est le maître du fonds : dans le premier cas, le surproduit conduit au surprofit; dans la seconde période, il se transforme en un surcroît de rente.

En rive gauche de l'Orb s'élève la grande ferme de Saint-Pierre, déjà rencontrée au XVe siècle. Vastes bâtiments : en 1542, salle basse à table de peuplier, *tota de una piessa*, cuisine, four, chapelle; étable, avec les « manjadoires des bœufs »; bergerie au grand toit, soutenu par six piliers; *porcayral*, pour les cochons, baillés à cheptel. Malgré tout ce bétail, ou grâce à lui, la ferme, est toujours une usine à grains : encore en 1775, le vin n'y fera pas 10 % des recettes. C'est un bloc imposant : 154 hectares. Le fardeau du fermage y est léger; en 1527, 300 setiers blé, 25 setiers seigle; chaque hectare verse 1,40 hectolitre de rente. C'est peu : même pas la semence. De 1532 à 1560, la rente est un peu plus forte mais encore modique : dans les années 1550, tout calculé, elle monte à 1,8 hectolitre à l'hectare. Quel contraste avec les fermages écrasants des XVIIe et XVIIIe siècles : en 1603, les chanoines louent Saint-Pierre au fermier pour 3,3 hectolitres à l'hectare. Au XVIIIe siècle (1706,

1718), les baux monteront à 5 et 6 hectolitres à l'hectare. Le fermier, dans ce cas, versera aux maîtres presque tous les grains qu'il récoltera; il ne gardera par devers lui que les récoltes secondaires : vin, haricots, maïs, olives, foin, soie, élevage, bois, etc.

Bilan général : le salarié demeure le grand sacrifié du XVIe siècle; mais le propriétaire foncier, n'est pas, il s'en faut de beaucoup, le bénéficiaire de ce sacrifice; s'il vit noblement, s'il refuse d'exploiter, il doit se contenter d'une rente maigre et stationnaire. Son triomphe viendra : mais seulement après 1600.

Certes, ce propriétaire n'est pas sur la paille. A la différence du salarié, il n'est point appauvri, paupérisé par la dureté des temps. Car, dans l'immense majorité des cas, il perçoit la rente, en nature, en grains. Or, il est très rare que cette rente en grains baisse, au cours du XVIe siècle. En général, elle tend à monter légèrement de 1500 à 1560. Ou bien, elle reste stable. C'est important : cela signifie que converti en argent, aux valeurs de marché du blé, ce revenu-grain, réel et stable, suit la courbe des prix; une indexation automatique de la rente sur le prix-pilote, sur le prix du froment, se trouve réalisée de cette façon. Rente faible, mais rente sûre : le type même pour le XVIe siècle du 3 % perpétuel, gagé sur la valeur du fonds. Au moins, si l'on fait crédit aux évaluations des légistes et des notaires, de 1543 à 1561. Ceux-ci en effet, s'accordent pour estimer que la rente foncière est au denier 30 (3,3 %), ou tout au plus, dans certains cas extrêmes, au denier 20 (5 %), par rapport au capital foncier; tandis que le loyer du prêteur d'argent est au denier 10 (10 %) ou, pour le moins, au denier 12 (8,3 %), par rapport au capital monétaire avancé. L'usure d'argent est ainsi la plus profitable à court terme; mais peu à peu elle est rongée par l'inflation du siècle. Au contraire, la rente foncière en nature est médiocre et stagnante; mais elle offre, dans la longue durée, les sécurités de l'indexation. Elle demeure, au XVIe siècle, le placement du père de famille, plus que la garantie d'un enrichissement rapide.

Imaginons maintenant un « modèle » simplement dessiné, du produit brut et de sa répartition. La pente séculaire du produit total réel est très légèrement ascendante; la pente du salaire réel est fortement déclive; la pente de la rente réelle est horizontale. Le niveau de vie du rentier ne varie pas. Celui du salarié s'abaisse. On se trouve alors dans une situation classique, très proche de celle qu'à décrite David Ricardo, dans ses *Principes d'économie politique* : celle d'une société en voie d'expansion démographique, mais qui entre à peine dans le début de la phase d'enrichissement : le salaire y est comprimé par une « loi d'airain », la rente y est encore stable; et nécessairement le profit est en hausse, si l'on en croit l'analyse ricardienne.

Qui donc en effet pourrait « manger » le surproduit croissant, dégagé par la hausse modérée du produit, la baisse accentuée du salaire, la stabilité de la rente? Qui donc, sinon le profit d'entreprise, plus exactement le revenu net de l'exploitant agricole?

LA VICTOIRE DU PROFIT

Outsiders : dîmes, cens, taille

Car la dîme est hors de cause. Elle est lourde, mais son poids relatif n'augmente pas; le taux du prélèvement décimal, au XVIe siècle, reste bloqué aux niveaux coutumiers; et l'on a vu que la courbe des dîmes en argent suit fidèlement la courbe des prix, sans jamais la dépasser.

Ce n'est donc pas le décimateur, qui a croqué la plus-value du siècle. Ce n'est pas non plus le seigneur. Le prélèvement seigneurial en ce pays de libres tenanciers, n'est-il pas de toute façon dérisoire? Au vaste terroir de Béziers, avec ses milliers de maisons, de champs, de vignes, l'ensemble des droits seigneuriaux ou « usages » du Chapitre cathédral rapporte 100 x par an, au XVIe siècle; quand le moindre prieuré de village est loué 300 x par an.

Pauvres seigneurs! Ils seraient bien impuissants à exercer la moindre « réaction seigneuriale ». L'inflation les ridiculise, quand leurs usages sont payés en deniers ou piécettes; ainsi autour de Montpellier : l'hectare de terre, vers 1480, paye en moyenne 6 sous de droits seigneuriaux ou *censives*; soit, en équivalent froment, 25 litres à l'hectare : 5 % de la récolte brute. Mais en 1570-1580, au terme de la hausse des prix, quand le froment vaut 80 sous le setier, ces mêmes terres continuent imperturbablement à verser leurs six sous à l'hectare; soit 4 litres de froment, même pas 1 % de la récolte. Dans le cas des cens en argent, l'inflation a donc presque liquidé la seigneurie. Mêmes processus autour des autres villes, où les seigneurs du XVe siècle, citadins naïfs, confiants dans la monnaie, avaient libellé souvent les *devoirs* en argent.

Heureuse naïveté : grâce à elle, les terroirs suburbains, au terme de la révolution des prix, seront pratiquement libérés de l'institution seigneuriale.

Dans le plat pays, pourtant, les droits seigneuriaux continuent souvent à être perçus en nature, généralement en grain. Dans ce cas, le prélèvement seigneurial se maintient, en valeur réelle; et sa valeur marchande est indexée sur les prix. Cependant il n'augmente pas. Et de toute façon, il est infime d'un bout à l'autre de la période : à l'hectare, quelques poignées de grain, généralement de l'orge, céréale-relique du Moyen Age dont le prix est inférieur de plus de moitié à celui du froment.

Orge ou deniers, les droits seigneuriaux sont une affaire misérable au temps de la Renaissance : à Béziers, le revenu affermé des *usages* des chanoines reste bloqué à 100 livres de 1500 à 1560, tandis que, dans le même intervalle de temps, le revenu nominal des dîmes triple. Ce n'est pas de réaction seigneuriale, mais bien de réaction anti-seigneuriale qu'il convient de parler, sous François Ier et Henri II.

En fait, la crise des cens, au XVIe siècle, n'est plus à démontrer. Elle attire l'attention de tous les auteurs; trop d'attention, peut-être. Car la rente proprement seigneuriale, dès 1500, était souvent faible, inconsistante; et l'inflation du XVIe siècle n'a fait qu'exorciser un vieux fantôme.

Plus que la fin sans gloire de ces rentes fossiles que sont les cens recognitifs, importe, on l'a vu, la stagnation de la rente vivante, celle du propriétaire qui loue son domaine; quant au seigneur qui se borne à accenser ses tenures contre une poignée d'orge, une paire de gants ou un verre d'eau, il appartient depuis longtemps, dans ce Midi démocratique, au royaume des ombres; du moins s'il ne dispose pas d'une réserve seigneuriale en pleine propriété...

Décimateurs et seigneurs, en tout cas, sont hors de cause. Alors serait-ce le roi, l'impôt, la taille, qui auraient dévoré la plus-value réelle dégagée par le travail agricole au XVIe siècle ? La question mérite d'être posée; car l'impôt, localement, est bien placé pour un tel accaparement. En Languedoc, il frappe avant tout la richesse agricole. La taille est réelle. Même dans les villes importantes (Montpellier) le compoix « terrien » supporte l'essentiel des impositions; le compoix « cabaliste » qui recense les revenus industriels, commerciaux, mobiliers, ne verse qu'une part dérisoire des tailles.

Question cruciale : ce prélèvement du fisc sur l'agriculture, qui vers 1580-1590, s'établit aux environs de 6,2 % du produit brut, est-il égal, inférieur ou supérieur, à ce qu'il était, par exemple, à la fin du XVe siècle. Problème important en effet : si le pourcentage fiscal augmente, au long du XVIe siècle, c'est lui qui va « éponger » en partie, la plus-value agricole, dégagée par les mouvements longs de la production, de la rente et du salaire réel. Si, au contraire, ce pourcentage fiscal stagne ou baisse, c'est le profit d'exploitant, désormais seul en lice, qui va s'approprier cette plus-value. Qui va gagner? Le Roi et ses gens? Le laboureur et ses enfants? Révélons la réponse : au XVIe siècle, ce n'est pas l'impôt, c'est le profit qui tire l'épingle du jeu.

Bien sûr, l'impôt languedocien, en valeur nominale, augmente beaucoup tout au long du XVIe siècle, et de bons historiens s'y sont laissés prendre, décrivant cette crue fiscale en termes horrifiques.

Mais que valent leurs sombres tableaux? Il est évident que l'augmentation nominale des tailles ne signifie rien par elle-même. La question réelle est celle-ci, que ne posent guère ces historiens sensibles : l'impôt se hausse-t-il plus vite, aussi vite, ou moins vite que les prix?

La réponse est donnée pour Montpellier, de 1446 au XVIIIe siècle; on y peut construire la courbe de l'impôt direct, et la comparer à la courbe des prix. Taille à Montpellier, prix du froment à Montpellier, quoi de plus comparable, quelle documentation serait plus homogène? Sur les deux diagrammes, l'emploi de l'échelle logarithmique permet de traduire, par des pentes identiques, des accroissements proportionnellement comparables. Les graphiques affrontés sont significatifs, au premier coup d'œil : l'impôt ne suit pas les prix. Il prend avec le siècle, un retard marqué. Disons qu'en gros, à Montpellier, entre 1480 et 1560, l'impôt fait un peu plus que doubler, tandis que les prix triplent presque : vers 1475-1485, le froment est à 13 sous le setier, tandis que la taille oscille autour de 5 000 livres par an. Dans les années 1520-1530, cette même taille n'a que peu augmenté (de 20 %), puisqu'elle monte seulement, par an, à environ 6 000 livres. Or, le froment déjà, est au doublement : 24 sous le setier. L'impôt réel a donc beaucoup baissé depuis Louis XI. Par la suite, les commissaires du Roi aux États tenteront de combler le retard. Non sans gémissements rituels de l'Assemblée provinciale. Vers 1555, la taille montpelliéraine est à 10 300 livres par an, deux fois son taux de la fin du XVe siècle. Mais le froment, lui, est à 30 sous le setier. Il garde encore la plus grande partie de son avance. Montpellier, plus peuplée, plus riche, en 1555, qu'en 1480, paye pourtant des impôts moins lourds, en valeur réelle. Curieuse distorsion : l'impôt ne rattrapera les prix sur nos courbes que vers 1585; il ne les dépassera vraiment qu'à partir de Richelieu.

Conclusion : la pression fiscale ne s'est pas alourdie, au cours du siècle qui a suivi la mort de Louis XI; elle s'est même allégée, momentanément, sous François Ier; puis elle a simplement retrouvé, sous Henri III, son niveau de la fin du XVe siècle. Au total, elle n'a encore aucun caractère impérialiste; et elle laisse, elle aussi, libre carrière au profit d'entreprise, pour s'emparer des plus-values réelles, et des marges bénéficiaires possibles.

L'entrepreneur et ses recettes

Au XVIe siècle, le chef d'exploitation agricole prend donc un certain avantage. Il capitalise à la fois la hausse des prix, et la saturation du marché du travail. Mais parlons revenu réel, impôt réel, rente réelle, salaire réel, profit réel et plus-value réelle; et laissons de côté les valeurs nominales.

Si notre homme est propriétaire exploitant, il acquitte, sur un revenu légèrement croissant, des charges salariales déclinantes et des charges fiscales, elles aussi déclinantes ou stabilisées. Il encaisse donc intégralement la plus-value absolue (hausse légère du produit) et la plus-value relative (baisse marquée du salaire), engendrées par l'évolution du siècle. Même processus, pour l'exploitant pur, qui travaille la terre d'autrui. Il est exempt d'impôt (1); la rente qu'il verse au maître ne s'est pas

(1) L'impôt frappe la *propriété* de la terre : il épargne donc le fermier.

alourdie; et il paye mal, plus mal qu'autrefois, ses ouvriers.

Maître du sol ou fermier, l'exploitant gagne. Entre l'apogée des salaires (fin du XVe siècle), et l'âge d'or de la rente (premier XVIIe siècle), s'intercale un intervalle doré des profits, qui se dessine progressivement au XVIe siècle : en d'autres termes, il y aurait, en ce temps-là, une partie perdue : celle des salaires; une partie gagnée : celle du profit; et deux parties blanches : celle de la rente et celle du fisc — fisc royal et fisc décimal —; celle-ci et ceux-là stabilisant tant bien que mal leurs positions face à l'impérialisme des prix nominaux et des profits réels.

Autrement dit, en termes d'histoire sociale, le XVIe siècle classe en tête l'exploitant pur ou fermier; puis vient le propriétaire exploitant ou « gentleman-farmer »; en troisième lieu, le propriétaire pur; et finalement l'ouvrier agricole, grand vaincu du siècle.

Où va cette épargne accrue des exploitants de toutes sortes ? On entrevoit bien des utilisations : thésaurisation ou dissipation, en joyaux, argenterie, épices, livres même, chez les riches propriétaires. Investissements en cheptel, par le fermier; ou folie de bâtiments, chez le maître du sol, quand il s'est fait exploitant.

En fait, il semble que les décisions d'investissements soient allées vers les solutions les plus faciles, étant donné la surabondance de l'offre humaine : vers l'emploi de nouvelles forces de travail; vers l'embauche d'une main-d'œuvre supplémentaire; et aussi vers l'acquisition d'un surcroît de cheptel aratoire. Le cas des fermes narbonnaises, La Bastide et Védilhan, est sans doute typique : elles n'augmentent pas en importance, ni en superficie au XVIe siècle. Et pourtant l'embauche y est toujours plus forte. Fin XVe siècle, premier tiers du XVIe siècle, chacune d'entre elles n'occupe, outre le chef de culture, que trois domestiques permanents. A partir de 1535, on embauche un quatrième bouvier, le *boyerat*. En 1551, on en prévoit un cinquième, mais seulement pour trois mois de l'année, ceux des plus durs travaux, avril, mai, juin. En 1557, dans l'acte même où les chanoines narbonnais, propriétaires-exploitants, réduisent le nombre des porcs pour la nourriture des ouvriers (2, au lieu de 3), on prévoit pour la première fois, l'acquisition d'un cheval « pour charrier vivres et autres afferes ». En 1570, un laboureur supplémentaire, salarié par le Chapitre, est embauché pour tenir l'araire, « pendant les semailles et gerbiers ». En outre, on embauche encore, et pour la première fois, des brassiers pour inspecter et aider aux moissons; plus un *goujat*, pour *soumesser* les vignes.

L'épargne nouvelle est donc créatrice d'embauche et d'emploi. Mais ces investissements en main-d'œuvre sont-ils rentables et vraiment productifs? En fait, l'embauche progressive d'un quatrième et d'un cinquième ouvrier dans une ferme de trois bouviers, aboutit à incorporer à la terre des quantités croissantes de travail humain, sans modification de la productivité ou des techniques. La rentabilité là aussi est rapidement décroissante. Pour qu'elle se maintienne, il faudrait généraliser des assolements plus fertiles, ou des cultures plus rémunératrices, comme la vigne.

En somme, au XVIe siècle, le capitalisme naissant des exploitants agricoles dispose de forces de travail abondantes, fournies par une démographie dynamique. Il en profite pour faire baisser les salaires et embaucher, grâce à l'épargne ainsi réalisée, de nouveaux travailleurs, sur des surfaces à grand-peine agrandies. Ce faisant, il n'obtient qu'un gain de production médiocre, puisqu'il persiste à se contenter de techniques et de productivités dérisoires. Épargner n'est pas toujours croître...

Un grand point, pourtant : au XVIe siècle, la propriété n'est pas un droit divin, qui donne accès sans effort aux bénéfices d'une certaine expansion. Il ne suffit pas d'être né. La propriété pour être enrichissante, doit être unie à l'exploitation, à l'entreprise, à la direction effective du travail, clé du surproduit et du surprofit. Inversement, l'entreprise pure permet, grâce à l'épargne, d'accéder à la propriété, et même du premier coup, pour un *homo novus*, à la moyenne et à la grande propriété. Car l'épargne d'entreprise peut se convertir en main-d'œuvre; mais aussi en biens au soleil.

Bref, le XVIe siècle, en ce cas, n'est pas seulement favorable aux fils de famille qui se donnent la peine de naître, et qui trouvent sans souci leurs biens-fonds dans leur berceau. Il avantage relativement les *self-made men*, dépourvus de terre au départ de leur carrière.

Jusqu'ici nous sommes restés au niveau des abstractions nécessaires. Essayons maintenant de voir de façon concrète les groupes sociaux, les hommes qui se dissimulent derrière les chiffres du modèle statistique.

Les fermiers en premier lieu; de leur avantage relatif, on tient divers indices : leur stabilité d'abord, preuve d'une facilité pour acquitter les fermages. A la ferme d'Amilhac (qui au XVIIe siècle, changera vingt fois de titulaire), un Estienne Rebieyre, de Servian, tient le bail, sans interruption de 1538 à 1563 : c'est qu'il est « homme de bien et bon payeur »...

Les fermiers languedociens du XVIe siècle peuvent tenir la dragée haute à leur maître. Olivier de Serres, la rage au cœur, note leur orgueil de riches, leur irrévérence, leur assurance, et leur rente à trop bon marché. Pas de doute : avec eux, une classe de capitaines de culture s'est formée, ou reformée. Les grands domaines fonciers, démembrés au XVe siècle en exploitations dispersées, sont à nouveau réunis, à partir de 1500-1520, sous l'autorité unique d'un gros exploitant. Celui-ci commande à 150 hectares, à 4 ou 5 bouviers, à 8 paires de bœufs, à des dizaines de saisonniers ou de journaliers : c'est le cas du fermier Jean Raissac, à La Bastide-Redonde, en 1553. Tout est à sa charge; les maîtres, en l'occurrence les chanoines narbonnais, se contentent de toucher la rente sans toucher à l'exploitation. Pour assurer cette responsabilité directoriale, il faut à Raissac de l'expérience technique, du cheptel, voire des capitaux, du crédit en tout cas, pour payer les ouvriers ou emprunter les semences; bref, les caractéristiques d'un capitaliste, « n'ayant aucun bien terrien, mais des moyens à la bource ».

Ainsi, comme en Ile-de-France, quoique à un degré moindre, le jeu des basses rentes et des bas salaires du XVIe siècle, constitue ou reconstitue, en Languedoc, une bourgeoisie rurale de fermiers capitalistes.

Monsieur le Capital et Madame la Terre

Au-dessus d'eux, servis comme eux par la montée du profit d'entreprise, se tient au XVIe siècle, l'oligarchie des fermiers généraux, hommes d'affaires au service des abbayes ou des grands seigneurs. Les livres de raison, les notaires dessinent parfois leur physionomie.

Guillaume Masenx naît à Castelnau-de-Montmirail, dans le Languedoc de l'Ouest, vers 1495, d'une famille de propriétaires, de marchands, de prêtres et de simples paysans, *bordiers* à part de fruits. L'oncle Antoine, prêtre, lui donne une petite instruction, bien mince.

Guillaume ne saura jamais ni français ni latin. Il parle d'oc avec l'accent des rustres; et c'est seulement à la fin de sa vie, qu'il adoptera l'élégant parler roman de la ville; désormais, à la mode auvergnate, il substituera *l'o* à *l'a*, disant *Madaleno* et non plus *Madalena*. A défaut de culture intellectuelle, Guillaume a le sens des affaires : en 1516, il épouse la fille d'un fermier : celui-ci exploite l'une des terres de la commanderie Saint-Pierre de Gaillac. Guillaume cohabite avec son beau-père; dès 1518, il prend le commandement, devient titulaire du bail, régente beau-père, belle-mère, et beau-frère, qui pour son compte surveillent les ouvriers, vendent vin et blé, perçoivent l'argent des rentes et des cens. En 1535, il devient aussi le fermier général, le factotum de la commanderie. La rente qu'il verse à celle-ci est relativement légère; à preuve : il peut se permettre de sous-louer à mi-fruit, avec bénéfice, les domaines dont il est lui-même locataire.

Capitaliste typique de « l'accumulation primitive », Masenx réinvestit ses profits, et fait argent de tout. D'abord il prête, blé ou argent, à court terme, à la petite semaine : pour un mois (*dins un mes*), pour une semaine (*deo paga d'aysi VIII jorns*); ou bien, formules cruelles, il fait l'usure « de jour en jour et à sa volonté » : il prête à ses bordiers (qui n'ont même pas de quoi semer), de quoi marier leur fille, ou leur sœur : il fournit ainsi à crédit, l'argent, le vin vieux, le mouton pour le gigot des noces. Prêts sur gages fonciers : plus tard, les champs des débiteurs obérés viendront arrondir les terres de Masenx.

Masenx, fermier-usurier, mentionne parfois, malgré l'Église, l'intérêt ou *paga*, sur son livre de comptes : ainsi prête-t-il du blé au fils Mandret, de Vors, à 14 % en douze jours, soit 400 % par an. D'autres fois l'intérêt est maquillé, par un jeu d'écritures : en 1542, Masenx prête à Calvet, dit Haricot, paysan du mas d'Andrades, 10 quintaux de foin, évalués 50 sous. Un mois plus tard, il se fait rembourser 54 sous : 8 % par mois, 96 % par an. Une rature opportune camoufle, mal, la trace de ce payement. Masenx a-t-il mauvaise conscience, ou bien craint-il des poursuites ? D'autres fois, une erreur volontaire permet d'introduire l'usure dans une transaction : deniers transformés en sous, livres tournois métamorphosées en écus, trois quintaux de foin prêtés en 1538, et qui deviennent, Dieu sait pourquoi, cinq quintaux quand ils sont remboursés en 1539. Le livre de comptes fourmille de ces indélicatesses, ou « erreurs » de calcul, qui, curieux « hasard », tournent toujours à l'avantage de Masenx.

L'astuce de Masenx consiste aussi à prêter orge, seigle, avoine, ou vesces, et à se faire rembourser, setier pour setier, en froment. Ou bien, à jouer sur des différences de prix, souvent forgées de toutes pièces : en 1545, il compte le blé qu'il prête à 4 x 10 s. le setier; l'année d'après, il se le fait rembourser (en nature) au taux de 2 x le setier, ce qui oblige le débiteur à lui servir une quantité de grains double de celle qu'il a reçue. On n'est pas plus cynique : au même moment, Masenx vend son froment sur le marché de Gaillac, à raison de 5 x 6. s. le setier! Dix exemples semblables montrent qu'il est coutumier du fait : compter le blé remboursé à moitié de sa valeur, et ainsi, doubler la somme prêtée.

Parfois un remords ou une crainte assaille notre homme : il surcharge la mention du prêt primitif (un *setier*) en y ajoutant, en « béquet » l'intérêt (une *cartière*) qu'il a touché en sus du principal, deux mois après l'emprunt, lors du remboursement. Ainsi croit-il dissimuler une usure de 150 %. Mais la chimie des siècles rétablit la vérité : l'encre noire de la surcharge contraste avec l'encre différente, et devenue peu à peu roussâtre, du texte primitif; elle dénonce la supercherie. Ainsi, Masenx est un cas exemplaire; comme des milliers de ses contemporains, hommes d'affaires, avocats, ou gros fermiers, il se conduit en usurier du grain. Il est aussi, quand il le faut, un créancier du travail : Paul Bru, du mas de Bru, achète à Masenx, en 1535, un quintal de foin; il n'a ni argent, ni grain, pour payer; qu'à cela ne tienne; il s'inscrit pour une journée d'araire. D'autres débiteurs nécessiteux moissonnent, curent les fossés, font des charrois, réparent la toiture de Maître Guillaume...

En bref, il joue sur une différence : comme fermier, payeur de fermages, il profite de l'intérêt très bas encore du capital foncier (3 %...) et de la légèreté des rentes du sol. Comme prêteur d'argent au contraire, il encaisse les intérêts normaux (le denier dix) qui sont lourds, ou des intérêts usuraires qui sont écrasants. Les intérêts qu'il paye sont du denier trente; ceux qu'il perçoit sont au denier dix, au minimum. Voilà l'un de ses secrets d'enrichissement.

Il en est d'autres. Car il réinvestit. Et d'abord dans

le commerce. Il tient boutique chez ses maîtres de la commanderie. Marchand d'étoffes, il débite aux paysans, chausses, capes, couvertures, et robes de mariées. Il vend de tout un peu : bât pour le roussin, bijoux pour l'épouse; plancher, charpente, madriers de chêne pour réparer les portes de la ville.

Enfin, la boucle est bouclée. Parti de la terre (exploitation), l'argent retourne à la terre (propriété). L'entrepreneur capitaliste rêve-t-il de la considération qui entoure la propriété de la terre; et de la sécurité que constitue la rente foncière à son détenteur ? A défaut d'un domaine-bloc, en tout cas il bâtit, parcelle à parcelle, un puzzle bizarre, lopins décousus, dispersés, aux quatre coins de quatre paroisses : Masenx achète des champs d'alluvions, des prairies grasses, des bas-fonds aptes aux cultures riches, chanvres ou légumes.

Là encore, c'est l'endettement, qui provoque le transfert foncier : Ramon Fabre, voisin de Masenx, lui achète à crédit du drap; en avril 1531, printemps cher, il lui emprunte du blé. Sept années (1532-1539) passent; Masenx, laisse dormir la dette. En 1539, Fabre emprunte à nouveau du grain; en contrepartie, il engage diverses terres, qui désormais payent à Masenx une « pension annuelle ». Finalement, il liquide sa dette de grains en vendant sa terre de Resals à Maître Guillaume (1545). En 1546, année de disette, même scénario. Le 8 avril, la famille Fabre n'a plus de grain pour manger. Une fois de plus, Raymond vient frapper chez Masenx. C'est le frère de celui-ci Jean, qui ouvre, et qui délivre à l'affamé 7 demi-cartières de blé (1,20 hl), de quoi faire subsister jusqu'aux moissons une famille de quelques personnes. Raymond Fabre a le couteau sur la gorge : sa dette est payable « de jour en jour » à la volonté du prêteur. Pour s'en libérer, il devra vendre sa dernière terre : *paga cant vendet la terra*, note sèchement Masenx dans son journal. En 1546, donc, la terre a payé le pain; les Fabre sont désormais bordiers, colons à mi-fruits de Masenx, sur la terre même dont leurs ancêtres étaient propriétaires.

Masenx est un personnage total. Pionnier capitaliste, il est accessible aux idées nouvelles, qui se diffusent dans la bourgeoisie d'affaires, et qui correspondent à son style de vie : le 26 juillet 1537, il organise avec trois notables de Gaillac, un marchand de bois et deux personnages municipaux, une réception en l'honneur des *ministres*, qui viennent plus ou moins clandestinement prêcher la Réforme. C'est même lui, Maître Guillaume, qui avance l'argent de leur chambre et de leur repas... S'il fallait définir la personnalité de Masenx, homme d'affaires-vautour, au destin conservé par le hasard des documents, on verrait en lui un symbole vivant de « l'accumulation primitive » du capital : fermier dans la révolution des prix et gagnant à la fois sur le salaire de ses valets et sur la rente qu'il verse à son maître; mêlant à cela le capital usuraire et foncier, le capital commercial, l'initiative industrielle, l'esprit d'entreprise et l'esprit réformé, Masenx est un intermédiaire; entre les grands propriétaires et la masse paysanne, il introduit, grâce à la conjoncture favorable du XVIe siècle, la médiation du capitalisme d'entreprise; et il écrème une bonne part de la plus-value.

En somme l'argent de Masenx et de ses émules s'investit dans l'entreprise, autant et plus que dans l'achat des terres. Au lieu d'enfouir le capital, on le fait travailler. La psychologie foncière si typique du XVIIe siècle n'est pas encore entièrement développée, avant 1600. Exemple : à sa mort, Masenx lègue ses capitaux liquides et son cheptel à ses héritiers; mais il cède à l'abbaye voisine les terres qu'il a rassemblées par usure et par acquêts. Preuve de piété? remords de ses voleries? ou insouciance foncière? Le siècle des propriétaires fanatiques, en tout cas, ne viendra qu'après 1600, avec la hausse enfin déclenchée de la rente du sol...

Quoi qu'il en soit, favorisée par le profit rural, une aristocratie d'hommes d'affaires « fermiers généraux », se superpose à la fruste bourgeoisie des simples fermiers, entrepreneurs de culture.

Bourgeois paysans et gentlemen-farmers

Petits ou gros, le revenu d'exploitant se porte bien ou assez bien, au XVIe siècle. Quelle est, dans ces conditions, la réaction des propriétaires fonciers, détenteurs de la terre et de la rente?

De leur part, réaction logique : faire valoir, accaparer le profit, court-circuiter le fermage, être à soi-même son propre fermier; et grouper ainsi, dans une seule main, la rente (stabilisée), plus le profit (croissant).

Certes, l'importance (statistique) du faire-valoir direct, au XVIe siècle, est difficilement connue. La régie d'un domaine est un acte à caractère privé, que la pratique notariale ignore. Seules, les archives ecclésiastiques permettent les comparaisons à longue distance.

Celles-ci sont suggestives : l'exploitation directe, au XVIe siècle, est moins universelle que vers 1380-1480; elle palliait en effet, alors, les carences de la rente du sol, qui, par suite de l'abandon de terres, était tombée à presque rien. Néanmoins, la gestion immédiate des biens par le maître du fonds conserve à l'époque de la Renaissance et des guerres civiles de très fortes positions. Bien plus fortes que vers 1630-1650, où les puissants de la terre, gâtés par des rentes somptueuses, s'en remettront pour tout aux fermiers, pour se dispenser de surveiller personnellement les charrues.

A Narbonne, grosse bourgade rurale, les chanoines, jusqu'à la fin du XVIe siècle sont encore à demi paysans. Ils gèrent par eux-mêmes les terres du Chapitre, au moins quand elles sont proches de la ville : la grange de La Bastide ne sera durablement affermée, à rente fixe et à bail à court terme, qu'à l'apogée des fermages, à partir de 1630. Au XVIe siècle, elle ne connaît guère que l'exploitation directe (par bayle) ou semi-directe (métayage). Entrons du reste, vers 1524-1535, au domicile de quelques-uns de ces prêtres narbonnais : les chambres, les salles d'habitation, où traîne parfois quelque roman de chevalerie, sont encombrées d'outils, pics, pioches, fourches, et aussi têtes de porcs, sacs de grains, cercles de tonneaux, jarres d'huile...

Comme ces notables de l'Église, et plus qu'eux, les bourgeois du XVIe siècle se font volontiers exploitants directs sur leur propre terre. Eux aussi cèdent à l'incitation du profit dynamique, ajouté à la rente inerte.

Jean de Rocolles est un petit notaire et riche paysan de Béziers; son livre de raison qui débute en 1550 témoigne chez son auteur d'une intense et directe activité paysanne : Jean sème soigneusement du bon blé; superstitieux, il taille sa vigne en lune vieille, son bois de saule en lune nouvelle. Quand le temps presse, en avril 1558, il emmène épouse et enfants pour bêcher la vigne, à la grange. Il vend lui-même son vin, troque une barrique pleine contre un cent de tuiles. Comme tout le monde, il pratique à 100 ou 200 % l'usure du blé. Il prête de l'argent et se fait rembourser en froment, compté au tiers de sa valeur réelle. Il loue ses petites bicoques à des ouvriers. Il afferme les dîmes quand celles-ci jouxtent ses propriétés. Notaire, usurier, propriétaire, exploitant, fermier, il cumule les petits profits pour joindre les deux bouts; il meurt en 1568.

Gabriel, son fils, est chanoine. Jeanne, sa fille, épouse Aubert, l'apothicaire. Guillaume, l'autre fils, succède au père mort, à ses biens et à son office. Tout comme le père, entre deux séances au greffe, Guillaume fait valoir ses terres (50 ha de labours, plus des vignes et des olivettes) : il distribue par centaines les journées de travail salariées; il racole les femmes du voisinage, chambrières et pastourelles, pour sarcler ses blés, ramasser les olives ou les sarments. Il fait fouir et tailler ses vignes, *fogar* et *podar*. Il a l'œil du maître; il dirige tout par lui-même, sans régisseur ni bayle salarié (tout comme le sire de Gouberville en Normandie).

Le cas des Rocolles est exemplaire au XVIe siècle. Qu'on relise Olivier de Serres : si votre terre est bien située, écrit-il, si votre épouse est de belle humeur et de bonne santé, « bien appropriée au ménage » faites valoir vous-même; quant à la partie lointaine de votre domaine, pratiquez-y la régie semi-directe, le métayage, jamais le fermage. Au fermage précisément, n'ayez recours qu'en cas de grand malheur : si vous êtes malade, si votre femme est grognon, dépensière...

Les études statistiques de l'exploitation, comme les malheurs de Rocolles ou les avertissements d'Olivier de Serres, introduisent donc à une psychologie de longue durée du XVIe siècle : ce siècle où les riches, les fortunés de la terre, chaque fois qu'ils le peuvent, essayent de joindre le profit à la rente. Il faudra les victoires de la rente, enfin fortement majorée au XVIIe siècle, et les déboires du profit pour que les fils languedociens des entrepreneurs de la Renaissance prennent goût à vivre noblement, en purs rentiers du sol. Au XVIe siècle, « le long encouragement d'un flux croissant de profit » induit à la terre comme à la ville l'audace, « l'aptitude au risque » et l'initiative entreprenante.

[illegible]

CHAPITRE V

PERSPECTIVES D'ENSEMBLE

Il faut maintenant rassembler dans une totalité concrète, les résultats des enquêtes analytiques : les unes portent « horizontalement », sur les structures foncières; les autres, « verticalement », sur les principaux types de revenus.

Le monde des pauvres

En bas de l'échelle sociale, au plus épais de la masse populaire, sévit une double paupérisation : celle qui frappe les petits propriétaires, multipliés par le morcellement, sans que la hausse réelle des revenus réels unitaires compense l'amenuisement des lopins; et celle qui atteint les salariés, par la baisse des gages réels. Que bien souvent les mêmes hommes ou les mêmes familles soient victimes des deux processus, c'est certain. Nombreux sont les revenus mixtes, où le paysan vit d'un gage ou d'un lopin : il suffit de feuilleter les notaires, presque au hasard; dans telle bourgade cévenole, vers 1555, maint *travailleur*, salarié, possède aussi son minuscule coin de montagne, et « la moitié d'une paire de bœufs » (*sic*). Certes les salariés purs existent : mais ils sont domestiques dans les granges, plutôt que journaliers villageois.

Qu'exprime au fond cette double paupérisation, sinon la solution radicale apportée par l'histoire au dilemne malthusien. La population s'élance, le produit piétine; alors s'instaure un double rationnement : rationnement par la terre, qui confine l'agriculteur sur un lopin toujours plus exigu; rationnement par l'argent : les patrons assument allégrement la conjoncture, et distribuent des salaires de plus en plus bas. Victimes de ce double système de restrictions, les petits niveaux de vie descendent au plancher, deviennent asymptotiques au minimum vital. Et les crises de subsistances s'aggravent.

En effet, les mauvaises récoltes (une sur trois ou quatre, dans ce pays sec) avaient seulement des effets bénins sur la population clairsemée de 1480-1500, aux tenures desserrées, aux salaires substantiels. Mais leurs ravages s'étendent, au rythme même du croît populaire, de la contraction parcellaire et de l'amenuisement salarial : la mauvaise année, vers 1550-1590, s'attaque à un standard de vie déjà déprimé, appauvri. De ce fait, elle crée la disette aiguë, quelquefois même la famine.

Si les analyses, foncières, puis salariales, des pages qui précédent, sont exactes, on doit enregistrer d'un bout à l'autre du siècle, une fréquence et une intensité croissantes des disettes et des famines; et, au même rythme, une modification vraisemblable doit intervenir dans la politique frumentaire des autorités.

La réalité confirme l'hypothèse. Soit le siècle qui va de 1460 à 1560 (après cette date, la guerre civile perturbe peut-être les conditions de l'expérience, en aggravant artificiellement les famines). En gros, trois périodes : aisance frumentaire (1460-1504); premières difficultés (1504-1526); crises graves (après 1526). Trois stades qui impliquent une détérioration : la marée démographique submergeant les faibles défenses de la production agricole.

Viennent d'abord les facilités de la période 1460-1504 : agréments frumentaires, dont les États de Languedoc sont pleinement conscients. Leurs délégués n'ont pas encore cette attitude timorée et prohibitionniste qu'ils adopteront après 1506, et surtout après 1526. Ils ne freinent pas l'exportation du blé hors province. Au contraire : ils l'encouragent, ils se plaignent des agents du roi qui la restreignent, et qui accordent, « sous la table », des permis de sortie à leurs amis particuliers. C'est pour cette raison que les États censurent le sieur de Chabannes, gouverneur, en 1492. En cette première période, on note seulement trois interdictions d'exporter, par l'Assemblée régionale : 1496, 1498, 1501. Année commune, la province connaît l'excédent. Une bonace, un calme étonnant règne sur le marché du blé. Comme il est loin le temps de la surcharge humaine et des famines à répétition : le temps du premier XIVe siècle (d'avant 1348).

Quelques coups de semonce pourtant : d'abord la disette de 1474; toulousaine, elle semble épargner le Languedoc méditerranéen; en revanche, celle de 1482-1483, fille du froid et de la pluie, sévit partout en France d'outre-Loire. A Montpellier, on parque les mendiants, on leur distribue, ainsi qu'aux pestiférés de cette même année, 300 pains. Puis, rideau : quinze années durant, plus rien, plus d'alarme. Dans ce bien-être frumentaire sans précédent, l'expansion démographique languedocienne, préparée de longue date, peut jaillir, comme une résurrection, tant le moment est favorable.

Les mauvaises récoltes de 1495-1496, et surtout de 1497, jettent la première note discordante : disette, « esterillité de vivre ». Les villes sont pleines de ruffians, mauvais garçons errants comme des loups. Les Gênois veulent acheter du grain. Mais les États jettent l'embargo sur les ports. Du Rouergue misérable, de tout l'amphithéâtre montagneux du plateau central sud, les muletiers accourent avec les bêtes à bât; ils espèrent rafler les maigres stocks du littoral. C'est pitié de les voir, criant la faim.

Quelques alarmes encore, une petite flambée des prix, avec la pauvre cueillette de 1501. Et puis tout se calme à nouveau. Au total, les disettes sont rares en ces quarante-quatre années.

Deuxième période (1504-1526) : la faible récolte de 1504 inaugure une phase d'austérité. L'hiver suivant, les États prohibent l'exportation. Ils refusent le grain aux clients proches, démunis eux aussi : Gênois, Florentins, Dauphinois. Les 22 évêques siégeant à l'Assemblée, confisquent même 200 charges de blé destinées à Notre Saint-Père le Pape. Tout l'hiver (1504-1505), chapitres, commanderies versent des aumônes aux pauvres qui pullulent. Après la récolte de 1505, la situation demeure tendue; à l'automne, la disette et l'accaparement sévissent. 1506 n'est guère meilleur, quant aux moissons : en janvier 1507, les États s'affolent pour la soudure; ils interdisent l'exportation de blé. Même réaction après la récolte de 1507 : défense de sortir le blé vers l'Aragon, vers n'importe où. Série noire : 1508 déçoit aussi puisque, au printemps 1509, des commissaires empêchent la circulation des grains de sénéchaussée à sénéchaussée.

Curieuse phase de rareté (1504-1508). Un plafond des hauts prix la signale à la mercuriale de Montpellier.

Et quelques années plus tard survient encore un nouveau cycle néfaste, inconcevable avant 1504 : trois années de vaches maigres (1513-1514-1515). Cette fois, c'est clair : la position exportatrice du Languedoc est gravement atteinte; quelque chose s'est détraqué dans le marché du blé. L'heureux XVe siècle finissant est bien mort, où l'on restait cinq ans, dix ans, quinze ans sans prononcer le mot de « disette », et où l'interdiction d'exporter, unique, exceptionnelle, n'était jamais prorogée d'une année sur l'autre. En fait, si le marché change de structure, si l'espace économique se cloisonne, en unités provinciales jalousement fermées sur elles-mêmes, c'est parce que les consommateurs plus nombreux, les « classes pleines » des années 1500, alourdissent la demande de grains, pèsent sur l'offre, et créent la rareté.

Situation irréversible, et qui s'aggrave : 1517, 1519, 1520, 1522, 1524, interdictions d'exporter. Désormais la disette larvée revient tous les deux ans, comme une jachère. A partir de 1526, la tragédie du blé commence pour de bon; les difficultés répétées font place à une pesante atmosphère de catastrophe. Le laisser-faire des États n'est plus qu'un souvenir; et le libre marché du XVe siècle est bien mort. Dix années consécutives (1526-1535), l'assemblée provinciale interdit l'exportation frumentaire.

Une crise des profondeurs

1526 : médiocre récolte. 1527 : désastre. Un temps cyclonique (étés pluvieux, hivers extrêmement doux qui pourrissent le grain en terre), s'abat plusieurs années sur l'Europe et la Méditerranée. La moisson de 1527 manque : dès août, les États prohibent la traite et résistent aux Provençaux, Florentins, Gênois qui supplient pour l'achat du grain. Les grands personnages, comme l'abbé d'Aniane, trop bien en cour pour qu'on lui refuse une faveur, réussissent cependant à exporter, à prix fort et gros bénéfice. Avril 1528 : c'est la famine en Languedoc : il faut acheter du blé de mer, depuis Marseille; le vendre 2 x 10 s en ville, 3 x aux villages, toujours derniers servis; la peste s'en mêle.

Les usuriers s'en donnent à cœur joie : aux bords de la montagne, ils prêtent le grain rare aux pauvres gens, contre bonne promesse de deniers. Ainsi procède le sieur de Carlencas, sollicité par quantité de tisserands en ce sinistre avril 1528.

Juin 1528 : la nouvelle moisson n'est pas bonne. La faim persiste et les stocks ne remontent pas. Août, novembre 1528 : « rarité des bleds, cherté plus que ne fut oncques ». La courbe des prix grimpe toujours depuis 1525. Les frontières provinciales demeurent bloquées.

Le printemps 1529 est donc dur : le Parlement toulousain adjure enfin les notables : « par grâce, ouvrez vos greniers, charriez vos grains au marché, baissez vos prix ». Mais : c'est la « famine », et l'ordre implacable : « expulsez les vagabonds, les étrangers ».

La moisson de 1529 ne conjure pas la pénurie : en novembre, les États, réunis dans la salle basse d'un grand hôpital, refoulent les demandes de grains émanant de Lyon, Avignon, Arles. Insuffisance encore, eu égard aux besoins accrus et aux stocks vides, de la moisson de 1530; septembre 1530 : restrictions aux acheteurs de grain, quand ils habitent hors province. Novembre : interdiction d'exporter. Printemps 1531 : disette et même famine; une prime est promise aux dénonciateurs qui révéleront le recel du blé; en mai, on réquisitionne, on taxe le grain, vu l'insupportable pénurie, et l'affluence journalière des pauvres. A Montpellier du reste, les pointes saisonnières de 1529 et 1531 battent tous les records sur la courbe des prix. On n'en retrouvera l'équivalent qu'en 1545. De nouvelles défenses d'exporter sont promulguées par les États en 1531, 1532, 1533; en 1534 encore où la grande sécheresse paralyse les semailles; en 1535 enfin.

Le passage, d'une attitude libre-échangiste à l'égoïsme protectionniste, est évident, chez les notables languedociens. Le coup d'arrêt qu'ils donnent ainsi est significatif d'une prise de conscience élémentaire de l'économie, et d'une mutation psychologique. Trente ans plus tôt, l'abondance de grains était la règle; maintenant c'est la rareté qui est chronique. Trop de bouches à nourrir désormais, pas assez de pain pour tous.

Il faut s'arrêter longuement à ces dix années de vaches maigres (1526-1535). D'abord parce qu'elles marquent un tournant radical, dans la politique céréalière des

États de Languedoc, alors que dans d'autres domaines, celui du vin par exemple, l'Assemblée provinciale demeure fidèle à son libéralisme du XVe siècle : elle laisse exporter le vin, car celui-ci ne fait jamais défaut. Mais pour le blé, la liberté d'exporter n'est plus qu'une exception, liée aux très bonnes récoltes (1536, 1542, 1547, 1549, 1554, 1556). Quant au réflexe d'interdiction, il est devenu quasi automatique; dans les années 1537-1560, trois ans sur quatre, toute sortie hors province est (théoriquement) supprimée au blé par les États. Le blé languedocien, après 1526, n'est plus qu'un captif laissé parfois en liberté surveillée.

En outre, cette crise de 1526-1535 marque un tournant social : le vagabondage prend les proportions d'un fléau, et sa répression systématique, pour la première fois, s'organise. En 1532, après cinq années de cherté, la province est pleine de vagabonds, « meurtriers commectant innumérables homicides » : les habitants du pays n'osent plus (disent les États), se montrer aux champs! En 1533, le pays nîmois « est infecté de mendiants, suite de l'extrême misère qui règne ici depuis quelques temps ».

Doléances rituelles? Mais voilà qui l'est beaucoup moins : en 1533, pour la première fois dans leur histoire, les États de Languedoc excédés par le foisonnement des misérables, décident de procéder par la force à l'extinction du paupérisme. Ils écrivent au Roi : trop de pauvres se retirent aux lieux du Languedoc. Trop d'entre eux ne veulent pas travailler, encombrent les églises, troublent le service divin; empêchent par leurs clameurs le recueillement des fidèles, jusqu'à l'heure de l'élévation; sans compter les maladies qu'ils apportent.

François Ier cède à cette requête; de Compiègne, il signe un édit (15 avril 1534) : on arrêtera tous les gens valides qui « depuis un certain temps » se mettent à mendier et *belistrer* au pays de Languedoc. Et désormais, presque chaque année jusqu'en 1560, cette question des pauvres errants, « volleurs, larrons et malvenans », « vermine qui pullule de jour en jour aux villes, champs, chemins et passages » revient aux délibérations anxieuses des États ou du Parlement de Toulouse.

Fait languedocien : la longue pénurie des subsistances (1526-1535), débordées par la démographie, crée l'errance de masse, et sa répression par les autorités. Fait européen aussi : dans tout l'Occident, la problématique des pauvres démarre vers 1525-1530, avec les classes pleines, la vague des disettes et le cycle haut des prix du blé. En 1525, Zwingli établit son plan de secours aux indigents de Zurich; en 1526, Juan Luis Vives, publie le *De subventione pauperum*, médité à Louvain et Oxford; en 1530, Henri VIII promulgue la première loi contre les mendiants : d'ordre royal, on attachera les vagabonds aux charrettes, on les fouettera jusqu'au sang, on les mutilera d'une oreille, on les pendra; en 1537, Charles Quint agit de même aux Pays-Bas. En ces années, prend vie, timide encore, le rêve du « grand enfermement » des pauvres qui caractérise les mentalités classiques.

L'observation « microscopique », les monographies domaniales et foncières, démontraient la paupérisation du XVIe siècle; mais la vision macroscopique, celle des pouvoirs et des masses, confirme l'avènement généralisé du paupérisme : à la seconde génération du XVIe siècle, à la crise de 1530. Les deux phénomènes sont évidemment liés entre eux, comme ils sont liés au mouvement sous-jacent de la société tout entière; l'expansion silencieuse de la démographie ne trouve pas sa contrepartie dans une augmentation du produit global; elle tarit les capacités d'exportation frumentaire du Languedoc; elle oblige les paysans à se mal nourrir, sur les lopins décroissants, sur la peau de chagrin des propriétés parcellaires; elle favorise la paupérisation salariale, bien marquée, après 1525, quand la hausse des prix, jusque-là feutrée, part tout à coup à vive allure. Et c'est tout cela qui concentre le pouvoir d'achat des masses sur les grains, et qui met parfois, en cas de disette, le minimum frumentaire hors de portée des plus pauvres; c'est le chômage croissant, la pesée d'une armée de réserve accrue des travailleurs, en désoccupation saisonnière ou permanente, qui jette sur les routes les vagabonds agressifs, dénués de terre et de salaire. C'est cet ensemble de facteurs, dont les autorités perçoivent les effets sans comprendre les causes, qui détermine les États de Languedoc à garder le grain dans la province, et à chasser les misérables hors des paroisses.

La crise de 1526 est donc une « crise de croissance », mais de « mauvaise croissance ». Elle intéresse les divers domaines du niveau de vie populaire : non seulement les céréales et le pain, aliments frustes; mais aussi l'élevage et la viande, symboles irremplaçables pour le bien-être des masses.

1530 (date large), c'est un grand tournant : vers un déclin de l'élevage, vers une moindre consommation de viande, vers une sous-alimentation insidieuse. J'ai noté le fait pour les consommations individuelles d'après les monographies de salaires. On retrouve le phénomène, agrandi, au niveau des productions globales.

La seule lecture des prix suggère la perturbation du marché : le prix du blé sextuple, et davantage, entre 1480 et 1580. Or, les cours de la viande quadruplent à peine, dans le même intervalle. Les deux courbes, blé-viande, divergent, en « ciseaux », dans le Midi de la France comme en Allemagne. La demande de viande aurait-elle baissé, décourageant l'élevage?

L'étude des revenus confirme, aggrave ce diagnostic. Pour le XVIe siècle existent de bonnes séries de *carnencs* (dîmes de bétail) : *carnencs* des villages, ou des vastes troupeaux suburbains (Narbonne, Béziers). Les revenus en sont généralement affermés tous les ans par les Chapîtres décimateurs. Les fermiers, dont les frais personnels sont très minimes, ont la charge de lever la laine, « à la toison », et les agneaux et chevreaux « à la Saint-Marc, et à dix pour un », plus un porc de chaque première portée. Ils versent aux bailleurs une rente en argent, proche du revenu réel de la dîme perçue par eux. Les séries de baux-carnencs permettent de reconstituer non pas le volume total, mais le mouvement, la tendance du revenu nominal de la production animale. Une courbe médiane, synthèse des diverses courbes locales, donne de façon simple l'allure du mouvement en question.

Il commence bien. Entre 1475 et 1515, le « revenu animal » fait plus que doubler, à prix nominaux; il triple presque; il court de l'indice 30 à l'indice 80 (ind. 100 en 1610-1640). Or, les prix sont encore stables, ou haussent peu, dans cette première période. La hausse de ce revenu correspond à une montée réelle de la production animale. L'effectif des troupeaux s'accroît, accompagnant, devançant même l'accroissement simultané du nombre des hommes. « L'allumage » de l'essor démographique, vers 1490-1500, s'opère donc dans d'excellentes conditions alimentaires. La ration de protides est assurée pour les hommes en surnombre.

Mais cette première période ne dure pas. Dès les années

1515-1520, s'amorce en Languedoc le déclin de l'élevage. Il prend bientôt des rythmes de catastrophe; et vers 1525-1530, la production animale est littéralement ruinée. Le revenu nominal des *carnencs* tombe de l'indice 80 à l'indice 40. Or les prix montent en chandelle. C'est bien le troupeau qui s'effondre. Formidable crise, dont on ne trouve pas l'équivalent jusqu'aux guerres de Religion.

Les causes : épizooties, contemporaines des disettes et contagions humaines de 1529-1530? C'est probable. Transfert de la demande aussi : le grain est tellement cher, autour de 1530, qu'il attire à lui tout le pouvoir d'achat populaire, la viande étant délaissée et le bétail, par contrecoup, négligé.

Enfin, dans cette crise de l'élevage, il faut évoquer un troisième facteur, inséparable lui aussi du mouvement général de la société : les défrichements diminuent les terrains de parcours; les plantations (olivier, châtaignier)... les terrasses et clôtures de pierre restreignent les terres ouvertes, accessibles à la vaine pâture; pour toutes ces raisons, l'élevage plafonne, puis décline. Dans cette agriculture ancienne, qui ignore les plantes fourragères ou qui les confine aux jardins, on ne peut, d'un même pas, développer production animale et production végétale. Leurs exigences sont contradictoires, puisqu'elles se disputent les terres encore libres et chaque jour plus rares. A défaut de *Mesta*, comme en Espagne, pour défendre les intérêts des éleveurs, le développement de l'élevage est sacrifié à brève échéance, dans une société traditionnelle en état d'expansion.

Là aussi, le tournant se marque vers 1520-1530 : les servitudes collectives (communaux, vaine pâture) étaient jusque-là libéralement garanties aux éleveurs, et le Parlement de Toulouse, entre 1445 et 1519, s'était montré le meilleur champion de ces vieilles coutumes. En 1520, premier texte discordant : l'attitude du Parlement change, en relation explicite avec le développement récent des plantations : cette année-là, le tribunal toulousain interdit aux habitants de Gignac (Hérault) de mener paître leurs bestiaux dans les vignes et les olivettes; c'est bien la première fois qu'il agit ainsi : en 1528, interdictions semblables aux habitants de Lunel. L'opinion publique désormais s'empare du problème. Entre élevage et plantation, son choix est fait, sans doute possible : elle sacrifie l'animal au végétal, et la servitude collective à l'intérêt privé du cultivateur. En 1530, pour la première fois dans leur histoire, puis à nouveau en 1531-1532, les notables du pays, réunis aux États demandent la mise en défens ou *devès* des vignes, olivettes, prés, bois, taillis, fruitiers..., et l'interdiction de ces *devès* au pacage collectif, sauf permission des propriétaires. De même à Pézenas, en 1533, sont renouvelés, pour la première fois les interdits de dépaissance collective dans les plantations, déjà proclamés en 1306, et tombés en désuétude pendant les *Wüstungen* de 1350-1500, où les troupeaux étaient rois. La surpopulation, la faim de terre donnent une nouvelle vigueur aux vieilles législations (promulguées jadis avant les *Wüstungen*, dans un cycle antérieur de congestion démographique, de plantations, et de particularisme foncier). Et sous la pression des circonstances, la mentalité des pouvoirs publics change radicalement vers 1520-1530 : d'un même mouvement, libéralisme frumentaire et dépaissance collective sont répudiés ou limités. Tous les soins vont au grain précieux, à certaines plantations, et les troupeaux sont mal vus. Le règne des bergers s'achève.

L'élevage languedocien ne se remet pas de la crise de 1530. Entre le début du XVIe siècle et la guerre civile, le revenu nominal des *carnencs* est passé de l'indice 60 à l'indice 100; augmentation nominale, mais régression réelle : car dans le même intervalle, le prix du bétail mort a haussé de 130 %. Cette décadence du revenu réel des *carnencs* est bien le signe d'une diminution des troupeaux. Tandis que l'effectif humain double, que la production végétale augmente un peu ou se maintient, le cheptel s'écroule, et la consommation populaire de viande — salariale ou taxée — fléchit.

1526-1535 : une crise des profondeurs. Elle jaillit du devenir même de la société, et de ses contradictions internes; elle affecte jusqu'aux fondements biologiques, et aux superstructures psychologiques.

Biologie : la peste de 1530, qui prolifère sur la faim et la malnutrition, est l'une des plus violentes du XVIe siècle (où pourtant le fléau pesteux s'atténue, à long terme, dans le Midi français). A Montpellier, en 1530, tous les revenus de la ville sont pratiquement mobilisés par l'épidémie. Le cas est presque unique, dans l'histoire financière de cette ville, et il est significatif d'une contagion grave.

Psychologie : à partir de 1526, dans une population irritée par les difficultés matérielles, et envieuse d'un clergé riche, la propagande réformée rencontre un écho puissant. C'est à l'Avent de 1527, au terrible Carême de 1528, pendant l'hiver et le printemps de la faim, que la Réforme est plantée en Vivarais et en Languedoc : premiers sermons hérétiques des Cordeliers, devant des foules frémissantes; premières poursuites contre les propagandistes, dans ce pays jusque-là vierge d'hérésie. En novembre 1528, est signalée jusqu'à Toulouse la secte luthérienne, soi-disant accompagnée « d'invocations au diable, et d'exécrables blasphèmes »; les Cévennes rurales, futur bastion, sont déjà « infectées ». En 1529, les révoltés de la *Rebeine* lyonnaise, contemporains de l'anabaptisme du Nord, s'insurgent contre la famine, attaquent les couvents, se mutinent contre les dîmes. L'influence de la *Rebeine* est perceptible dans tout le Sud-Est, relié au centre lyonnais par le réseau multiple des relations commerciales. Dès 1530, le thème satirique de la tête de moine aux oreilles d'âne est vulgarisé, comme motif décoratif, par des maçons languedociens. La masse paysanne est contaminée : en 1532, dans le Bas-Rhône, des villages entiers passent à la Réforme, syndics, régent et curé en tête... L'hérésie s'implante ainsi en pleine crise sociale, d'un enracinement durable, promis au plus grand avenir. Cinq ans plus tard, on ne comptera plus ses adeptes...

« 1526-1535 » est donc une crise-charnière, point nodal de l'histoire sociale, comme la Fronde le sera plus tard et ailleurs, dans un contexte bien différent. Les indices abstraits — disparités de croissance, analyse des parcelles ou des gages — revêtent, par cette crise, une signification concrète et s'incarnent dans les grandes turbulences de la nébuleuse populaire. La crise tire les premières leçons d'une croissance démographique désordonnée, accompagnée d'une croissance économique insuffisante. Avec la crise, après la crise, les masses populaires et rurales « ne peuvent plus vivre comme auparavant », ne peuvent plus travailler, manger, prier, penser, mourir comme auparavant. Au seuil de la seconde génération de l'expansion, la crise de 1530 marque la fin des facilités et le crépuscule d'une époque heureuse.

Le Languedoc n'est pas seul en cause : en Espagne, Allemagne, Pays-Bas, Angleterre, commence, dans les années 20 ou 30, le grand jeûne du prolétariat d'ancien type, la répression des paysans et des misérables; en Italie, la décennie 1520, surtout 1528-1529, est marquée par des famines géantes, par la *gran fame* vénitienne : « ce qui s'efface en ces années difficiles, c'est la première Renaissance, avec ses fleurs les plus éclatantes ».

Avortement d'un capitalisme

Face à la pauvreté, il faut poser l'histoire du profit et de la richesse, l'histoire triomphante. Veut-on la connaître ? Dans ce cas encore, l'étude des terres et celle des revenus, les analyses horizontales et verticales doivent être rapprochées, fusionnées « dans leur complexité au carré, et leurs réciprocités d'interrelations ».

Dans le monde des pauvres, ce rapprochement des deux points de vue aboutit à des résultats convergents, cumulatifs : les deux paupérisations, salariale et foncière, se renforcent; le « petit homme » est appauvri deux fois, comme salarié, comme propriétaire parcellaire.

Il en va autrement à l'étage supérieur, au niveau du profit et de la richesse. Là, les deux perspectives, foncière et sociale, « horizontale et verticale », ne sont pas complémentaires, mais apparemment contradictoires. Perspective verticale, par tranches et types de revenus : c'est maintien de la rente, montée du profit; alors le capitalisme rural progresse ?

Dans une certaine mesure, oui; mais il demeure comprimé en des limites étroites. Car la plus-value dont il bénéficie n'est pas extraite — ou très peu — d'un produit total en rapide croissance, comme ce sera le cas après 1750 ou, plus encore, 1850. Pour une fois, l'image d'Épinal est vraie : cette plus-value est extraite, goutte à goutte, de la sueur des travailleurs appauvris; et le bonheur du profit est conditionné par le malheur du salaire. Un « enrichissement » de ce type est forcément limité; car la paupérisation atteint vite le niveau-plancher, en dessous duquel elle ne peut descendre.

Pour dégager de vastes sources de plus-value, il faudrait que la production augmente massivement, comme ce sera le cas effectivement, dans la Catalogne toute proche, au XVIIIe siècle. Mais au XVIe siècle, en Languedoc, ce processus d'enrichissement n'est pas vraiment déclenché.

L'autre impasse du profit dérive de la structure foncière elle-même, avec son évolution caractéristique. Certes, le revenu d'entreprise grandit, au XVIe siècle; mais sur un domaine donné, de surface immuable. Pour conférer toute son ampleur à ce processus, il faudrait que la classe capitaliste concentre les terres, élargisse sa base territoriale; qu'il y ait toujours davantage de grands domaines, de puissants propriétaires et de gros fermiers-laboureurs. Il faudrait en somme que le remembrement foncier soit le phénomène dominant.

Il n'en est rien; ou si peu; il y a sans doute quelques essais de concentration foncière; ils demeurent très minoritaires; voyez Eutrope Fabre, de Gaillac, ce prêtre avare, mort en 1532 : en une vie d'épargnant, il réussit à coudre bout à bout, cinq ou six lopins : soit sept hectares de terre! La belle affaire; et qui sera dispersée par des petits-neveux prolifiques... Le grand mouvement, au XVIe siècle, c'est ailleurs qu'il faut le chercher; c'est dans le morcellement, qui disloque les unités foncières susceptibles de dégager un profit capitaliste; c'est dans la multiplication d'une classe de propriétaires minuscules et nécessiteux, constituant un océan de petites parcelles, qui vient battre et parfois éroder les archipels isolés des grands domaines.

Le capitalisme rural augmente sa part « verticalement » aux dépens des ouvriers; mais il ne parvient guère à l'élargir « horizontalement » par l'accroissement des superficies appropriées; il n'avale pas les petites tenures. S'il parvient à les manger, au XVIe siècle, c'est ailleurs : autour de Paris, près de Londres; fort peu aux environs de Nîmes ou Narbonne. Le Sud est réfractaire aux rassembleurs du sol, entre 1490 et 1600.

Trois méthodes sont possibles pour soutirer la plus-value : aux dépens d'une production accrue; aux dépens des lopins rassemblés; aux dépens des salaires abaissés; le capitalisme terrien, en Languedoc, au XVIe siècle, n'explore vraiment que la voie la plus fruste, la plus inhumaine : la troisième. Il ne réalise dans ces conditions que des progrès modestes, limités. L'économie régionale demeure encore incapable, malgré les grands sacrifices des travailleurs, de sécréter le capitalisme comme système dominant des rapports sociaux : un capitalisme ne se bâtit pas sur la pauvreté.

Languedoc et Catalogne

La comparaison s'impose entre Languedoc au XVIe siècle et Catalogne au XVIIIe siècle : des traits communs sont fortement marqués; dans les deux cas, une population double en moins d'un siècle : c'est la formidable mobilité des démographies méditerranéennes, jetées à l'abîme par la misère et les contagions, puis surgissant vivement des profondeurs. Autre trait commun : le morcellement des terres s'accélère, au rythme même où monte la houle des populations.

La comparaison s'arrête là : en Catalogne, la production suit, et même devance, la multiplication des hommes. Une politique hydraulique ingénieuse décuple les revenus du sol, abolit les jachères, et jette sur les terroirs l'enchantement des prairies, des huertas et des cultures riches : chanvre, maïs, riz, luzerne et trèfle, jardinages. Des vignobles se constituent. Les troupeaux foisonnent. La charrue évince l'araire. Le croît démographique est multiplicateur de richesse. Tout monte à la fois, et beaucoup plus vite que les prix : revenu global des dîmes, niveaux de vie, rente, profit, « et la marée soulève tous les bateaux ». Le salaire n'est plus le paria de l'expansion. Il s'accroche à la courbe des prix; il s'emballe; il dépasse même les prix, aux belles années de la Révolution française. Cette vraie croissance, de style déjà moderne, se transcende vers le capitalisme urbain et industriel; l'épargne paysanne, relayée par les piastres mexicaines, finance l'expansion d'un port de 100 000 habitants : Barcelone, qui déstabilise l'économie, et permet le démarrage industriel.

Rien de semblable en notre Languedoc de 1550; un facteur domine : la démographie, hélas. Les mentalités productives restent figées; les « ciseaux » malthusiens s'ouvrent partout : entre population et production; entre agriculture et élevage; entre gages et prix; le rationnement salarial et foncier s'instaure; la maigre épargne rurale réalisée par la compression des salaires est insuffisante pour faire démarrer massivement l'investissement agricole. Elle ne parvient pas à stimuler l'essor urbain : les plus grandes « villes » du Languedoc méditerranéen, Nîmes et Montpellier, vers 1550, ont deux mille maisons, ou dix mille habitants chacune, dont un quart de laboureurs et de brassiers. Elles restent médiocres, engluées dans la terre.

L'expansion catalane de l'époque des lumières est une croissance de type moderne, créatrice de richesse individuelle. L'expansion languedocienne de la « Renaissance » est un développement de type ancien, multiplicateur de pauvreté.

DEUXIÈME PARTIE

PRISES DE CONSCIENCE ET LUTTES SOCIALES

CHAPITRE PREMIER

CHEMINS DE L'ÉCRITURE

Tel qu'il est, avec ses faiblesses, ce développement, inégal, est créateur de changement. Il entraîne avec lui des prises de conscience, des luttes sociales, des conflits pour la terre; il engendre guerres et révolutions. Il s'accompagne, non sans permanences, d'une ample mutation de la conscience paysanne : cette mutation qu'il faut déchiffrer.

Deux coulées culturelles

Deux révolutions des consciences, deux coulées culturelles interviennent au XVIe siècle dans la France méditerranéenne. La première vague s'empare des cités, des grosses villes et des bourgades, des classes privilégiées et des bourgeoisies, mais contamine seulement les sommets de la société rurale. C'est la révolution linguistique, marquée par la première diffusion du français (1450-1590). Son importance déborde largement le cadre des études philologiques. Car elle définit, dès la première moitié du XVIe siècle, un espace culturel contrasté : à l'Est, un axe de propagande privilégiée, une zone d'osmose linguistique rapide, et de bilinguisme précoce, associant à partir de 1450-1490, la langue d'oïl chez les notables, aux dialectes romans, maintenus par le populaire : cette zone, c'est le sillon rhodanien, plus largement le triangle Rhône-Cévennes-Méditerranée, Valence-Montpellier-Arles. Trouée de lumière rhodanienne, échappée francophone vers le Sud : cette frange pionnière du défrichement culturel fait contraste avec les zones d'ombre voisines qui, elles, résistent fortement au français, pendant la durée d'une ou deux générations supplémentaires (jusque vers 1530-1550); ces zones d'ombre : la Provence maritime, et surtout le Languedoc de l'Ouest, et les pays de l'Est-aquitain. Toutes régions arriérées, et qui le resteront longtemps : en 1570 encore, d'après les statistiques des signatures, en 1680-1686, d'après les cartes de Maggiolo, la dégradation culturelle s'accentuera progressivement quand on ira, par régions successives, du Bas-Rhône à la Haute-Garonne.

Tentons en effet, par les statistiques de signatures, une comparaison Est-Ouest (Montpellier-Narbonne); à Montpellier, les premières statistiques, vers 1575, donnent 25 % d'analphabètes seulement chez les artisans, contre 33 % à Narbonne. Encore cette majorité artisanale instruite, est-elle beaucoup plus éclairée à Montpellier; dans cette ville, la plupart des artisans non analphabètes savent signer intégralement leur nom; alors qu'à Narbonne, la moitié des individus, dans la même catégorie, usent simplement d'initiales. De même chez les laboureurs : vers 1575, la minorité capable de signer est chez eux plus forte en pourcentage à Montpellier qu'à Narbonne. A Montpellier, le français est pratiqué de façon courante dès 1490. A Narbonne, plus tard.

Plus marqué encore est le décalage linguistique entre Sillon rhodanien et Bas-Languedoc d'une part, et Massif Central d'autre part : là, sur les hautes terres siliceuses, on trouve de véritables sanctuaires occitans presque inviolés jusqu'au début du XVIIe siècle. Ainsi le Rouergue; et aussi les monts de Saint-Pons. Ces montagnes misérables et arriérées, bastions des parlers d'oc, et dernières enclaves culturelles, sont aussi — (là gît l'explication) — des zones refuges d'analphabétisme intégral, souvent dénuées d'écoles, de régents : les statistiques de signatures, en 1595 comme en 1643 et 1737, et même les premiers recensements sur la scolarité d'Ancien Régime, démontrent le fait, avec force. D'une telle situation découle l'occitanisme indomptable de ces vieilles montagnes : car ignorer massivement l'écriture, n'est-ce pas se fermer à la langue française, véhiculée par le livre?

C'est dans cet espace culturel du Midi, fortement contrasté, que vient se loger la seconde révolution intellectuelle du siècle : la Réforme. Elle est plus profonde que la révolution précédente : puisqu'elle descend jusqu'au niveau des consciences populaires et paysannes. Pourtant elle n'offre pas, par rapport à celle-ci, d'originalité géographique marquée. Les cartes des lieux de départ à Genève, en 1550, puis l'enquête pour crime d'hérésie, lancée en 1560 au nom du Parlement toulousain, la cartographie huguenote des guerres civiles, enfin, soulignent avec force les permanences de la géographie intellectuelle. La zone d'élection du premier protestantisme, en 1550-1560, c'est toujours le triangle rhodanien, cévenol et bas-languedocien, déjà défriché depuis un siècle par la pénétration privilégiée du français et défini de longue date par l'ouverture à tous les échanges culturels : c'est Romans, Uzès, Alès, Nîmes et Montpellier. En rive gauche du grand fleuve, c'est la vallée de la Durance, où les Vaudois dès 1535 débitent bibles, catéchismes, « boucliers, marmites, anatomies, et autres tels livres, surtout les petits psaumes... rimés, lavés, dorés, réglés ». En bordure droite du Rhône, se signalent surtout, symétriques de la Durance, les vallées cévenoles et subcévenoles, rues des pasteurs, des petites écoles et des ateliers : Haut-Hérault, Vidourle, et d'abord Gardons (Gardon d'Alès et Gardon d'Anduze). Les listes d'origines des « estrangiés » à Genève dénoncent à partir de 1549, dans ces entailles du talus cévenol, la formation de véritables grappes de protestantisme rural, qui se ramifient, en remontant les *thalwegs*. Là, dès 1556, les ministres prêchent ouvertement, baptisent, célèbrent la Cène. Là en 1560, paysans et artisans se lancent à l'assaut des couvents, prennent les chapes des moines pour y découper des pourpoints, des bannières; ils montent des embuscades contre les enquêteurs papistes; et leurs femmes attaquent les prieurs, les curés de campagne, avec des sacs pleins de cendres, qu'elles leur jettent aux yeux pour les aveugler. Là enfin, les noyaux réformés des bourgades, composés d'intellectuels (notaires, juges, médecins,) et d'artisans (*chaussatiers* qui taillent les uniformes pour l'armée de Condé, chirurgiens, *fabres*, cordonniers) accueillent le calvinisme; et ils le propagent dans les paroisses rurales des environs : ainsi en 1560, 150 huguenots, de Gignac, hommes et femmes, appartenant à ces catégories sociales, forment procession, armés, en rang par trois, chantant des psaumes; et ils se rendent au village voisin de Saint-André, escortant le ministre qui va prêcher : ces petits bourgeois calvinistes s'efforcent d'emporter l'adhésion paysanne, par la conviction ou la force.

Outre-Hérault cependant, dans tout le Languedoc de l'Ouest, le tableau est différent; bien différent aussi dans les montagnes arriérées qui prolongent vers le couchant, sans les continuer, les Cévennes actives : dans le Sidobre, l'Espinouse, la Montagne Noire ou le Rouergue. L'atonie culturelle, constatée dès 1500, favorise dans ces régions le conservatisme religieux; et en montagne, les noyaux d'artisans calvinistes — mis à part les tisserands du Castrais et les bonnetiers de Roquecourbe — ont peu d'influence sur la masse paysanne : celle-ci refuse la Bible, et préfère les sorciers aux ministres. Dans le bas pays, les groupuscules huguenots de Béziers sont isolés : et dès 1568, ils sont littéralement avalés par la majorité, restée papiste. A l'extrême ouest du Languedoc enfin, Toulouse, grande ville, fournit vers 1550 moins de réfugiés à Genève que n'en donne Coutances, cité minuscule et bien plus lointaine; quant au parti huguenot toulousain, où je retrouve cardeurs et universitaires, dirigés par l'étudiant en droit Georges Mignot, il est facilement écrasé, au printemps sanglant de 1562, par les forces catholiques, bien supérieures : parlement, noblesse, et troupes réglées, qui culbutent les boutiques des libraires et jettent à la rue tous les livres.

L'analyse régionale ramène donc invinciblement à l'aire privilégiée des « lumières » au XVIe siècle : lumières des connaissances linguistiques, et des nouveautés religieuses. Elle ramène à l'échancrure du Rhône, cévenole et languedocienne. C'est là, autour de Montpellier, capitale régionale, et mieux encore en pleines Cévennes, qu'on peut tenter de définir l'emprise paysanne du premier calvinisme : et d'abord en situant celle-ci dans le jeu d'influences des milieux culturels et sociaux.

La Réforme et les guerres civiles et religieuses, jouent le rôle d'un révélateur des contrastes aggravés par la poussée du siècle. Évoquons autour d'une ville active les groupes humains fondamentaux qui constituent, pour les idées nouvelles, des structures d'accueil très différentes.

Réforme et structures d'accueil : ville et campagne

Notables, laboureurs, tisserands. — Montpellier, octobre 1552 : un adolescent jette, sur la ville qu'il découvre, un regard vif, empli d'une vision naïve du bonheur; première image : les jeunes nobles, enveloppés de tuniques blanches, coquille d'argent à la main, défilent dans les rues, bombardent les filles à coups de dragées. Puis vient l'hiver 1553 passé en sérénades, avec tambourins, cymbales, fifres, trio de luths, et aussi viole et guitare, qui sont alors dans toute leur nouveauté. Jusqu'au carnaval, bals chez les riches bourgeois; du souper jusqu'à l'aube, danses aux flambeaux : branle, volte, gaillarde. Au Mardi gras, batailles d'oranges, entre jeunes, sacs de fruits au cou, boucliers d'osier au bras. Printemps : bains de mer, excursions à la campagne, parmi romarins et jacinthes. Félix Platter, notre jeune témoin, s'établit alors dans une des maisons de son hôte, le riche marrane et apothicaire Catelan : chambre à l'étage, tableaux au mur, fauteuil doré, pour réviser les cours. L'étudiant y passe la nuit avec son condisciple bâlois, qu'il fait venir dans son lit, pour conjurer les frayeurs de l'obscurité; les deux jeunes gens s'endorment en croquant des pralines, et en jouant du luth.

4 avril : vacances universitaires, déjà. Les distractions redoublent : soupers de perdrix, beuveries de muscat et d'hypocras, bals masqués, tendres leçons de luth à Catherine, fille de Rondelet. Frais de toilette : à la Pentecôte, Félix et ses amis ont des chausses neuves, rouges et collantes, parfois des culottes de cuir, brodées de soie verte, toujours des souliers neufs, que le cordonnier Vulcain change tous les huit jours! Ils voient les jeux de bagues donnés par la noblesse, avec chevaux bardés de tapisseries, empanachés, multicolores; les soutenances de thèses, qui font toujours recette; les belles autopsies, les tortures et supplices des criminels en vogue, exécutés en public, devant les jeunes filles et les familles.

Joies souriantes, plaisirs cruels, argent, sadisme, luxe; Félix Platter décrit un art de vivre, celui que pratique un petit groupe de notables, bourgeois et nobles, dans une ville méditerranéenne, au terme d'une Renaissance.

Grâce aux registres de taille et aux notaires, vers 1555-1565, on peut cerner, délimiter ce groupe et ce minuscule îlot du bonheur : c'est le quartier gothique de Saint-Firmin à Montpellier, résidence des riches, des amis et voisins de Catelan et Platter : il compte 160 taillables, pour la plupart citadins aisés.

D'abord de nobles seigneurs, ou prétendus tels. Ils

payent de taille, 40 x à 120 x. Ils prêtent l'argent aux aubergistes de la ville; ils prêtent le seigle aux laboureurs, qui rembourseront en écus. Leurs voisins sont souvent des chanoines qui vivent comme on dit alors, « agréablement dans le siècle ». Puis viennent des bourgeois et gros rentiers : 30 à 80 x de taille; eux aussi tondent les laboureurs, les cordonniers et petites gens, à force de prêts à intérêts; et ils vivent aussi des rentes et profits de leurs terres, de leurs jardins et maisons. Suit un groupe de juristes : greffiers, juges, docteurs, procureurs, officiers d'aides ou de gabelles; ils payent chacun entre 20 et 70 x de taille. A leur suite dans l'échelle fiscale, vient un groupe actif, dont les membres sont taxés de 10 à 50 x : il s'agit de marchands, épiciers, drapiers, apothicaires, médecins, professeurs à la Faculté. Enfin, en bas de cette hiérarchie (5 à 20 x de taille), quelques notaires (peu fortunés), et les boutiquiers et artisans aisés (fournisseurs de ces messieurs) : libraires, tailleurs et couturiers, potiers d'étain, barbiers, cordonniers, rôtisseurs... Quant à la plèbe agricole, elle est fort peu représentée à Saint-Firmin; parmi ces 160 taillables, je compte en effet un seul et unique laboureur : il paye un sou de taille. Dans une ville qui reste agricole et qui vit partiellement du crédit aux ruraux, ces beaux quartiers de 1560, isolats sociologiques, pratiquent une vraie ségrégation vis-à-vis des paysans. En 1435, pourtant, au plus profond de la crise urbaine, où Montpellier, ruinée, n'était plus qu'une grosse bourgade, on comptait encore 22 laboureurs au quartier Saint-Firmin. Dès 1544, cette plèbe agricole a disparu du même quartier, devenu totalement bourgeois : les notables ont expulsé la populace.

Quittons Saint-Firmin, fine pointe de la vie citadine, résidence heureuse des classes supérieures. Le reste de la ville en apparaît bien différent; il demeure imprégné de vie rurale, encombré de trous à fermiers, troupeaux de porcs, convois de mules qui charrient les cornues de vendanges, éborgnant les passants dans les rues étroites. Dans ces quartiers, un quart ou un cinquième des habitants taillables exerce la profession de « laboureur » (mot traduit du languedocien *laurador*, qui signifie, dans ce cas, indifféremment, simple brassier, ou véritable laboureur d'araire).

En outre, parmi les non-taillables et non-propriétaires de ces quartiers, très nombreux sont les citadins qui, par métier, sont ouvriers agricoles, « travailleurs », et qui se louent, à deux heures du matin, pour les cueillettes des blés, des raisins ou des olives : peuple rural, disposant d'un consul spécial, le sixième et dernier de la liste, élu des « laboureurs et gens de bas estatz ».

Vers 1554-1556, la situation de ces laboureurs urbains et suburbains, victimes des contradictions insolubles du XVIe siècle mûrissant, n'est pas brillante. Ils sont exclus de quelques beaux quartiers. Mais ailleurs, l'inflation démographique les a multipliés, dans les rues populaires et les taudis : ainsi le quartier Sainte-Croix de Montpellier comptait 26 laboureurs au compoix de 1435 ; mais au compoix de 1544, presque trois fois plus.

Ils sont pauvres : leur taille monte à 1, 2 ou 3 x, ou simplement quelques sous : peu de chose, en comparaison des notables, qui, eux, payent entre 20 x et 120 x de taille. Platter quand son regard quelquefois dépasse le cercle enchanté des « familles » qui forment ses relations, note la situation précaire des agricoles : menus de châtaignes, piquette, pain noir ; chevriers nourris de pain dur ; paysans arriérés déguisés en diables ; fièvres chaudes qui tuent beaucoup de monde en l'année-disette 1555. De fait, les années 1552-1557, où se situe le témoignage de Platter, voient démarrer et culminer un cycle de hausse des grains, dur à passer pour les pauvres gens. En 1552-1553 encore, les prix du blé sont cycliquement bas, la récolte est bonne, l'exportation permise. Dès 1554, mauvaise moisson : l'hiver 1554-1555, que la jeunesse dorée passe en bals, flirts et collations, est fâcheux pour les basses classes : en avril, le prix du grain est doublé par rapport à 1553. Les laboureurs, individuellement ou par groupes entiers, viennent s'endetter, chapeau bas, près des riches bourgeois du quartier Saint-Firmin ; ils empruntent qui cinquante, qui cent litres de grain, pour attendre l'été sans mourir de faim. Cette faim culmine dans les pointes cycliques de 1557-1558, avec peste et disettes.

Tous les laboureurs urbains et suburbains ne sont pas de ce mauvais côté de la barricade sociale : à côté des possesseurs dérisoires d'une mule et d'un araire, on trouve les gros fermiers, participants aux profits élargis du XVIe siècle et à l'exploitation des salariés. Socialement pourtant — même à ce niveau, le plus élevé — il subsiste un fossé entre ces richards de la terre et les vrais riches, marchands ou bourgeois citadins. Les inventaires des notaires, hélas tardifs (on n'en trouve guère avant 1590) marquent fortement cette ségrégation culturelle et ce contraste persistant. Deux exemples, typiques, le feront comprendre.

Entrons d'abord chez Sauvaire Texier, marchand drapier de Montpellier, qui mourra en 1600. Au rez-de-chaussée, la boutique est bien garnie : draps languedociens, draps du Nord (Meaux, Bourges), 250 pièces au total; et des ballots de laine. L'escalier à vis mène aux sept chambres des étages; en outre, Texier a salle, cuisine, grenier, cave. Sur les lits, des matelats de laine. Un coffre plein d'écus : 200 x en ducats, douzains, ducatons. Et des bijoux : anneaux d'or, pierres, jaspes, bracelets, 18 dés d'argent, boîte d'argent, chaîne d'or et vigne d'or. Des robes en drap, des *goulles*, des manteaux, dont le maître s'enveloppe chaudement. Sur le sol, un tapis de drap vert. Des dizaines de chaises, tabourets, escabelles, bancs, archibancs, tous en noyer, bois du riche. Texier aime le vert : robes, tapis, chaises à tapisserie sont verts. Il possède un arsenal personnel : épée, pistolet, *arcabuse*, arc d'archer; un écritoire, et neuf chandeliers de laiton. Et puis, les symboles rassurants de la sécurité matérielle, six douzaines de serviettes, quatre douzaines de draps, des rideaux aux fenêtres; des coffres pleins de froment, de seigle et de pourceau salé. Ses goûts pour les objets d'art sont attestés : un tableau encadré en bois, un bassin de verre peint, et la vigne d'or...

Qui est Sauvaire Texier? C'est le fils d'un laboureur et d'une paysanne. Les sœurs de Sauvaire ont épousé des laboureurs, Martin et Mathieu. Tous ces gens, les Texier, les Martin, sont petits taillables à quelques livres ou quelques sous de compoix au cadastre de Mauguio en 1560 : plèbe agricole, regardée de haut par les grands propriétaires du lieu qui ont, eux, 60 ou 80 x de compoix. Mais le jeune Sauvaire est un *self-made man* : homme d'initiative, il a quitté la terre pour la ville; il a fait fortune, de quoi racheter à son père le mas de Gavot, en 1590; il a pris les goûts de luxe des bourgeois, avec la nuance criarde d'un marchand parvenu; il accède au vrai luxe.

Autre fils de paysan, Pierre Sallagier réside à Mauguio, village natal de Sauvaire Texier. Lui aussi a réussi. Mais à la terre; et comme gros fermier. Il fait valoir, pour l'Ordre de Malte, un beau domaine, à deux pas de Montpellier. C'est un rustre riche en valeurs mobilières; à sa mort (1605), il laissera en héritage seize paires de bœufs (de quoi labourer 150 hectares); plus un haras de quinze chevaux; et 10 vaches, 340 moutons, 28 pourceaux, 5 mules; un jeu de 7 araires, 24 reilles, et quatre charrettes. Ce coq de village est à son aise et il n'a jamais eu faim; mais il vit en gueux, comme tous les paysans, riches ou pauvres. Entrons dans la cuisine, et dans la chambre, où se déroule sa vie familiale. Désolante pauvreté : un lit, une table, deux ou trois coffres, un peu de vaisselle d'étain, six nappes, quelques draps et serviettes. Ni armes, ni tableaux, ni bijoux. Rien qui indique, chez ce riche relatif, le luxe, l'art ou la fantaisie qu'on trouvera parfois, à dose modérée, au foyer des paysans cossus du XVIIIe siècle. Chez lui, pas d'objets culturels, au sens traditionnel de cette épithète.

Sortis d'un même milieu les deux hommes sont séparés par la vie : tout le luxe de Sallagier consiste à se pavaner au milieu d'un immense bétail, symbole antique de la richesse. Texier, au contraire, accède au mode de vie du citadin; nouveau riche, il tente d'exprimer — à l'aide d'objets significatifs et choisis avec soin, sinon avec goût — son appartenance à une élite urbaine, orgueilleuse et fortunée.

Derrière les deux hommes, on retrouve les sociétés, les deux styles de vie, les deux façades : et l'antinomie qui oppose bourgeois et rustres, ville et campagne, et, pourquoi pas, barbarie et civilisation...

Enfin, outre sa bourgeoisie et les hommes de la terre, la ville recèle une troisième force : l'industrie. Textile, drap sont en essor au XVIe siècle. Trois *cardaires* et deux *teisseires* au compoix du quartier Sainte-Croix de Montpellier (1435), quinze maîtres cardeurs et six tisserands à celui de 1544 : les taux triplent, quintuplent en un siècle. Et de nouvelles structures sont apparues. En 1493, des tisseurs catalans sont venus s'installer dans la ville avec leur famille. Les artisans locaux ont mis au point à leur intention tout un matériel : bobines par centaines, grand moulin drapier, avec barrage à double ressaut, où tournent les roues de bois, jantées de fer. Désormais, les draps de Montpellier, flore aux couleurs variées, s'imposent au marché régional; dans les boutiques, après 1519, des tisserands, des cardeurs apparaissent en nombre; leur prolifération n'est pas limitée, tandis que celle des paysans se heurte à la quantité restreinte des terres à défricher.

Ces tisserands, les premiers inventaires de meubles

nous les montrent, vers 1590, dans une vie quotidienne étroite; une seule chambre, parfois deux pièces, où la famille loge et travaille au sein d'un indescriptible encombrement. Deux ou trois métiers à tisser, un ourdissoir, un rouet, tournent au milieu des meubles rustiques : table, lit de camp à paillasse, deux ou trois tonneaux, escabelle, coffre, caisses, pastière à pétrir le pain, lampe à huile unique pour le travail de nuit. Les cardeurs semblent un peu mieux lotis : une salle et une chambre pour le logement (lits, coffres, tonneaux); et au grenier les quatre métiers, chacun à six douzaines de cardes, auxquels travaillent adultes et enfants.

Milieu pauvre, sans trace de luxe : bijoux, tableaux, tapis, rideaux, petits miroirs, répandus chez tous les bourgeois, font ici totalement défaut. Mais l'ambiance culturelle est néanmoins plus stimulante qu'en milieu purement paysan : car, fait décisif, les cardeurs savent signer leur nom.

En bref, trois milieux, trois strates socio-culturelles : d'abord les dominants de la rente, du négoce, des offices; ensuite, les gens de l'artisanat, notamment du textile; enfin les laboureurs et travailleurs de terre. En d'autres termes : les services et la direction de la société (secteur tertiaire); l'activité de transformation (secondaire); la production brute à partir du sol (primaire). Vieille classification, valable dès avant François Quesnay.

Comment vont réagir ces divers milieux — et spécialement le milieu paysan, par comparaison avec les deux autres — au choc du siècle, produit par la révolution calviniste?

Cardeurs huguenots et laboureurs papistes

La base d'une réponse est donnée par un bon document, le « rôle des assistants aux assemblées calvinistes »; assistants taxés par les autorités catholiques, à Montpellier, en novembre 1560. 817 noms, dont 561 avec profession indiquée. Plus qu'un sondage, c'est un vrai recensement. En tête de ces 561 noms, huguenots de la première heure, viennent les artisans; et d'abord, de loin les plus nombreux, ceux du textile : 135 noms, dont 42 cardeurs, qui sont levain actif de la Réforme. Un chroniqueur catholique stigmatise, d'une haine clairvoyante, ces cardeurs à la main poisseuse : « Les premières ordures de Calvin, écrit-il, induisirent peu à peu à cette croyance quelques gens de mestier la pluspart cardeurs de laine et drapeurs-drapans rencontrés au cabaret qui, le verre à la main, apprindrent l'air et la note des pseaumes de Bèze et de Marot et mirent en vogue cet air nouveau : *lève le cœur, ouvre l'oreille*, etc. ». Après ces 42 cardeurs, viennent, au groupe des huguenots du textile, 41 tailleurs ou chaussetiers, 25 tisserands, 5 cordiers, 5 bonnetiers, 9 pareurs de draps, 4 teinturiers, des cotonniers, couturiers, tapissiers, *canabassiers*, chapeliers...

Après le groupe du textile, vient celui du cuir (dont on verra plus loin le rôle catalyseur dans la huguenoterie paysanne des Cévennes). Cinquante-huit noms sur la liste de 1560, dont 33 cordonniers, et des bourreliers, corroyeurs, blanquiers (mégissiers), gantiers, pelissiers, selliers. Puis les métallurgistes, forgerons et couteliers, donnent 45 huguenots. Au total, avec les autres professions artisanales, on compte 387 artisans ou boutiquiers, sur les 561 huguenots, recensés et condamnés. Structure classique : on retrouve là une sorte d'éternelle sans-culotterie des villes traditionnelles, tantôt hérétique, tantôt révolutionnaire, au gré des siècles, mais toujours recrutée dans l'échoppe ou dans la boutique.

Ce groupe d'artisans fournit la masse et comme la piétaille. Quant aux cadres huguenots, en 1560, ils viennent de l'intelligentsia bourgeoise et petite bourgeoise, largement représentée aux assemblées de 1560 : vocations médicales ou juridiques, avocats, notaires, apothicaires, etc., greffiers, solliciteurs, huissiers, clercs. Au total, les professions de tendance intellectuelle fournissent 87 personnes à la statistique de 1560, soit 15 % de l'effectif huguenot, à professions connues : proportion sans doute plus élevée que leur pourcentage démographique dans la population totale. Les marchands, qui sont 24, les nobles et les bourgeois du quartier Saint-Firmin délèguent aussi quelques dizaines des leurs, aux assemblées calvinistes. Parmi ces huguenots riches, on trouve plus d'un notable marrane, à l'âme complexe, aux reniements multiples : le père Catelan, vers 1556-1560, se prononce simultanément et sans souci des contradictoires, pour la circoncision juive, pour la dévotion catholique à la Vierge, et pour l'adhésion aux assemblées réformées !

Artisans, intellectuels, notables : on reste confiné jusqu'ici, dans la sociologie huguenote, aux structures proprement urbaines. Que deviennent donc les laboureurs, les brassiers, si nombreux dans les faubourgs et les quartiers populaires, et qui constituent au total plus de 20 % de la population montpelliéraine?

Leur comportement religieux les classe entièrement à part et les oppose, en fait, aux couches sociales urbaines, notamment aux artisans : la plèbe artisanale sympathise en bloc à la Réforme vers 1560. La masse agricole, au contraire, lui demeure réfractaire, souvent hostile.

Qu'on se reporte à la statistique des réformés de 1560. La part des laboureurs, des brassiers, s'y trouve dérisoire. Si la Réforme les avait touchés, dans la même proportion que les autres groupes sociaux, ils seraient pour le moins 110, ou 120, sur les 561 huguenots à profession connue, puisqu'ils sont 20 % au minimum, dans la démographie locale. Or il n'en est rien : je compte seulement 27 cultivateurs — laboureurs ou brassiers — dans la liste de 1560 : soit 4,8 % du total. Parmi eux, quelques fermiers des grands mas de la plaine, entrepreneurs éclairés, riches, et qui sont en milieu rural les moins éloignés des mentalités citadines; mais ces laboureurs d'avant-garde demeurent encore l'exception, la goutte d'eau dans l'océan d'une paysannerie bien pensante. Quant au prolétariat rural, il demeure dans sa masse, réfractaire à la Réforme. Parmi les 817 huguenots de 1560 se trouvent seulement deux « travailleurs de terre ».

Ainsi, la différence est radicale dans les choix idéologiques : il y a divorce dans une même ville, au sein d'une même communauté, entre le groupe agricole d'une part et les couches artisanales, intellectuelles, bourgeoises d'autre part.

Statistique générale des Réformés de Montpellier, 1560

Profession	Nombre	Pourcentage
		%
Artisans	387	69
Professions intellectuelles	87	15,4
Marchands	24	4,3
Bourgeois	23	4,2
Nobles	13	2,3
Cultivateurs	27	4,8
Total des huguenots à profession connue	561	100
Total général	817	

A Béziers aussi, les structures différentielles jouent à plein : la Réforme y demeure socialement confinée dans son lieu de naissance, urbain et artisanal. Elle n'émigre pas, ne bascule pas vers la masse paysanne, qui reste figée dans sa fidélité catholique.

Ces statistiques sont confirmées par l'histoire vivante et par les manifestations populaires. En 1561, les laboureurs de Montpellier proclament, en corps, leur foi catholique contre les calvinistes de l'artisanat et de la bourgeoisie citadine. Les 4 mai et 11 mai 1561, les « laboureurs de terre » de cette ville et leurs femmes, venus des quartiers populaires se rassemblent; en tête de leur procession marchent leurs filles, aux cheveux déployés sur les épaules (« le poil descouvert et pendant »). Ouvertement, les rustres distribuent le pain bénit. Mais sous leurs manteaux ils cachent des dagues et des sacs pleins de caillous destinés aux huguenots. Des ivrognes et des prostituées se mêlent à eux (dit l'historien calviniste). Tous revendiquent la messe et la danse. Tous crient : « Nous danserons en dépit des huguenots ». Car les laboureurs veulent célébrer les réjouissances populaires du mois de mai, les vieilles *Maïas* languedociennes, folkloriques et médiévales : fête de l'âne, chants burlesques, paillardises, danses, fleurs et mascarades. Or les huguenots, par austérité déjà puritaine, ont interdit ces fêtes et proscrit la danse. Chez les laboureurs de Montpellier, le sens de cette révolte est clair; elle irrite Calvin dans ses lettres genevoises. Elle aurait enchanté Max Weber. Deux mondes s'affrontent et deux cultures : d'une part un monde agraire, fiché dans la ville comme un corps étranger : il tient aux dévotions anciennes, catholiques; et il réclame, dans sa vie pauvre et fruste, la libre expression des instincts, la joie de vivre et de danser, aux dates coutumières; d'autre part, un artisanat citadin, huguenot, et prônant déjà l'ascétisme dans la vie séculière — cette ascèse, qui par Calvin, et plus tard, les puritains ou les jansénistes, s'imposera peu à peu, comme une norme, aux petits bourgeois des temps modernes, refoulant et sublimant leurs pulsions instinctuelles...

Entre ville et campagne, et surtout entre laboureurs et artisans, le décalage religieux des origines est donc révélateur d'une dissociation morale et culturelle, celle-ci facilement dénoncée par une statistique des signatures.

Méthode : au XVIe siècle, je note, aux actes notariés,

trois grandes catégories de signatures. D'abord, la signature réelle, en toutes lettres : tantôt aisée, cursive et moderne, triomphante et paraphante; tantôt ânonnée, par lettres minuscules non reliées entre elles; à la limite, composée de capitales disjointes, péniblement juxtaposées : par exemple, I.VESI (Jean Voisin). Dans toutes ces versions il s'agit bien d'une signature vraie, livrant l'intégralité d'un nom d'homme.

Deuxième catégorie, plus fruste : la signature se borne aux initiales, posées en capitales d'imprimerie : celles-ci normalement séparées : PV (Pierre Vidal) ou accolées AB (Anthony Bonnet) ou bizarrement combinées BL (Loys Belshoms) ou réduites à l'unique : M (Pierre Martin).

Enfin, en troisième catégorie vient la « marque » significative de l'analphabétisme intégral : elle peut être géométrique ou professionnelle. Ainsi pour les artisans, graffiti de marteau; pour les laboureurs, reille ou râteau. Très souvent la marque est une croix; ou bien, au niveau. le plus bas, un gribouillage, avec pattes de mouches et pâtés

Donc, trois degrés : marque, initiales, signature vraie. Ces degrés jalonnent une transition de l'analphabétisme à la culture élémentaire. A Montpellier, c'est tardivement, vers 1570-1575 que les notaires commencent à enregistrer les signatures, désormais posées au bas des actes, en constellations significatives. Voici l'un de ces anciens registres (1574-1576).

Du premier coup, la différence s'y marque entre milieux sociaux : d'abord les laboureurs qui viennent quêter un prêt, contracter un bail. A 72 % d'entre eux, le tabellion accole, en conclusion d'acte, une mention brutale : « ne sçait signer ».

Chez les artisans, clients du même notaire, en ce registre, la proportion est inverse : 63 % ont la signature intégrale (catégorie 1), 11 % se servent des initiales (catégorie 2). Le reste, soit 26 % se compose d'analphabètes, qui utilisent les marques, ou bien sont affligés de la mention « ne sçait signer » qui contraint le notaire à recruter des témoins pour signer à leur place.

Les maçons se situent souvent dans la catégorie inculte. Les cardeurs sont plus souvent dans l'espèce instruite des artisans à signature entière (et nous savons par ailleurs qu'ils sont perméables à l'hérésie, fille d'instruction). Les laboureurs, au contraire, sont allergiques à la culture comme à la Réforme; aux rudiments de l'écriture laïque comme au renouveau de l'Écriture sainte.

A ces premières données, la documentation ecclésiastique apporte une confirmation décisive : là, dans les baux des chanoines à partir de 1570, tout le monde signe, ou marque. Et les prolétaires agricoles fourmillent, bien plus nombreux, relativement, que dans les clientèles notariales. Un tel sondage atteint jusqu'aux couches profondes, dans la société populaire.

Nous sommes au pays de Béziers, de Narbonne, entre 1575 et 1593, à l'aube des premières signatures enregistrées. Voici au fil des actes : les « travailleurs », scieurs de blé ou faucheurs de foin; les laboureurs, fermiers des grands mas; les artisans, leveurs de dîmes à leurs moments perdus; les marchands, fermiers d'argent des prieurés.

Premier test, la formidable ignorance du prolétariat rural : c'est l'inculture de masse. 90,1 % des ouvriers agricoles signent d'une marque, en ces années 1575-1593, quelquefois d'une marque en croix ou en reille, plus souvent, d'un gribouillage informe. Voici Bernard Bieu, travailleur narbonnais, qui en 1575 loue ses bras pour *enfaysser* les foins des plaines; sa marque est curieusement tremblée : 

Autres marques, fraternelles :  (les frères Nozières, qui moissonnent à La Bastide en 1576);

Marque vermiculaire :  Doumenge Lafont, travailleur aux foins du chapitre, en 1576).

D'autant plus méritoires sont les efforts d'une minorité parmi ces brassiers : 7 % des « travailleurs » mis en cause dans ces registres réussissent péniblement à signer par initiales, plus ou moins correctes; ainsi : B F (*sic*) : Bertrand Teyssier, travailleur aux foins du dîme des plaines en 1575.

Enfin, 2,9 % signent vraiment, quoique avec maladresse : par exemple, Antoine Rech, travailleur de Narbonne est chargé d'*enfaysser* les foins en 1581 : il signe ARech.

Bilan : en pleine cité narbonnaise, neuf prolétaires agricoles sur dix demeurent spirituellement étrangers aux civilisations de l'écriture, à leurs prestiges et à leurs profits; étrangers aussi aux idées nouvelles que véhicule, au XVIe siècle, le retour à la religion scripturaire.

Dans le groupe des laboureurs (fermiers, métayers, petits propriétaires, exploitants) l'analphabétisme est moins total. Il demeure très élevé : sur 100 laboureurs de ce groupe, qui sont en affaires avec les chanoines, 10,4 % seulement signent à pleine signature. Un quart à peine (24,1 %) use d'initiales, souvent maladroites : « dyslexiques », ils retournent le N, ou bien ils barrent les I ou ils commettent simultanément ces deux fautes; ils collent les lettres ou bien ils les emmêlent en rébus...

Enfin, deux laboureurs sur trois (65,5%) utilisent la marque, témoin de l'analphabétisme intégral. Seule différence par rapport aux marques des prolétaires : celles des vrais laboureurs ne sont pas gribouillées, mais d'une raideur d'équerre, géométriques et respectables; aussi compassées qu'ignorantes. D'autres utilisent la croix des rustres comme Pierre Villeneuve, métayer en 1587 : +; parfois l'étoile de David. Encore ce groupe, aux deux tiers inculte, forme-t-il une élite, celle des exploitants suburbains, auxquels les notables narbonnais confient de lourdes responsabilités, et des domaines de 100 hectares. Ces chefs d'exploitation résident près des villes, fréquentent les bourgeois pour affaires, et coudoient ainsi le monde minuscule et privilégié de l'écriture. De là vient l'existence, dans leurs rangs, d'une petite minorité instruite. Mais dès qu'on s'éloigne des villes, dès qu'on enfonce en campagne et en montagne, les laboureurs, en bloc, sombrent dans l'ignorance la plus crasse, et ils rejoignent, dans l'inculture totale, leurs « frères inférieurs » du prolétariat. Voici en 1579-1580, onze consuls, paysans modestes, venus de différentes paroisses rurales, du Narbonnais et du pays de Sault : sur les onze griffes, dix marques, significatives, d'illettrés totaux.

Ainsi la terre nie farouchement l'écriture, entre 1550 et 1600. Les structures citadines, en revanche, laissent pénétrer sa lumière : en 1575-1589, sur 100 artisans de Narbonne ou des alentours, en affaires avec le Chapitre, 34 ont signature complète, et parfois élégante, 33 usent d'initiales. Les gens du dernier tiers, enfin, sont analphabètes : ils utilisent des marques, graffiti purement symboliques. En d'autres termes, les deux tiers des artisans s'élèvent à un niveau de culture auquel n'atteint qu'un dixième des ouvriers agricoles et que le tiers des laboureurs.

Parmi ces artisans, les corporations les plus éclairées sont celles des bouchers, des apothicaires, très proches de la bourgeoisie; mais les hôtes, les tailleurs, les cardeurs et gens du textile comptent aussi beaucoup d'hommes instruits. Dans le bâtiment, la géographie des signatures reproduit l'opposition ville-campagne : les maçons des villages narbonnais « signent » d'une équerre, d'une truelle, ou d'un cœur; les maçons et *gipiers* (plâtriers) de Narbonne, eux, ont signature pleine et entière, ou pour le moins des initiales. De même, la métallurgie compte, face aux maréchaux illettrés qui signent d'un marteau, toute une élite intellectuelle à belles signatures : chaudronniers, *martinayres*, espaziers, potiers d'étain, hallebardiers...

Ouverture à la culture, ou désir de la posséder, voilà qui élève bien au-dessus du paysan arriéré l'artisan actif des sociétés urbaines. Voilà qui rapproche ce dernier du groupe le plus instruit, celui des bourgeois et des marchands, alphabétisés à 98 %. Voilà finalement qui achève de différencier ville et campagne, au cœur même des anciennes cités.

Conclusion d'une étude différentielle : la campagne, le monde rural, au moins dans un premier stade, est un monde bloqué : blocage des productions qui conduit au paupérisme des masses; et blocage des consciences, par défaut d'instruction élémentaire; après tout, les maîtres d'école sont relativement rares dans ce milieu paysan, et leur enseignement n'est pas gratuit. Seule une minorité de laboureurs, et moins encore de travailleurs, envoient leurs enfants régulièrement à l'école. Les autres s'en abstiennent, faute d'argent et faute d'ambition. A la terre le dénuement culturel rejoint ainsi la pauvreté matérielle.

La ville, en revanche, multiplie les richesses mobilières, elle supprime dans son secteur étroit la malédiction des pénuries foncières; la ville distribue les occasions de profit, la soif de gain, le désir de culture. Non pas la ville des laboureurs, figés dans l'ignorance et les folklores agraires; mais bien la cité grandissante, « celle des artisans et marchands que la prospérité multiplie », celle qui « offre au calvinisme et à ses dérivés leur base sociale naturelle ».

En Cévenne : le ralliement des rustres

L'opposition ville-campagne constitue souvent pour la Réforme un obstacle décisif et durable : ainsi à Béziers, à Montpellier, en 1560 et encore en 1590-1600. Pourtant cette opposition n'est pas toujours insurmontable; elle ne représente qu'un premier « moment » dans la pénétration des idées. Et dans certaines régions ce premier stade est finalement franchi. Alors les huguenots des petites villes, les artisans calvinistes, réussissent « la percée » en direction du milieu paysan. Et ils font basculer la masse rurale dans le camp réformé. C'est le cas des Cévennes, cas si extrême que Théodore de Bèze lui-même s'en émerveille, quand il relate la prédication cévenole sous le règne d'Henri II : « Ce fut en ce même temps, écrit-il, que ceux des montagnes des Cévennes (un pays aspre et dur, s'il y en a un en France, et qui pourroit sembler des moins capables à recevoir l'Évangile par la rudesse de l'esprit des habitants), receurent néanmoins avec une merveilleuse ardeur la vérité », au point que « quasi tout le commun peuple » adhéra au Calvinisme. En fait, ce « commun peuple » des Cévennes, artisans et paysans réunis, manifeste une telle vigueur pour abattre les croix et brûler les idoles, qu'en 1561 Calvin lui-même doit rappeler à l'ordre ces huguenots montagnards, trop révolutionnaires à son gré.

Que s'est-il passé? Comment expliquer la création dès 1530-1560 de ce bastion cévenol, indéracinable, où le calvinisme a plongé en France ses plus fortes racines paysannes. Pourquoi les vallées des Gardons sont-elles devenues dès 1560 autant de rues des pasteurs?

Impossible d'invoquer dans leur cas l'ancienneté d'une tradition hérétique, sorte de levain des hérésies nouvelles : ni le catharisme, ni le Valdéisme n'ont joué au Moyen Age un rôle important sur les rives des torrents cévenols (1).

Plus que le poids des morts, importe la situation des vivants. La conversion des Cévennes est d'abord une adhésion d'artisans, plus influents et plus nombreux qu'ailleurs.

Et la structure sociale ici joue en faveur d'une osmose avec le monde paysan : les gens de métier, spécialement

(1) Le Valdéisme de la Durance a cependant joué, autour de 1530, un rôle capital de relais, vers la Cévenne.

les artisans du cuir, plantent jusqu'en pleine campagne les principes de la Réforme huguenote.

Qu'on se reporte aux listes de réfugiés à Genève, dans les années 1549-1560. Elles comportent une forte proportion d'hommes des métiers. Et dans ce groupe artisanal, les cordonniers viennent en tête, pour l'ensemble du premier refuge français. Chez les exilés venus de Nîmes, Annonay, Aubenas, dans ces villes situées au débouché des vallées cévenoles, les savetiers aussi forment la plus nombreuse des corporations huguenotes. Mais remontons maintenant les vallées; pénétrons au cœur vivant de la Cévenne calviniste, dans ces régions d'Alès et du Vigan, qui seront plus tard l'une des forteresses camisardes. Là, les métiers du cuir, et spécialement les cordonniers, n'ont pas seulement la primauté numérique. Ils représentent en 1549-1560 la majorité absolue des exilés à Genève. Sur 47 réfugiés cévenols dont on connaît la profession on note, à côté des tisserands, chaussetiers, laboureurs, médecins, libraires et boulangers, 24 personnes de professions du cuir (dont 22 cordonniers); soit 51 % du total.

Phénomène unique, et spécial à ce triangle des hautes terres calvinistes compris entre Mende, Alès et Ganges. On n'en trouve l'équivalent nulle part. En Cévenne, artisans et cordonniers, auxiliaires irremplaçables des ministres, contribuent à semer la Réforme dans les villages perdus. Et leur action est la plus durable, la plus efficace qui soit : elle s'appuie d'abord sur une structure socio-professionnelle d'avant-garde qui confère toute son importance dans les Cévennes à l'artisanat rural ou semi-rural. Si les artisans et cordonniers huguenots sont spécialement nombreux dans la première émigration cévenole, celle de 1549-1560, c'est tout simplement parce qu'ils forment un groupe massif et actif dans la population montagnarde, enracinée sur place.

A défaut de compoix, comparons, notaires en main, les structures professionnelles en 1555-1560 à Ganges, bourgade cévenole et déjà clandestinement calviniste, et à Béziers, communauté de plaine, à large prépondérance catholique. L'écart est saisissant : Ganges est ville d'industrie; 48,6 % des clients de l'étude notariale sont artisans, dans les principaux secteurs de transformation : cuir, textile, bois, fer; dans ce groupe, les gens du cuir, tanneurs et cordonniers, viennent en tête (23,8 %); suit le textile, cardeurs, drapiers, tisserands, tailleurs (19,9 %); fer et bois ferment la marche (4,9 %). Groupe artisanal compact : il est nettement dominé par l'aristocratie des tanneurs. Hommes d'affaires calvinistes aux beaux prénoms bibliques, ceux-ci s'empareront peu à peu du marché du cuir, de la montagne au littoral; et leurs successeurs du XVIIe siècle, corroyeurs riches à 100 000 x et davantage, enverront leurs fils étudier à Paris, prestige suprême. Dès la génération de 1560, en tout cas, l'influence des gens de métier à Ganges semble décisive sur les brassiers des faubourgs et les laboureurs des grands mas (ces deux catégories représentant 16,8 % de la clientèle notariale). En 1580, on ne comptera plus, dans la communauté gangeoise forte de cinq cents feux, que quatre familles catholiques.

Au contraire, à Béziers, le secteur « secondaire », celui des quatre grands de l'industrie traditionnelle (cuir, textile, bois, fer) est faiblement développé : dans la clientèle notariale, à la même époque, il ne forme que 20,6 % de l'effectif total. Bien moins que le groupe des prêtres, des nobles, des marchands, qui détient ici l'influence sociale décisive.

Béziers incarne les bourgades du bas pays à prépondérance de paysans traditionalistes et de notables. Ganges au contraire symbolise une structure cévenole où l'artisanat tient le nombre et fait la loi. Confirmation : voici Saint-Jean-du-Gard, bourg de Cévenne (2 000 habitants) perdu dans ses châtaigniers au milieu du XVIe siècle : la clientèle du notaire local en 1555 se compose pour 23 % de cordonniers et coyratiers (tanneurs), pour 10 % de gens du textile (chaussetiers, cardeurs, couturiers), pour 11,3 % d'artisans du bois (fustiers) qui bâtissent des tonneaux..., seulement 2 % d'ecclésiastiques dans ce total, alors que je compte la même année 15,6 % de chanoines, prieurs, prébendiers, dans la « clientèle » notariale de Béziers. Ici aussi l'artisanat, un artisanat révolutionnaire, à haut potentiel idéologique, domine presque seul la masse rurale avoisinante. Quoi d'étonnant si la sociologie du refuge genevois calque, en l'exagérant, la structure socio-professionnelle du bourg. Saint-Jean-du-Gard en 1549-1560 donne à Genève quatre exilés dont un laboureur et trois artisans du cuir...

Nous voici maintenant au terme du périple social, effectué par les idées réformées. Elles ont volé de Genève à Lyon, et de Lyon en Languedoc, portées par les ministres, les étudiants, les colporteurs de bibles et les muletiers du Rhône. Elles ont gagné les chambres des tisserands et des cardeurs; aux Cévennes, où les cordonniers lisent la Bible en tirant l'alène, elles ont germé dans la crasse des échoppes, et dans l'infection des tanneries; dans les boutiques aussi, d'où les artisans crient « Voilà Jean Blanc » au passage du prêtre, portant l'hostie. Aux villes subcévenoles, en 1561, ces idées contaminent la masse des paysanneries citadines (dont les homologues demeurent, plus à l'ouest, décidément réfractaires à Calvin)... Un dernier stade reste à franchir : celui de l'osmose paysanne intégrale. Car, la Réforme, en fin de course, frappe à la porte des grands mas cévenols. Elle sollicite, près des bergeries voûtées, les vastes familles rurales. Quelques textes, trop rares, éclairent cette ultime péripétie.

Le hameau de Lancyre se trouve au pied du pli sauvage de l'Hortus, avant-poste des serres cévenoles. C'est aujourd'hui un écart agricole, groupe de maisons fiché sur une butte calcaire. Au XVIe siècle, quand l'expansion démographique, tout juste commencée, n'a pas encore fait exploser l'unité du mas, c'est une ferme isolée, le mas de Lancyre, où vit une famille élargie, clan ou frérèche, les Jean : ces Jean forment en 1563 plusieurs couples de « pariers et communs en biens » parmi lesquels le chef de famille, Jean Jean, qui exerce expressément « le gouvernement de la maison »; Louis Jean, son fils ou frère cadet, n'entreprend rien sans consulter ce maître.

Les Jean de Lancyre exploitent un vaste domaine : 314 hectares dont 264 hectares en pacages à moutons et 50 hectares de labours.

C'est une famille de laboureurs aisés, prolifiques, instruits : son chef Jean Jean est désigné, en 1555, comme premier de liste, parmi les « prudhommes » chargés de rédiger le compoix global des six villages voisins; les Jean font partie de l'aristocratie intellectuelle des laboureurs. En 1590 encore, ils mènent des procès. Et ils investissent, avec les bras de la famille, et peut-être avec l'argent que rapporte le mas : en 1558, ils bâtissent une nouvelle bergerie, d'autres granges à paille et porcheries.

Or vers 1560, cette famille riche, éclairée, adhère en bloc selon les paroles de Louis Jean, « à la Religion réformée selon la Parolle de Dieu, et au saint Évangile. » Et sur la question décisive de la dîme, la frérèche fait front : en 1563, le prieur vient réclamer la dîme de Lancyre, refus : il est expulsé. Louis Jean ne payera, dit-il, qu'aux gens du Saint Évangile, non au prieur « duquel n'a jamais receu et ne reçoit doctrine d'ediffication. » Le fermier décimal porte plainte...

La Réforme, propagée au départ par l'artisanat démocratique des cités, vient donc se couler, avatar final, dans les structures autoritaires et patriarcales de l'avant-pays cévenol et subcévenol.

Évolution semblable, au sein des grand domaines montagnards à direction capitaliste. Dès 1555, les ménagers convertis dans les mas, font pression sur leurs domestiques pour les contraindre au culte réformé. Et voilà que s'instaurent, dans leurs relations d'entreprise, de nouveaux rapports humains (ou inhumains) marqués du plus pur esprit calviniste. Ces rapports nouveaux, Olivier de Serres, le ménager huguenot, les a décrits dans un chapitre de son *Théâtre*. Il y dresse, à partir de son expérience et des leçons de Calvin, qu'il a directement suivies à Genève, le portrait farouche du « Père de famille », propriétaire exploitant dans la Cévenne vivaraise à la génération 1560-1590. Le père mène rudement ses valets; car il connaît, par prédestination, leur « perverse humeur », la « générale brutalité qui les rend sots, négligents, sans vergogne, sans amitié »; il sait « le sauvage et pervers naturel de ses mercenaires, pleins d'inconstance et sans honneur », leur « générale desloyauté », « l'imperfection des gens de service », « leur antique rebellion et désobéissance », « le mal causé par leur mauvais naturel ». Au nom de la prédestination calvinienne, expressément invoquée par trois fois, et dont la notion sous-jacente interprétée sans nuances affleure presque à chaque ligne du texte, l'agrarien cévenol élève, contre les prolétaires ruraux qu'il emploie, le plus atroce des réquisitoires : « hommes de nul prix..., esprits de plomb, dans des corps de fer »; ou tout simplement « putains et larrons », « lie du peuple » qu'il faut boire, calice en main, et par nécessité. Comme il se doit, parmi ces réprouvés, Olivier a rencontré, deci-delà, dans sa carrière quelques *élus* : « quelques uns de ces pauvres gens, ont de bonne conscience, mais leur nombre est si petit. Méfiez-vous même de ceux-là. »

Ces appréciations pessimistes dictent la conduite de l'employeur, agressive et méfiante : il chasse de son domaine « les vagabonds, bouffons, gens de néant »; tous les ans ou tous les deux ans, il fait place nette et change de valets. En cas de faute, il congédie les grands serviteurs, bat et châtie les petits. Il contraint son monde à la chasteté, sévit contre la paillardise, qui est le pire des maux; pendant les repas de ses gens, il réprime de « l'anti-cuisine » où il se tient, « l'excès de licence » et les cris folâtres des bouviers et servantes. Lui-même en revanche se compte au rang des élus. En bonne conscience, il jouit de son bien, de sa femme, tous deux « donnés par Dieu ». Il sent en lui l'appel irrésistible d'une vocation, d'un *Beruf* terrestre : Olivier dit qu'il vit « en office » ou encore « face à sa charge » imposée par le Seigneur, et dont il se rend digne. L'agriculture n'est-elle pas « l'occupation la plus sainte et la plus naturelle des hommes, commandée par la bouche de Dieu ». Notre homme entre en agriculture, comme d'autres entreraient en religion; et dès 1600, avant les Puritains, Olivier développe la pensée implicite de Calvin, et il définit le profit d'entreprise comme critère terrestre de l'élection divine : « Étant votre maison recognue pour celle de Dieu, Dieu y habitera y mettant sa crainte; et la comblant de toutes sortes de bénédictions vous fera prospérer en ce monde, comme est promis en l'Écriture ». Il se réfère au Vieux Testament : « Si tu obéis à la voix du Seigneur, bénies soient les portées de tes vaches, bénies soient ta corbeille et ta huche ». D'où l' « effrayante santé morale » de cet agronome et de ses pairs. Pour accroître ses profits, voulus par Dieu, il vend son blé après Noël au prix fort du printemps, « fermant ses greniers lorsque le prix du grain se ravale, pour les réouvrir à prix raisonnable ». Il paye ses ouvriers comme il le dit « le plus petitement possible » sans remords ni cynisme; même il retient une part de leurs gages pour les attacher à son service. La bonne conscience d'un certain calvinisme d'affaires rejoint les données de fait de l'appauvrissement salarial vers 1590-1600, et elle vient à point pour servir de justification à celles-ci.

A défaut de bon salaire, le père de famille se préoccupe, sans illusions, du salut de ses gens; bible en main il les prêche : « Craignez Dieu, suivez la vertu, fuyez le vice ». A coups d'exhortations et de pain dur, il leur inculque l'épargne bourgeoise, l'ascèse dans le siècle, qui mène à l'ascension sociale.

On chercherait en vain ces préceptes et ces comportements chez les agronomes parisiens, italiens ou catalans. Olivier innove radicalement par rapport à eux, car il généralise une expérience humaine, sociale et religieuse, sans précédent en pays latin; et les dix-neuf éditions du *Théâtre*, réalisées entre 1600 et 1674, répandront à travers la France l'étonnant « modèle », formé en Cévenne et en Vivarais, du chef d'entreprise agricole, initié par l'éthique huguenote au premier esprit du capitalisme...

Artisanat des bourgades, démocraties vigneronnes et agricoles des faubourgs, oligarchie paysanne ou capitaliste des fermes isolées, prolétariat des domestiques : la conquête des âmes s'achève très tôt de gré ou de force vers 1570-1590, dans la Cévenne calviniste; à la fin du siècle, beaucoup de paroisses ne comptent plus qu'une ou deux familles catholiques. Et la personnalité paysanne elle-même est affectée par cette conversion massive. Dans les communautés, comme à Ganges (1570-1600), ministres et anciens organisent de façon impitoyable (à l'imitation de Genève) la délation moralisatrice, avec taxations, monitoires, confessions et réparations publiques humiliantes. Les consistoires peuplés d'artisans « à la main mécanique et poisseuse » postent des espions sur les remparts; ils ont des yeux dans les jardins, dans les mas et dans les chambres; et les lits ont des oreilles. Aux délibérations consistoriales, revient sans cesse la dénonciation monotone : Un tel « a palhardé, forniqué, couché dans le lict » d'une telle; les tabous sexuels s'aggravent. Les coupables font amende honorable et publique. Les « putains des hameaux » sont pourchassées. La messe, la danse, les ris, les jeux de quilles et de cartes, les fiançailles trop longues et trop tendres, la débauche des servantes, l'avortement, la vanité des femmes et les querelles des hommes, les conceptions prénuptiales et les sortilèges des gitans sont indifféremment proscrits, avec douceur quand il s'agit de nobles; sans ménagements, pour le peuple rural. Seules l'usure et l'exploitation de l'homme par l'homme — pourtant florissantes en fin de siècle aux Cévennes — échappent complètement aux foudres du consistoire : celui de Ganges n'a pas une seule fois en quinze ans censuré un usurier, un patron tanneur ou un ménager trop avides, à l'égard de débiteurs ou d'ouvriers.

On peut discuter à l'infini des théories sociales du Calvinisme. Sa pratique historique en France du Sud vers 1590, ne fait aucun doute : c'est la restriction formelle au plaisir et la tolérance tacite à l'usure; c'est l'ascétisme par proclamation et le capitalisme par prétérition. Et c'est la création d'un nouveau type d'homme, à la personnalité remodelée.

Le Cévenol de 1500, paillard et gaillard, épris de danse jusqu'à la folie, papiste, superstitieux et sorcier, sombre dans la nuit de l'oubli et dans les profondeurs du subconscient. Un peuple nouveau naît, formé par les huguenots : religion épurée des rites magiques, *libido* censurée, épargne bourgeoise et liberté chrétienne. Ce peuple est triste et libre : il survivra, tel qu'en lui-même, bien au-delà des Camisards, jusqu'aux gestes paysannes d'André Chamson, jusqu'aux romans de Zola : on pense à ce propos, dans *Madeleine Férat*, au personnage de la Gouvernante, la vieille Cévenole, armée d'une bible terrifiante à garnitures de fer. Et l'on évoque une autre histoire, tellement plus vaste et tellement semblable : celle qui conduit de la *Merrie Old England* à l'Angleterre puritaine.

CHAPITRE II

L'OFFENSIVE HUGUENOTE ET LA TERRE DES PRÊTRES

L'hérésie progresse et souvent triomphe; elle est guidée par les lignes de force du champ culturel; elle est portée par les intellectuels, et par les plèbes artisanales. Dès 1550-1560, elle parvient, ici et là, aux sociétés, aux bourgeoisies rurales, aux patriarcats, aux paysanneries. Les conceptions huguenotes, purement religieuses dans leur origine et dans leur principe, se chargent, en cours de route, « en pénétrant les masses », d'une force matérielle et d'un potentiel affectif et révolutionnaire. Exercent-elles une action, suggèrent-elles une direction, face aux problèmes sociaux et à la question agraire, aggravés par la poussée du siècle?

Les affamés du Temporel

Mars-avril 1560 : premières insurrections réformées, à Nîmes et Annonay, en pays subcévenol, infecté par l'hérésie. La guerre religieuse s'allume, pour quarante ans. Et du même coup, dans une société laïque affamée de terre, où défricheurs, familles nombreuses, et rassembleurs fonciers, bien incapables d'élever leurs rendements à l'hectare se ruent depuis soixante ans, sur les nouveaux sillons, sur les derniers lopins, le problème des biens d'église est posé, c'est à qui prendra le « temporel » du clergé.

Là, comme ailleurs dans toute société traditionnelle, la question de la terre est au centre du processus révolutionnaire. Et les champs des prêtres font cible de choix, aux besoins du fisc, et aux rancunes des sans-terre. Car depuis 1500, l'église jouit, dans une stabilité heureuse, de ses revenus réels, rente et dîme, indexés sur l'inflation. Elle épargne, elle accumule des capitaux, elle les transmute en biens-fonds; préservée du morcellement par la mainmorte, elle conduit un lent dessein d'impérialisme foncier. A Béziers par exemple, la liste des acquêts terriens, réalisés par le Chapitre cathédral est impressionnante après 1500, par la continuité, sinon par l'ampleur jusque vers 1550.

D'où l'idée-force qui germe avec les tentations du calvinisme : reprendre ses terres au clergé. Ce projet s'accorde aussi aux désirs des bourgeois, aux réflexions calmes des légistes : car la chute du grand parti de Lyon, et la faillite ont jeté bas les finances royales. Pourquoi ne pas faire supporter à l'Église les frais de la restauration financière : on vendrait les biens du clergé aux plus offrants, aux riches; on mettrait le produit de la vente à la disposition du Trésor, on répéterait en France l'acte d'Henri VIII, confisquant les biens des monastères.

La question est posée aux États du Languedoc, réunis à Montpellier, en mars 1561. Pivot du débat : les biens d'église. Certes, les commissaires du Roi hésitent sur ce point; et leurs propositions sont mitigées : il faut reprendre les biens du clergé? soit, mais pas en totalité; seulement, disent les commissaires, dans la proportion nécessaire au rachat du domaine royal, des aides et des gabelles, engagées aux financiers par le trésor obéré. Et si les propositions du roi sont ratifiées par les États, le peuple prendra lui aussi, aux côtés du clergé, sa part du déficit national, par le biais, classique en France, de l'impôt de consommation : car on augmentera le prix du sel, on imposera le vin. En somme : taxer le clergé, taxer le peuple. Un coup à droite, un coup à gauche.

Ces projets royaux déterminent un clivage, dans l'assemblée provinciale de 1561. Le clergé quant à lui, accepte : il fait la part du feu. Il veut bien racheter — par la vente forcée au profit du Trésor d'une part de ses terres — les aides, gabelles et domaines. Mais il est débordé par l'ardeur de la bourgeoisie.

Dès l'audition terminée des lettres du Roi, intervient en effet, Claude Terlon, célèbre avocat toulousain, *leader* du Tiers État du Languedoc, et vaguement sympathisant à la Réforme : il demande que le Tiers se réunisse à part, pour délibérer librement, hors la présence des deux autres ordres. De ces assises séparées du Tiers État régional, surgissent des motions révolutionnaires; et face aux concessions timides du clergé éclate l'intransigeance bourgeoise; par la voix de Terlon, le Tiers « conclud et arreste que le Roy doibt fere vendre le temporel de l'Église »; à la seule exclusion de la « maison principalle » des prélats ou autres ecclésiastiques. Exception sans importance : car dans les bénéfices de l'Église, le plus clair du revenu consiste en dîmes et métairies, situées bien loin du « siège central ».

L'essence bourgeoise et révolutionnaire des projets Terlon apparaît clairement dans sa seconde proposition, elle aussi ratifiée par le Tiers : celle-ci implique que les marchands, les bourgeois des bonnes villes seront désormais promus vrais maîtres et payeurs de l'Église de France : Terlon envisage la création de budgets municipaux des cultes, et la transformation des bénéficiers en fonctionnaires salariés, appointés par les consulats urbains. Il prévoit une sorte de « constitution communale du clergé ».

Dans son plan de liquidation des biens d'Église, Terlon s'appuie sur des forces sociales diverses : d'abord sur la fraction huguenote du Tiers État dont le porte-parole mandaté, aux États de Languedoc en 1561, est l'avocat Chabot, de Nîmes. Chabot soutient Terlon; il attaque aux États l'ignorance et la corruption des prêtres; il demande qu'on fasse retomber sur eux les charges fiscales, pour dédommager le peuple des maux « qu'ils ont causés par leurs vices. » Derrière lui, on sent frémir le petit peuple nîmois, qui l'a délégué : cardeurs, cordonniers, tisserands, brassiers de cette ville, dès les cahiers de 1561, demandaient le séquestre d'une part des terres de l'Eglise. Chabot utilise aussi la pression de la rue; pendant qu'à Montpellier, il parle aux États, une foule calme l'attend au dehors, prête à intervenir en sa faveur : quand, ayant parlé, il a quitté la salle, « ce peuple se retire sans bruit ».

Une fraction de la noblesse, en même temps, l'appuie car elle veut sa part, dans la curée des biens d'Église; et cette part lui est expressément réservée par Terlon, qui veut donner à son projet le soutien des privilégiés.

Ce soutien était acquis, déjà, aux États d'Orléans (1560), où Tiers et Noblesse faisaient front commun sur les biens d'Église. Et en 1561, aux États provinciaux de Montpellier, Crussol, duc d'Uzès, vole au secours de Terlon et de Chabot; il se charge de porter à la Cour, à la Reine, les vœux finalement adoptés par les États : vente des terres du clergé, tolérance pour l'hérésie. Le duc d'Uzès n'oublie pas, dans cette affaire, ses propres intérêts. Quelques années plus tard, de belles seigneuries ecclésiastiques, achetées à vil prix, viendront arrondir ses domaines et récompenser son zèle de néophyte huguenot.

Chabot, Terlon, Crussol; huguenots, légistes, gentilshommes : une alliance se noue, pour dépouiller l'Église. Elle spécule sur les besoins d'argent du Roi. Elle s'appuie sur le sentiment populaire. En Languedoc, cette alliance est plus vive et plus radicale que dans le reste de la France; les bourgeois parisiens, le Tiers État picard sont bien plus timorés que ces notables languedociens, qui montent sans peur à l'assaut de la terre de Dieu; à Abbeville, à Paris, le Tiers en 1560-1561, demande certes un prélèvement partiel sur la fortune cléricale; il n'ose pas revendiquer l'aliénation totale de celle-ci.

Aux États de Pontoise (août 1561), la fougue languedocienne l'emporte sur la prudence parisienne : le projet Terlon, formulé à Montpellier en mars, est repris à peu près intégralement par l'ensemble du Tiers État français : naïvement ravis, « joyeux d'accepter du temporel de l'Église », les délégués du Tiers, à Pontoise, proposent l'aliénation des biens de clergé et la création, à la Terlon, de budgets municipaux des cultes, dont le capital sera fourni par le surplus du produit de la vente des biens cléricaux, une fois éteintes les dettes de l'État. Ce capital lui-même sera prêté aux bourgeois « à rente et intérêts raisonnables ». Double utilité : ces intérêts permettront de salarier les prêtres; et les capitaux prêtés, injectés dans l'économie, « accroytront les négoces et traffiques de marchandises du royaume ».

Ainsi mobiliser la terre, ensevelie dans le sommeil des mainmortes; mobiliser l'épargne et du même coup faire baisser le taux de l'argent, devenu « raisonnable »; en fin de compte, relancer le commerce : telle est l'essence, l'économie bourgeoise et révolutionnaire, du projet Terlon, formulé d'abord par un avocat du Midi, puis gaiement assumé par le Tiers, à l'échelle nationale.

Mais la monarchie n'est pas audacieuse au point d'accepter tel quel un pareil plan. Elle se borne, en 1563, à ordonner la vente au profit du Trésor d'un quart du capital des gros bénéfices du royaume. D'autres aliénations, partielles vont suivre en 1568, 1574, 1576, 1586. A étudier dans la perspective d'une histoire sociale de la terre.

Typologie des acquéreurs

La première vente du temporel de l'Église, à partir de 1563, s'accompagne, au moins dans le Sud, d'un changement dans la disposition des forces sociales. Désormais, la masse des artisans, la démocratie huguenote des cités, passe à l'arrière-plan; elle est évincée des enchères, comme elle est refoulée des « conseils politiques de l'église huguenote ». Et la vente du sol de l'Église romaine porte au premier plan les classes riches : marchands, robins et nobles, qui sont calvinistes et parfois catholiques, appâtés par la terre. A l'hérésie héroïque vient se juxtaposer le calvinisme d'affaires.

A Nîmes et Uzès, citadelles de la Réforme, on perçoit bien cette montée du groupe des notables, qui tranchent à leur profit les questions terriennes. Ici, les artisans, et même les brassiers sans terre, avaient revendiqué aux assemblées de 1561, l'aliénation du temporel ecclésiastique, avec une passion faite de rancune et d'espoir : en fait et sans s'en rendre compte, ils tiraient les marrons du feu, pour le compte de plus riches qu'eux-mêmes.

Qui donc en effet vient enchérir, au diocèse d 'Uzès quand s'ouvre la grande braderie des terres d'Église en octobre 1563 ? Essayons de définir, par monographies, la sociologie des acquéreurs : en tête de liste, voici Guillaume Calvière; il achète pour une bouchée de pain (145 x), moulins et fief du grand prieur de Saint-Gilles. Calvière est un bourgeois, militant implacable de la Réforme : magistrat et seigneur de Saint-Césaire, il participera en 1567, à la *Michelade*, ce massacre des catholiques nîmois, les uns égorgés, les autres jetés et murés vivants dans un puits. Cette année-là (1567) Calvière dirigera aussi le Conseil des 21 (13 officiers de justice, 8 capitaines) qui gouvernera Nîmes « en république » et confisquera le reste des biens d'Église. En 1569, Calvière sera condamné à mort, pour *Michelade*, par le Parlement toulousain; et il sera pris par les catholiques, au retour d'une négociation conduite avec les protestants d'Allemagne. A l'occasion d'une trêve, il sera pourtant échangé, « délivré et lasché ».

Bourgeois et nobles acquéreurs de « biens nationaux », au XVIe siècle, sont des militants, souvent des militaires : Valentin Grille, est un capitaine provençal et protestant; il achète en 1563, pour 1537 x, la terre de Saint-Maurice « avec un chasteau, rantes, censives, terres, vignes, molins d'huille ». Grille, guerrier, défendra sa foi et sa terre, avec bec et ongles. Entre 1563 et 1568, il sera de tous les coups durs, tantôt vaincu par Joyeuse tantôt vainqueur des catholiques et tueur de paysans. Il finira sénéchal de Beaucaire, après avoir participé, lui aussi, au massacre nîmois de 1567.

Au diocèse de Nîmes, l'offensive foncière des notables calvinistes est plus spectaculaire encore. On y retrouve de vieilles connaissances, les condamnés à mort de 1569, qui tous possèdent ce qu'on appellera bien plus tard du « bien national ». Bornons-nous à quelques exemples typiques...

Dès 1546, la famille Barrière, de petite robe nîmoise, lorgnait vers la terre et les seigneuries; et cette année-là, Jean Barrière, l'avocat, collectionnait les achats d'olivettes. En 1553, Jean devient seigneur, et même, seigneur de moulin à huile, par acquêt. En 1561, cette famille est calviniste, et François Barrière, « escuyer », signe en tête des habitants de Nîmes, qui demandent l'aliénation du temporel de l'Église. Il joint la pratique à la théorie et il achète, d'Église, en 1563, la terre d'une chapellenie.

Les acquéreurs huguenots sont seigneurs de forges et de houillères : ainsi les de Cambis, d'Alès. Jean de Cambis, sieur de Soustelle, avec une petite troupe, préparera la *Michelade* nîmoise en 1567. Ce Jean, quatre ans plus tôt, avait acheté pour 1 000 x des terres « d'archidiaconé », et aussi la seigneurie ecclésiastique de Cendras, en pleins terroirs de charbonnages.

Robert Le Blanc, seigneur de La Rouvière, est juriste, huguenot, guerrier, acquéreur : en 1562, il assiège Bourg-Saint-Andéol avec Crussol et 300 hommes; en 1563, il achète au diocèse de Nîmes pour 2 157 x de terres et seigneuries d'Église. En 1569, il est condamné à mort dans la fournée de la *Michelade*.

Homme d'affaires, lettré, Jacques Poldo d'Albenas, est descendu de sa montagne, vers 1530, bien décidé à faire fortune. Licencié il devient munitionnaire : en janvier 1543, il avance de l'argent aux Nîmois pour fournir du blé aux galères de Marseille; il meurt écuyer, après le *cursus honorum* classique : argent, terre, robe, particule. Son fils Vidal d'Albenas, protestant, est l'un des gros acquéreurs nîmois de 1563 : terres et seigneuries d'origine épiscopales, 4 250 x. Il sera en 1569, parmi les condamnés à mort pour *Michelade*...

En fin de la liste nîmoise, l'acquéreur le plus cossu : François de Pavée. C'est un persévérant : en 1561, il signe avec des habitants de Nîmes la demande d'aliénation des biens cléricaux, spécialement des seigneuries, — qu'il est scandaleux, dit-il, de laisser gouverner par des prêtres. Sa pétition n'est pas platonique. En 1563, il rafle précisément deux seigneuries, plus une grange opulente, ci-devant terre des chanoines de Nîmes, adjugée 15 125 x! Il sera lui aussi impliqué dans la *Michelade*, et dans les condamnations à mort de 1569 : contumax, il ne s'en portera pas plus mal.

Les acquéreurs nîmois de 1563, dans l'ensemble, forment un groupe nettement délimité, un clan, presque un club. Ils sont bourgeois ou robins, en transit vers la noblesse; plus souvent nobles de fraîche date, authentiques ou prétendus : en bref, au diocèse de Nîmes en 1563, sur 36 acquéreurs, les deux tiers (24 exactement) sont portés comme « nobles » ou « seigneurs » de quelque terre. Déjà nobles ou encore bourgeois — la frontière est aisément franchie — ces gens sont liés mutuellement, en raison de la foi calviniste et des alliances familiales. Par argent, relations ou influence, ils font la loi aux enchères, écartant des biens d'Église les catholiques de toute espèce, mais aussi le petit peuple huguenot, des cordonniers et des tisseurs. Bons protestants, ils n'oublient pas leurs intérêts dans leurs prières. Hommes d'étude parfois, hommes d'affaires souvent, ils sont, quand il le faut, hommes d'épée. La *Michelade* quatre ans plus tard scellera entre eux le pacte du sang versé.

Au diocèse de Montpellier, maintenant, dans la criée, de 1563 des biens d'Église, un gros acheteur monopolise la moitié des ventes. Sur 26 000 x de biens adjugés, il en enlève pour 12 500 x. C'est Simon Fizes, conseiller du Roi, secrétaire des finances, qui avec ces 12 500 x, achète le 16 septembre 1563, la baronnie de Sauve, ci-devant propriété de l'évêque de Montpellier. Curieux bonhomme que ce Fizes : sa baronnie toute fraîche, à peine démembrée du patrimoine de l'Église, ne fait pas oublier son humble origine : « le dit Fizes, dit un texte anonyme en 1576, se fit appeler Monsieur de Sauves; quelquez-ungz disent qu'il estoit de maison si inconneue qu'il avoit en sa jeunesse esté laquais ». Fizes en effet, sort d'une famille de paysans misérables, illettrés. Il « arrive » par son talent, mais aussi grâce aux bons offices de son compatriote, le Languedocien Bertrand, garde des sceaux, qui l'embauche comme laquais, puis comme secrétaire particulier. Les Guise le protègent... et lui font épouser — à quelles fins ? — Charlotte de Beaune, dame d'honneur de la Reine. Fizes est un mari discret, un prête-nom plutôt : car l'ambitieuse Charlotte, lèvres fines et nez pointu, a pour amants, Charles IX, Henri de Navarre, le duc d'Alençon... Né paysan, mort ministre, Fizes, l'ancien laquais, fait figure d'habile homme et carrière de cocu complaisant. Dans son ascension, l'achat d'un bien d'Église, la baronnie de Sauve, en 1563, représente un jalon : désormais Fizes et la belle Charlotte sont Monsieur et Madame de Sauve. En 1564, ils reçoivent Charles IX dans leur maison de Montpellier, l'hôtel Jacques Cœur. En 1570, Monsieur de Sauve entre aux États de Languedoc, et trois ans plus tard, tout en continuant sa carrière à Paris, il se fait nommer gouverneur de Montpellier. Ses sœurs, nées pauvres filles, deviennent les premières dames de cette ville, alliées aux dirigeants calvinistes, protestantes elles-mêmes; et de Paris où il réside, Fizes protégé des Guise, n'en protège pas moins, par sympathie discrète, les huguenots de son pays natal, qu'il avertit à temps de la Saint-Barthélemy.

Jean de Bouques, en 1563, est une autre figure « d'acquéreur » montpelliérain : c'est un huguenot militant; fils de marchand, devenu robin, il enlève une terre (230 x) et des « usages » (155 x) à la criée de 1563. Compromis dès cette année dans les troubles calvinistes, animateur d'une sorte de comité de salut public en 1568, et accusé d'avoir pillé la maison de Joyeuse et la cathédrale de Montpellier, il est épuré de la magistrature, par les catholiques revenus au pouvoir. Pris, condamné à mort en Parlement (1568), il sera décapité à Toulouse.

La tentative languedocienne de liquidation des terres d'Église s'inscrit dans une entreprise universelle, allemande et anglaise, française : en France du Sud, l'offensive ne parvient, dans l'immédiat, qu'à des résultats médiocres : le total des ventes de 1563 ne représente pour l'ensemble des diocèses d'Agde et Montpellier que 36 000 x, soit un capital équivalent à celui de trois ou quatre gros prieurés villageois, dans une région qui en compte plus d'une centaine. On est bien loin des ventes ecclésiastiques de 1790, bouleversant l'appropriation du patrimoine foncier.

Les ventes ecclésiastiques, qui s'échelonnent de 1563 à 1591, sont pourtant significatives; elles éclairent les ambitions terriennes d'un groupe social : groupe des acquéreurs, défini ci-dessus par un faisceau convergent de biographies.

Composé de notables, excluant de ses rangs, plus encore qu'en 1790, les artisans, laboureurs et gens de peu, ce groupe, fourmillant de soi-disant nobles, ne se recrute pas dans une noblesse authentique. Il ne constitue pas non plus une bourgeoisie, au sens classique du terme. Il s'apparente plutôt, calvinisme à part, à certaines élites citadines de la Renaissance italienne : les patriciens y coudoient les parvenus, ceux-ci conduits par un ancien laquais. Les membres du groupe s'adonnent aux activités bourgeoises, à la marchandise et à la chicane; mais les valeurs nobles, et spécialement celles du combat guerrier, ne leur sont nullement étrangères. La terre d'Eglise — comme l'office et la robe — est pour ces gens un moyen d'enrichissement, une occasion de promotion sociale, l'idéal suprême étant l'accès à la vie noble, et à la vanité seigneuriale. En fin de compte, l'acte de 1563 contribue à déclencher le processus, qui mènera, lors des XVIIe et XVIIIe siècles, à l'accaparement d'une fraction du plat pays, par les notables urbains du Languedoc.

CHAPITRE III

LA DIME : RÉFORME OU RÉVOLUTION?

Après les terres d'Église, la dîme des fruits agricoles. Celle-ci fait problème, pour les révoltés de 1560, et pour l'ensemble du monde rural. Faut-il, par une révolution pure et simple, supprimer la dîme? Ou faut-il, arrachée au clergé, la transférer à une autre classe, à une autre Église? La question est au centre du débat social; après tout, dans une économie incapable de vraie croissance, inapte à « maximiser » son produit global, les problèmes de répartition passent au premier plan, préoccupent l'opinion.

Les réformés confisquent la dîme

Première solution : le transfert du revenu décimal. Les dirigeants huguenots en sont partisans. En décembre 1562, la question est posée aux États protestants, réunis à Nîmes : les nobles viennent y siéger, mais la bourgeoisie s'y fait représenter deux fois, grâce aux consuls urbains d'une part, et grâce, d'autre part, aux délégués, presque tous roturiers, des consistoires protestants, qui remplacent le ci-devant « ordre » du clergé. Le doublement du Tiers, ainsi réalisé dans les faits, impose les solutions bourgeoises. Ces États nîmois décident l'aliénation totale (et pas seulement partielle comme le voudrait la monarchie) du temporel ecclésiastique, dont le plus clair (en Languedoc) est en effet constitué par la dîme : les cercles huguenots, ministres et militaires, états-majors et consistoires, s'approprieront le revenu décimal; et des fermiers, comme au temps des papistes, lèveront la dîme après enchères, percevront un profit modique, et verseront le surplus, « la rente », à l'organisation des Églises réformées.

L'adjudication commence aussitôt. L'enjeu est de taille. Pour un seul diocèse (Montpellier), l'ensemble des prieurés décimaux, « spoliés » par les protestants, représente en 1562, un capital d'un million de livres, (30 000 x de revenu). Jusqu'en 1560, ce patrimoine, composé de quelques dizaines de bénéfices, était arrenté par l'Église, à des fermiers; deux ans plus tard, au pays montpelliérain, et dans les autres zones protestantes, le système change de titulaires. D'une part, le protestantisme, en tant que collectivité, affirme sa volonté de percevoir la dîme, aux lieu et place des papistes. D'autre part, la bourgeoisie huguenote prend une option sur les arrentements décimaux; elle fournit, pour les baux, la grande majorité des fermiers. Par brigue ou par force, elle élimine des enchères, les bourgeois catholiques; elle écarte aussi, au dernier « round » des adjudications, la piétaille des artisans huguenots, militants réformés de la première heure, mais trop pauvres pour battre aux enchères leurs coreligionnaires capitalistes.

Statistique des arrentements huguenots des prieurés décimaux, diocèse de Montpellier, 1562 : sur 85 fermiers, adjudicataires définitifs, je recense 25 % de marchands (21); dans leur groupe, apparaît le type classique du bourgeois militaire : Antoine Verchand, riche négociant, devenu capitaine à la guerre civile, est adjoint au baron des Adrets; avec le baron, il capture à Lattes 400 brebis de l'armée catholique, tue les soldats qui les gardaient ou contraint ceux-ci à fuir dans l'étang voisin pour s'y noyer. Le combat fini, le soldat Verchand devient fermier décimal; il arrente dîmes et biens, ci-devant d'Église, à 527 x par an. Compromis en 1569, dans les troubles de Montpellier, il est condamné à mort (contumax) au Parlement de Toulouse. Mais il ne meurt que de peste, en 1579, consul de Montpellier.

Parmi les marchands huguenots qui deviennent fermiers décimaux de leur religion, certains sont aussi des hommes politiques locaux, consuls de Montpellier en

1562. D'autres, du même groupe, sont militants réformés actifs : Pierre Raymond, marchand, fermier du bénéfice des Aresquiers, fin 1562, est la même année, l'un des cinq hommes forts de Montpellier : membre de la pentarchie révolutionnaire (marchands, magistrat, chirurgien), qui met la ville en défense contre les papistes, et qui fait raser les faubourgs.

Militants et négociants, ces hommes acceptent volontiers d'arrenter les dîmes sécularisées, car la pratique de leurs affaires les rend familiers aux choses de la terre. Les négociants de Montpellier, en 1552-1562, sont presque tous des marchands ruraux : ils collectent par achats la laine brute, qu'apportent les bergers ou les bouchers des villages. Ils achètent l'huile aux paroisses des côteaux, le bois aux communautés de garrigues, cèdent le drap d'Aude aux paysans des Cévennes; ils prêtent du blé, aux rustres qui en sont démunis à la veille des récoltes. Pour ces marchands terriens, affermer les dîmes, c'est donc rester dans leur élément naturel.

Aux côtés des marchands, le groupe des robins, rentiers, et bourgeois aisés, fournit lui aussi un certain nombre de fermiers décimaux; parmi ceux-ci on voit surgir d'anciens marranes devenus calvinistes, et dont les familles s'élèvent de la marchandise à la robe, sans dédaigner les profits des dîmes. On y rencontre aussi des greffiers, des notaires huguenots, pourvus de quelques capitaux, et qui prennent à ferme les grasses dîmes de la plaine, viticole et céréalière : ainsi Nicolas Talard, militant de la Réforme, riche, infatigable : en 1560, il conduit une députation à Genève, pour en ramener un ministre timoré. En 1562, il arrente plusieurs prieurés décimaux, dont celui de Montels, à 1 150 x par an. En 1567, le Parlement de Toulouse lui décerne une condamnation à mort.

Autres fermiers décimaux huguenots de 1562, sortis cette fois de la finance ou de la chicane : un receveur, un procureur aux aides, des avocats.

A côté des marchands (majoritaires), des robins et autres bourgeois (moins nombreux), le groupe huguenot des fermiers de dîmes, en 1562, compte quelques nobles, ou soi-disant tels, venus aux dîmes par goût des affaires ou zèle protestant : ainsi Vincent Manni, fils de marchands italiens anoblis et prêteur de blé aux paysans; Bertrand de Sobeyras, lui aussi compagnon du baron des Adrets et pourfendeur de bergers catholiques. Il est rentier du gros bénéfice de Fabrègues (450 x).

Certains fermiers des huguenots sont même d'origine ecclésiastique. Jean Teulet, qui prend à 500 x par an les dîmes d'un gros prieuré de garrigues, est un défroqué notoire, ex-chanoine. De même, Jean Lebas, autre chanoine, dont l'historienne Louise Guiraud, si pieuse et savante, soutient mordicus qu'il est resté fidèle à son Église : j'en suis moins sûr; pourquoi diable est-il devenu fermier décimal des protestants en 1562?

Donc, à Montpellier comme à Nîmes, le groupe des notables se rue sur les profits de la terre, brusquement rendus disponibles par la lutte contre l'Église. Les nobles de fraîche date et la bourgeoisie des robins jettent leur dévolu sur les terres des prêtres. Quant au groupe des marchands, rompu aux entreprises agricoles, il se spécialise plutôt dans les baux décimaux. Coalisés, Robe et négoce accaparent terre et dîme; et dès 1562-1563, ils confisquent, aux profit de leurs ambitions terriennes, l'élan plus désintéressé de l'artisanat calviniste, cet élan qu'on avait vu si vif encore en 1561.

Passent trente années; l'Église, à la fin du siècle, cherche à récupérer ses richesses : elle se heurte alors aux hommes d'affaires protestants, qui continuent d'accaparer les « bénéfices » ecclésiastiques, avec la complicité des autorités municipales. En 1589, les prélats s'en plaignent, aux États provinciaux tenus à Béziers : « Les consulz des villes tenus par ceux de la prétendue religion prétendent avoir la prefference des arrentements des beneffices qui sont ez leur distroict; se saisissans des revenuz de l'esglize, ilz en font participer leursministres ».

Aussi bien, quand l'Église refuse de céder la dîme de bon gré aux dirigeants protestants, ceux-ci s'en emparent-ils par force : à Montpellier, en 1595, en pleine moisson, et à la fureur des chanoines, qui s'apprêtent à engranger la dîme, des huguenots à cheval, masqués, attaquent les paysans, et s'emparent des charrettes de gerbes. Les prêtres portent plainte; peine perdue : les bouches sont cousues; personne en ville ne connaît les coupables.

Les décimables font grève

La bourgeoisie huguenote s'approprie la dîme, de gré ou de force. Mais les paysans ne cèdent pas volontiers la dixième gerbe au nouveau maître, aussi rapace que l'ancien : la dîme, ils veulent radicalement la supprimer, non la transférer. Car les villageois sont souvent pressés par le paupérisme; et ils étaient « huguenots de dîme », avant même d'être « huguenots de religion ». Ils tirent de la Réforme des conséquences révolutionnaires : ils tentent d'abolir la dîme, pour eux charge principale, bien plus pesante que les droits seigneuriaux, plus lourde même que la taille royale. Ainsi tous les décimateurs, ceux de la veille et du lendemain, papistes ou huguenots, se heurtent-ils à une opposition rurale, sourde ou farouche.

Dès le début du XVIe siècle, on suit assez bien le cheminement vers le Sud des idées de révolte antidécimale. Un foyer d'origine se situe en pays rhénan, Suisse et Alsace, où le *Bundschuch*, dès 1502-1515, inculque aux paysans le refus de dîme et l'abomination des biens d'Église, aux premiers temps de la guerre des paysans (1515). En France, elles gagnent en direction du Sud, à partir de leurs bases alémaniques, vers la Saône et le Rhône. Dès 1524, François Ier gémit sur le pullulement de la secte luthérienne, en pays lyonnais, où « des gens dévoyés de la Sainte Église, à sonnerie de toquesaint, ont machiné de ne plus payer aucunes dîmes »; en 1529, des insurgés lyonnais « sont mutinés de ne payer aucune dîme ». Par la voie rhodanienne, l'idée-force de la grève décimale est popularisée dans le Midi jusqu'à Nîmes en 1540...

Dans les Cévennes, des symptômes d'agitation se font sentir dès 1550 : cette année-là, un habitant de Saint-Martin-de-Ligujac refuse les surdîmes à son prieur; et il s'en justifie par les arguments habituels de la propagande huguenote : le prieur ne réside pas, il ne peut donc pas administrer les sacrements aux malades, qui meurent comme bêtes brutes; il n'est jamais là pour sonner les cloches afin d'annoncer la tempête, etc.

En 1560, l'épidémie antidécimale gagne le Midi, du Rhône à l'Atlantique. Deux types de grèves apparaissent : l'une est purement religieuse, c'est la grève sage, où les paysans, passés au camp des réformés, acceptent néanmoins de payer la dixième gerbe, mais seulement aux pasteurs de la nouvelle religion.

Sagesse exemplaire, qui n'est pas répandue chez tous. Pour beaucoup de paysans, qu'ils soient réformés ou même catholiques, le refus de la dîme est sans nuance :

c'est la grève sauvage, où l'on ne verse plus rien, à qui que ce soit. Les rustres prennent au sérieux les promesses, des « gros bourgeois et marchands » qui, en Languedoc, attirent à la Réforme nombre d'habitants avec promesse « qu'ils seraient libres et francs de payer dîmes ». Ils voient flamber, dans l'été de 1560, les brasiers des registres et des chartes, le coq rouge. Et leur souhait est clair, quelle que soit leur foi : ne plus payer de dîmes; ni à Rome, ni à Genève.

Contagieuses, ces grèves s'étendent vers l'Ouest, vers l'Agenais où « dès avant la guerre civile, les dîmes n'étaient plus payées »; vers la Guyenne et le Périgord, où les paysans catholiques eux-mêmes interrompent leurs prestations. En pays calviniste, les grèves ont lieu selon les cas au détriment des prêtres ou des ministres : un fermier décimal huguenot, Pierre Rafinesque en fait l'expérience; en avril 1564, près de Montpellier il vient lever la dîme des agneaux pour le compte du synode. Les paysans éludent sa demande ou lui signifient leur refus, par la voix de leurs femmes : Claude Prunet déclare « qu'il est malade de gotes », et ne peut payer pour le moment; Jean Euset « n'est pas là »; mais sa femme et sa nièce mettent Rafinesque à la porte.

Le problème n'est pas tellement de décrire pour elles-mêmes les grèves décimales, que de mesurer leur influence économique et sociale. Chaque année au XXe siècle, les luttes ouvrières font perdre au patronat des millions de journées-travail. De même, les grèves de dîmes, après 1560, coûtent cher au clergé, pour le soulagement des ruraux. Peut-on mesurer, même grossièrement, les moins-values financières qu'elles entraînent?

Les textes épars, sur ce point, sont de faibles secours. Le monde rural, dans l'ensemble, est hors de l'écriture; et ses grèves, hormis quelques épisodes marquants, ne font pas les gros titres, dans les archives de ce temps. D'autant qu'il s'agit le plus souvent de sabotages insidieux, grèves perlées, actions sans éclat délaissées par la grande histoire, et néanmoins fort pernicieuses pour les finances du clergé. C'est dans la comptabilité décimale et capitulaire qu'on aperçoit vraiment les effets. Deux cas : dîmes en grains; dîmes arrentées en argent.

A Saliès, à Creissan, les livraisons décimales en grain de la période 1560-1600, plus précisément 1572-1593, sont de très loin les plus basses qu'on ait enregistrées en 270 années (1480-1750). Tendances analogues à Cuxac et Narbonne, et aux diocèses d'Agde et de Béziers, où les huguenots pourtant ne représentent qu'une faible minorité; à Gaillac enfin où cependant, la Ligue gouverne, comme en Narbonnais, le zèle décimal des paysans n'est pas bien fort : autour de 1580, les dîmes des grains sont au plus bas dans le pays.

Quant aux dîmes en argent, elles permettent de généraliser, d'universaliser, à des centaines de paroisses les suggestions de leurs homologues en nature, limitées à quelques terroirs. A Narbonne (pays catholique) et à Aiguesmortes (région semi-protestante) on possède les arrentements en argent, triennaux ou quinquennaux, des dîmes pour chaque paroisse — ou prieuré — dépendant de la « mense » du Chapitre. Deux courbes médianes synthétisent, pour chacun des deux Chapitres, les dizaines de courbes paroissiales.

Malgré les différences de sources, et de conditions locales, les diverses courbes du revenu décimal, tirées des médianes d'arrentements théoriques ou des totaux d'encaissements réels, sont convergentes : en temps « normal » (avant 1560, ou après 1600), elles montent (ou descendent) en valeur nominale, au rythme séculaire des prix du blé. Ce qui signifie très probablement, stabilité de la production agricole, et à coup sûr stabilité du revenu décimal réel. Mais entre 1560 et 1600, le comportement de ces mêmes courbes est aberrant : en valeur nominale, elles décrochent du mouvement des prix; tandis que les prix nominaux montent verticalement, le revenu décimal nominal ne progresse que faiblement. Les prix prennent l'ascenseur; les dîmes en argent prennent l'escalier.

Un tel fait est exceptionnel, au cours des deux siècles envisagés; il est propre à l'époque des guerres de Religion. Et ce décrochement subit du revenu décimal comparé aux prix, signifie simplement que les prestations décimales réelles (intégrant grain, vin, huile, laine, etc.) se sont effondrées. Les conclusions tirées des courbes en argent rejoignent ainsi les données des dîmes en nature

Faut-il expliquer ce décrochement par une sorte de négligence, une paresse intellectuelle des chanoines qui auraient « oublié » d'indexer leurs revenus sur l'inflation, au moment du renouvellement des baux? Mais non. Les prêtres ne sont pas si sots. L'inflation, certes, a rongé les cens en argent, revenus perpétuels et fixes, mais non les dîmes, aux baux courts et toujours changeants. Du reste jusqu'en 1560 — et à nouveau de 1620 à 1650 — les chanoines ont grand soin, en arrentant leurs prieurés, tous les trois ans ou tous les cinq ans, de rajuster les baux en fonction des hausses des prix. Et ils réussissent instinctivement ces indexations, puisque la dîme progresse au rythme des prix, parfois même à un rythme plus élevé.

En fait, le décrochement se produit seulement lorsque débute l'insurrection réformée; il coïncide exactement avec la guerre civile (1560).

Les dîmes baissent-elles donc par suite d'un recul de la production agricole, provoqué par la guerre? Partiellement, oui. L'insécurité, la saisie du bétail aratoire, les destructions, les villages « passés au fil de l'épée », non sans exagération des chroniqueurs, toutes ces calamités sont contraires à la bonne marche des productions, comme aux rendements soigneux des époques de paix.

Mais enfin, par elle seule, la guerre ne saurait tuer la dîme. D'abord le conflit belliqueux est interrompu par des trêves. Un exemple : en Languedoc, la paix règne, à peu près totale, entre juin 1563 (date à compter de laquelle l'édit de pacification de mars est loyalement appliqué), et septembre 1567, où prend feu toute la bordure sud du Massif Central, à l'appel des émissaires de Condé. La province a connu là cinq récoltes heureuses (1563-1567), à coup sûr pacifiques; et Charles IX, sous les acclamations, les pluies de confitures et les grêles de dragées, a tranquillement visité ses terres du Midi. Labours, moissons, dépiquages, se sont déroulés sans entraves, ni perturbations des gens de guerre... Néanmoins, la dîme rentre mal. A Béziers comme ailleurs, jamais les chanoines n'engrangent si peu de grain décimal que durant ce quinquennat pacifique, 1563-1567.

Ce n'est pas la récolte qui fait défaut ainsi cinq ans de suite, c'est la dîme elle-même. Ce n'est pas le produit qui manque. C'est le producteur qui se dérobe. Et les proclamations antigrève des États provinciaux (1564-1571), trouvent confirmation dans les courbes plongeantes des arrentements décimaux : la grève des dîmes, sabotage ou lutte ouverte, sévit en Languedoc, en 1563-1567, tout comme elle fait rage, ces mêmes années, dans le Bassin parisien.

Semi-clandestine, mais opiniâtre, la grève décimale

est pernicieuse aux finances des prêtres, et plus redoutable même que les agressions spectaculaires, sacs d'églises ou vols de calices. Typique à ce propos, le cas du Chapitre de Béziers : l'examen des comptabilités démontre que les pertes financières, par crises de dîmes, lui sont extrêmement lourdes, et finalement catastrophiques. L'an 1558, ce Chapitre est au sommet de sa fortune monétaire. Laissons de côté ses revenus en grains, fort considérables, qui proviennent de cinq granges (350 ha au total) et du « grand dîme » du terroir de Béziers. Tenons-nous en aux recettes directement perçues en argent : entièrement rurales, celles-ci résultent, pour l'essentiel, de l'arrentement des dîmeries de 20 paroisses ou « prieurés ». Ces 20 prieurés rapportent, bon an mal an, 8 000 x au Chapitre. Vraiment la dîme se porte bien en 1558, à deux ans seulement du grand naufrage. Son indexation est garantie; les chanoines ne sont pas à plaindre. Leur budget de 1558 éclate de santé. Pas question de recourir à l'emprunt; la rubrique « emprunts » au poste « recettes extraordinaires » monte à 75 x en 1558! On ne plaint pas les chanoines; on les jalouse, on veut leur mort.

Surviennent les « événements » de 1560-1563. A Béziers, l'alerte est chaude, mais les chanoines, armés jusqu'aux dents, munis de poudre, et d'arquebuses, échappent au massacre. Et bientôt s'efface dans le Biterrois l'empreinte, ici fugitive, du calvinisme. La sécurité renaît. Tout irait bien pour le clergé local, sans le diabolique problème des dîmes... Un instant effleurés par la propagande huguenote, les paysans biterrois restent bons catholiques; hélas, ils deviennent mauvais décimables. Un âge d'or prend fin : celui de l'indexation automatique des baux. Qu'on en juge : entre 1558 et 1590, la recette annuelle des arrentements de prieurés décimaux passe de 7 923 x à 10 550 x. Or, dans le même intervalle, le prix du setier de froment fait plus que doubler; par conséquent, le revenu décimal réel des chanoines tombe fortement en une génération. La dîme, cette poule aux œufs d'or est décidément bien malade.

Plaie de dîme n'est pas mortelle. Mais les temps sont venus d'une austérité cléricale. Faute d'argent, les prêtres et chanoines doivent restreindre leurs frais en prébendes, réparations d'églises, robes d'enfants de chœur, ou chicanes : les cérémonies deviennent moins pompeuses, les procès moins nombreux, les bénéficiers moins gras. Et puis, comme les habitudes dépensières ne se perdent pas, le Chapitre emprunte à jet continu. A Béziers, le poste « emprunts », insignifiant dans la comptabilité d'avant-guerre (75 x en 1558) se gonfle brusquement au temps des troubles. Déjà en 1575, la recette ordinaire (décimale) qui monte à 9 000 x est complétée par un emprunt de 3 000 x à un marchand de Béziers. A partir de 1580, les dîmes sont exsangues, et la gestion financière s'affole : les emprunts annuels égalent presque les revenus normaux. En 1590, face à 10 550 x de recette ordinaire, je compte 22 534 x d'emprunts nouveaux, dont 15 626 x sont consacrés à des remboursements de dettes criardes, et le reste à la fourniture d'argent frais.

De cette façon, l'action des paysans, refuseurs de dîmes, profite aux créanciers du Chapitre, appauvri, endetté jusqu'au cou. Ces créanciers sont marchands, avocats, seigneurs, notaires, comme Raymond de Rocolles : celui-ci en vingt-cinq ans de labeur (1579-1604), parvient à rassembler, à « coudre » ensemble cinq grosses créances sur le Chapitre, qui montent au total à 4 201 x. Certains prêteurs enfin sont reîtres de la guerre civile : tel ce « gentilhomme romain », qui prête, en 1587, 800 écus au Chapitre. Les intérêts sont élevés, à 10 ou 11 % par an; et l'inflation n'érode guère ces créances, puisque, en Languedoc comme en Saintonge et Dauphiné, la hausse vertigineuse des prix se termine dès 1580. Le service de la dette pèse donc lourdement jusqu'en 1600 sur les budgets ecclésiastiques, qui deviennent les proies d'élection des prêteurs. A la longue, les chanoines ne peuvent indéfiniment emprunter, ou manger de l'argent. Ils sont contraints de vendre certains biens-fonds. Conséquence imprévue mais logique : survenant après les aliénations du temporel ecclésiastique, la grève des dîmes, surgie des profondeurs du monde rural, oblige finalement le clergé à se défaire d'une portion supplémentaire de ses champs.

A Béziers, dans l'été 1570, les chanoines font poser des affiches, annonçant la vente de leurs terres pour payer leurs dettes : « seront pausées affiches pour fere scavoir à quy vouldra achepter les champs que le chappitre a au dit lieu qui seront vandus pour payement des debtes du chapitre ». Et de vendre à un marchand un pré vert, et un fief noble (2 500 x). Cela ne suffit pas. A l'automne

1571, nouvelles dettes, nouvelles ventes : les chanoines bradent des champs, une grande olivette. En 1576, toute une seigneurie est mise à l'encan, toujours pour le service de la dette. M. de Maureillan, perpétuellement à l'affût des biens d'Église, en donne 6 500 x. Ses descendants ne retrocéderont cette terre au Chapitre qu'en 1643, aux temps de la réaction cléricale et foncière.

A côté des biens d'Église vendus d'autorité, au profit du Roi, il existe donc une catégorie voisine : celles des terres cléricales vendues de plein gré par leurs maîtres, au temps des guerres civiles, pour éteindre les dettes qu'entraîne la crise décimale. Dans ce cas aussi, le transfert foncier profite à la bourgeoisie ou aux classes aisées. Et au total, si l'on additionne les deux catégories de biens aliénés, c'est plus de 26 000 x, en 38 lots, de terres, fermes, « usages » et maisons que le Chapitre de Béziers aliène, en faveur des bourgeois et des nobles, entre 1557 et 1589, par tranches successives; à ce prix seulement, il peut échapper à la faillite totale, faire face successivement à l'offensive des protestants, aux sécularisations exigées par le fisc, enfin à la débâcle décimale qui menace d'emporter ses finances... De ce vaste transfert foncier, on trouve un peu partout l'équivalent, dans chaque contrée, dans chaque canton : à Montpellier, par exemple, l'évêque Subject, ruiné par les « rabais » décimaux, endetté pour soutenir quand même « son petit train », doit vendre pour 2 000 écus, au conseiller Griffi, ses château, terre et seigneurie de Murviel. Maigre consolation pour le prélat : il garde le droit de venir au château, de faire monter ses gens à la tour pour qu'ils puissent y crier, par trois fois à pleine gorge « Vive Monsieur l'evesque ». En outre, une fois par an, Griffi fera don à Subject d'une paire d'éperons dorés, garnie de ses courroies de velours.

CHAPITRE IV

LUTTE ET ACTION DES « CLASSES INFÉRIEURES »

L'action paysanne, en tarissant les dîmes, ruine le clergé. Elle enrichit finalement les notables, seigneurs et bourgeois, puisque ceux-ci peuvent ainsi d'autant mieux rassembler la terre, cédée à vil prix par une Église endettée.

Malgré cette originale unité d'action — dans la division des tâches — paysans et notables sont loin d'agir toujours comme un bloc unanime. Très tôt, des divergences apparaissent, car les objectifs ne coïncident pas. Les uns, dirigeants huguenots, confisquent la dîme au profit de leurs synodes ou « colloques »; les autres, paysans, tendent plutôt à supprimer celle-ci; et du même coup, certains d'entre eux veulent supprimer aussi, ou diminuer, l'impôt royal et les droits seigneuriaux. But final, plus ou moins conscient, de ces révoltés : soulager, augmenter leur propre revenu; affirmer leur dignité.

Une telle prétention est insupportable, pour la bourgeoisie huguenote. Car celle-ci craint la populace déchaînée, et elle est entichée de noblesse, d'offices, de légalité; elle veut nier sa roture, pour accéder au camp noble; et dans ses domaines terriens, elle est matériellement intéressée à la soumission paysanne. Enfin, elle a besoin de l'alliance politique, pourtant douteuse, des grands nobles, qui l'aident à constituer des armées, ou qui la soutiennent dans sa mainmise sur le temporel du clergé. Elle conclut ainsi des compromis avec la noblesse huguenote, et plus tard en 1574, avec Montmorency et la noblesse catholique des « politiques » : compromis qui en fin de compte se réalisent au détriment des revendications paysannes, sur le dos des rustres... La bourgeoisie fait en effet bloc avec les nobles, contre les villages. En 1561, elle s'effraye de la jacquerie d'Agen, et du meurtre du baron de Fumel égorgé par ses paysans; elle partage l'angoisse des seigneurs agenais réfugiés à Toulouse, après l'incendie de leurs châteaux. En 1562, les délégués huguenots des villes et des consistoires réunis à Nîmes approuvent la « plaincte de Messieurs de la Noblesse »; et ils font la morale à certaine paysannerie révoltée, qui croit tirer de l'évangile un principe de libération sociale. Les délégués nîmois s'en indignent : « *En quelques lieux, des gens de tout perverces pencent que par l'évangille ils sont admenés à une liberté terrienne et affranchissement.* » Et ils menacent : « *Et pour ceste cause l'assemblée exhorte singulièrement les juges enquérir contre telles gens et les punir comme séditieux soit pour leurs propos escandaleux et pour le reffus de payer les droits et pouvoirs seigneuriaux, fendataires ou censives, ensemble dixmes aulx fermiers ou rentiers des bénéfices, faire et administrer bonne et briève justice* »... Ainsi, contre la liberté terrienne, un front des notables se crée dès 1562. En même temps, s'affirme dans le monde rural une volonté autonome de lutte; et cette prise de conscience, extrêmement complexe, est l'un des faits marquants des mentalités sociales, durant la deuxième moitié du XVIe siècle.

Avant 1550, en effet, les révoltes paysannes, en France du Sud, ont encore un caractère limité, souvent borné aux luttes fiscales : c'est la gabelle et la taille, et elles seules, qu'attaquent en 1548 les *pétaults* de Guyenne; ils ne critiquent ni la dîme, ni les droits seigneuriaux.

Après le milieu du siècle, ces tabous régressent : la question décimale, comme on l'a vu, devient l'enjeu décisif des luttes. Au temps de la Jacquerie d'Agen (1560-1561), les paysans « commencent en certains endroits de ne payer les dîmes et se vantent aussi qu'ils ne payeront plus les tailles (au roi) ni les devoirs au seigneur ». Les questions cruciales sont désormais abordées de front par les rustres, et la lutte effective contre la dîme est complétée par un programme antifiscal et antiseigneurial. En même temps, les révoltes se chargent de significations symboliques qui permettent, mieux qu'auparavant, d'en donner une analyse.

Le carnaval de Romans

Vers 1580, des deux côtés du Rhône, rive languedocienne et rive dauphinoise (les frontières provinciales n'ont pas d'importance dans ce cas), flambe une insurrection paysanne colorée et passionnée. Elle est allumée par la misère et par le prix du blé : « en la mesmes année 1580 et depuis l'an 1579 vindrent du pays Viveroys... grand quantité des pouvres en nombre de plus de quatre mil hommes, femmes et ensemble de petitz enfants, mourans de faim, crians, et plourans », si affamés qu'ils mangent sur pied les fèves. Faim et révolte couvent dans toute la zone rhodanienne, du Vivarais languedocien, point de départ du mouvement, jusqu'au pays dauphinois de Romans, vieux bastion huguenot, où le soulèvement connaîtra son apogée... Dans cette région du Rhône moyen — où depuis vingt ans les autorités dénonçaient l'influence contagieuse des ligues suisses, et même certaines infiltrations de l'anabaptisme révolutionnaire — les sociétés de jeunesse paroissiales, préposées aux fêtes populaires ou *reynages*, sont les cellules de base de l'insurrection. Celle-ci est d'abord « jurée » dans quelques villages protestants, et ses objectifs initiaux sont modestes : faire respecter la paix par les guerriers et les routiers, diminuer l'impôt qui ne laisse aux taillables que « le rocher et l'argile ». Mais bientôt s'élargissent les bases et le programme du mouvement. Une alliance de fait est conclue entre les paysans, « le party des villaiges », et les artisans de Romans « infinité de cardeurs et autres gens mécaniques » que dirige un sportif local, roi de l'arquebuse, le « meschant drappier » Jean Serve dit Paulmier, « homme grossier et de marotte »; Serve est tellement « oultrecuide » qu'il refuse en 1579 de s'agenouiller devant Catherine de Médicis en visite à Romans! Encouragés par ce renfort des classes urbaines, les paysans insurgés des « communes » étendent leurs revendications, déclarent « qu'ils ne veulent payer aulcune chose »; qu'en 1579, « ils avoient gagné les tailles et une partye des dismes, et que ladicte (année) suivante, ils gaigneroient le reste des dictes dismes, les senses et debvoirs qu'ils debvoient aux seigneurs ». Dîme, cens et tailles, ces trois colonnes de l'ordre traditionnel sont ainsi remises en question. Et les paysans s'enhardissent; ils prennent Châteaudouble, repaire de bandit : les voilà « enflés de gloire », et « menassant les gentilshommes », par « parolles, salles et fascheuses » de « renverser leurs maisons ». Des châteaux, des terriers de reconnaissance féodale sont livrés aux flammes, « et il n'est sy petit malotru que ne feist accroire qu'il estoit aussi grand seigneur que son seigneur même »; simultanément, s'amorce le projet d'inversion sociale, qui donnera un sens ultime à la rebellion rhodanienne.

L'affaire commence en révolution populaire. Elle se termine en drame élizabéthain, avec les couleurs vives de la Renaissance. Dans l'hiver 1580, en effet, les esprits s'échauffent à Romans, devenu point central de tout le mouvement. Les artisans et laboureurs, excités par l'approche du Carnaval, dansent leur révolte dans les rues de la ville. « Ils firent plusieurs grandes chères, branles et masquarades, et durant toute la sepmaine et en leurs branles et masquarades disoient que les riches de leur ville s'estoient enrichis aux despens des pauvres gens ». Ce ballet populaire exprime, mieux qu'un long discours, les motivations latentes des révoltés : certains danseurs avec tambours de suisses, et sonnettes aux pieds, brandissent des épées nues, d'autres agitent des rateaux, des balais, des fléaux à battre, et la robe des mortuaires (le massacre des riches à coups de fléaux — simple lubie, ou quelquefois massacre perpétré — restera, jusqu'à la guerre d'Espagne un thème significatif des révoltes agraires).

Donc, ces porteurs de fléaux crient très haut « qu'avant trois jours la chair du chrétien se vendra à six deniers la livre ». Ce mot fait, du reste, horreur; et le juge Guérin, notre narrateur probable, ose à peine le rapporter. Quant à Paulmier, vêtu, à la Spartacus, d'une peau d'ours qui semble terrifier les bourgeois, il s'assied d'autorité sur le siège consulaire, dont il expulse les représentants des classes dirigeantes. C'est le monde à l'envers, la livre de thon rance et le vin punais à 20 et 25 sous, « la perdrix à l'orange, la bécasse avec sa rotye » et les nourritures les plus délicieuses (et la chair du chrétien) à 4 ou 5 deniers comme l'écrivent les « gens de bien » dans un long « tarif », canularesque et carnavalesque, destiné à ridiculiser Paulmier. Et précisément, ces « gens de bien », à leur tour, mettent à profit le carnaval pour s'affubler d'oripeaux, qui symbolisent leur volonté d'ordre, de puissance, d'ostentation, d'intimidation, et aussi leur désir d'alliance, contre la barbarie, « scythe » des révoltés, avec les forces brutales d'une répression virile, à la turque : les hommes du parti de l'ordre se déguisent donc en roi, chancelier, archevêque, grand juge, arquebusiers, Suisses, et Turcs enturbannés. Au sortir de la messe, leur parade croise en procession celle des populaires, qui eux, portent déjà par avance, le deuil de ceux qu'ils tiennent pour leurs oppresseurs. Le héraut des hommes de Paulmier se déguise en crieur d'enterrement rouge et bleu (couleurs de deuil), et monté sur un âne; et ses suiveurs crient, toujours, « A six (ou quatre) deniers la chair du chrétien ». Les riches interprètent ce slogan scandaleux comme l'expression, à leur égard, d'une volonté cannibalesque; nobles, robins, bourgeois, marchands, ils prêtent à la foule artisane et paysanne l'horrible dessein de les tuer tous, sinon de les manger, le jour de Mardi gras, pour épouser leurs femmes — et pour faire le partage de leurs biens — ce mobile vague de diverses révoltes. Atroce complot, fête des fous, sanglante bouffonnerie du Mardi gras (du *Gradimars*), qui mettrait vraiment le monde à l'envers, et qui perturberait le sens des mots et des choses.

Justifiée ou non, cette peur désormais viscérale des gens de bien romanais suscite en eux la réaction punitive. Ils mettent à leur tête Laroche, l'ami de cœur de Jean Serve, son compagnon des guerres civiles, devenu comme il arrive parfois, son ennemi mortel. La ville se divise en partis hostiles qui correspondent aux divers quartiers, riches ou pauvres, et aux animaux-totems qui constituent le prix de leurs fêtes folkloriques respectives : parti du mouton, du lièvre, du chapon (des laboureurs et artisans mécaniques, dirigés par Jean Serve); parti du coq, de l'aigle, de la perdrix (des gens de bien). Laroche est métaphoriquement invité à *couvrir* la perdrix.

On notera que les animaux choisis par les pauvres — à l'inverse du bestiaire, parfois tendre ou précieux (perdrix), souvent viril (coq, aigle) des riches — sont faibles, émasculés, « de mauvaise augure » comme l'a vu le notaire Eustache Piémond, pourtant bien disposé à l'égard des rebelles : les insurgés ne semblent guère déterminés à vaincre à tout prix; les rites de deuil qu'ils emploient (et dont la signification psychologique est du reste assez trouble), indiquent qu'ils éprouveraient un certain regret (mêlé de haine bien sûr), d'une mort éventuelle de leurs maîtres. En fait, ce sont eux, les asservis, qui le jour du massacre, et Paulmier disparu, se laisseront vaincre et tuer sans résistance par les nobles « comme des porcs ».

Le carnaval, en tout cas, ne perd pas ses droits (l'égorgement final se fera un peu plus tard, aux chandelles du Mardi gras, brandies par les enfants); et ce carnaval constitue pour les deux partis un moyen rêvé d'amplification théâtrale : de part et d'autre, on organise des joutes, courses de bagues, bals, festins merveilleusement réglés, d'où partent les cartels et les défis réciproques : ces fêtes préludent au combat sanglant, où l'on se massacrera en musique... L'occasion de ce massacre est fournie dans la nuit précédant le Mardi gras, par l'ultime défilé des partisans de la perdrix, avec sauterie, mascarade, et procession de quatre rois et d'une reine, si somptueusement habillée « que tout lui reluisait dessus ». Ceux du chapon ont-ils tenté d'attaquer cette reine et de piller la procession? Quoi qu'il en soit, les femmes des gens de bien, au bal masqué de la perdrix, s'affolent, prennent peur. Et, de ce bal, partent en foule, armés par les riches irrités, les spadassins du Mardi gras : à l'aube de ce jour-là (15 février 1588), ils abattent Paulmier, par surprise, d'un coup d'épieu au visage; et les autres chefs populaires doivent sauter la muraille avec des cordes, ou fuir à la nage, dans L'Isère glacée. 1 500 paysans des alentours, alertés par le tocsin, accourent pour sauver les artisans : trop tard. A Romans, bouclée dans ses remparts, le massacre dure trois jours : voilà les gens de bien « délivrés de la tyrannie des paysans et ligueux ». Le boucher La Fleur et huit autres meneurs sont pendus. On jette à la voirie le cadavre de Paulmier « trop pourry et puant » pour être branché. Les gentilshommes se vengent enfin sur les révoltés, « qu'ils abattent comme porcs ». Ainsi s'achève le Carnaval de Romans, acte manqué d'inversion sociale : tout est remis à l'endroit, les classes dominantes, un moment culbutées, retombent sur leurs pieds. Et pour mieux affirmer cette remise en ordre, les juges font suspendre à l'envers, pieds en l'air et tête en bas, l'effigie de Jean Serve, le chef rebelle.

Le Carnaval sanglant de Romans, longue série de démonstrations symboliques, est une sorte de psychodrame, de tragédie-ballet, dont les acteurs, ont joué et dansé leur révolte, au lieu de discourir sur elle dans des manifestes; il est construit comme une œuvre d'art, accédant sans effort aux productions de l'inconscient.

Sans interposition d'une idéologie-écran, obscurcissante et purifiante, il révèle de ce fait dans l'insurrection et la répression, dans les peurs réciproques qui s'entre-croisent comme des épées, certains contenus informulés, qui restent au contraire masqués dans le cas des révoltes courantes et moins expressives.

En même temps, du fait même de l'extrême richesse et de l'articulation précise de ses thèmes, la révolte rhodanienne autorise une étude comparative, thématique, avec d'autres révoltes médiévales ou modernes, elles aussi survenues dans l'aire languedocienne, provençale, ou franco-provençale. Ainsi, la mise à l'encan de la chair humaine et chrétienne, les lubies inconstestables d'anthropophagie, et le thème connexe de l'échange des femmes, qu'on rencontre à Romans, sûrement dans les angoisses des riches, et probablement dans les menaces des pauvres, s'étaient déjà présentés dans le même ordre au temps des Tuchins, lors des révoltes languedociennes de 1379-1381, et presque avec les mêmes termes sacrilèges : « les séditieux, dit un texte, ouvraient avec le fer les corps des officiers du Roi, mangeaient, comme des bêtes féroces, les *chairs baptisées*, et les donnaient à manger aux bêtes » (1). Non contents de dévorer la chair des maris, ces rebelles étaient accusés, eux aussi, de vouloir posséder celle des femmes : les pauvres de Béziers envisageaient, dit un chroniqueur en 1381, de tuer leurs propres épouses pour prendre à leur place les belles compagnes des riches.

Accusations exagérées, dira-t-on. Même dans ce cas, elles restent significatives de la structure des récits de révoltes, et donc des obsessions des narrateurs, témoins de leur temps. En fait, le thème de l'enlèvement, par les pauvres, des femmes riches et des filles nobles traverse bien, comme un fil rouge, les révoltes populaires de jadis, jusqu'aux soulèvements bas-bretons de 1589 et 1675. Le jeune Marx y voyait la marque même, en son temps dépassée, d'un communisme primitif.

Quant au thème voisin de l'anthropophagie sacrilège, par l'homme et par les animaux — thème lié parfois à des faits hystériques de castration — il est attesté

(1) On notera la similitude remarquable — et révélatrice d'une synchronie psychologique — entre les deux expressions : « chair baptisée », à Montpellier, « chair du chrétien », à Romans, deux siècles plus tard.

non seulement comme on l'a vu, à Romans et à Montpellier, mais dans le pillage huguenot de Lodève (1573), dans la révolte des bateliers d'Agen (1635), et aussi dans cette saturnale du défoulement populaire que sera, en 1610, l'écartèlement de Ravaillac.

Une psychanalyse historique aura un jour à élucider ces divers symptômes « d'identification » (1), qu'on voit affleurer dans les menaces, dans les angoisses et parfois dans les faits réels qui accompagnent les soulèvements plébéiens et paysans. L'important pour nous était de mettre en valeur, grâce au fascinant exemple romanais, l'énorme charge affective qui se projette dans les révoltes méridionales de la seconde moitié du XVIe siècle. Ces rebellions sont très audacieuses; elles remettent en cause, comme on le verra encore, des institutions que respectaient les insurrections antérieures. Mais socialement plus hardies, elles semblent aussi, dans la révolte ou dans la répression, plus sauvages. Elles visent des objectifs politiques plus étendus; mais, simultanément, elles mettent en mouvement les pulsions les plus profondes du psychisme humain.

Les Croquants de Languedoc et du Centre

Aussi bien le mouvement paysan n'est-il pas mort, après le Mardi gras sanglant de 1580. Écrasé en région rhodanienne, il repart dans les montagnes du Massif Central, montagnes languedociennes, auvergnates ou limousines. Les unes et les autres sont ravagées, depuis 1560, par la guerre, par les brigands et la guérilla. Elles sont éprouvées, bien plus que les plaines, par d'atroces famines comme celle de 1586. Gamon, bourgeois d'Annonay, confirme sur ce point, le témoignage d'une pauvre Lozérienne, nourrie de charogne et de pain de fougère; il décrit la « stérilité sans exemple » de l'année-récolte 1585-1586, en Vivarais; le blé devenu

(1) A propos de l'un de ces symptômes, on trouvera une analyse psychologique des fantasmes et des peurs d'anthropophagie dans l'histoire des sociétés européennes, dans les travaux de DEVEREUX (qui rattache ce phénomène à certaines régressions et à certaines angoisses, très précises, d'origine infantile). D'une façon générale les symptômes d'inversion et d'identification ne sont nulle part plus évidents que chez les *Tafurs*, ces insurgés millénaristes qui participent à la première croisade : les Tafurs conduits par le roi Tafur, mangent les Turcs, se revêtent des luxueux vêtements de ceux-ci, et violent les épouses turques.

sans prix; les gens de la campagne « obligés de se nourrir de glands de chêne, de racines sauvages, de fougère, de marc et des pépins de raisins séchés au four qu'ils faisaient moudre pour en faire du pain, aussi bien que de l'écorce de pin et des autres arbres, des coquilles de noix et des amandes, de vieux tuiles et briques, mêlés avec quelques poignées de farine d'orge, d'avoine et de son ». Comme souvent, sur la faim fleurit la peste; celle de 1586 est durement marquée dans les livres de raison montagnards : Jean Burel regarde tester les pestiférés; qui, juché sur un escabeau, qui, dans un champ, qui à sa fenêtre, précautions prises afin de ne pas contaminer le notaire; quand à Eustache Piémond, il compte 800 morts à Saint-Antoine, sa ville natale, et il voit mourir de peste sa servante et ses deux grandes filles, ainsi que son frère, sa belle-sœur et leurs quatre enfants. Malade, réfugié dans une grange, il survit pourtant, ayant recours à Dieu, avec quatre enfants qui lui restent. « *Mais la dépense lui est grande.* »

C'est dans ce contexte de calamités, souvent guerrières et sanglantes, du Massif Central que vont surgir les révoltes paysannes de la fin du siècle. Dès 1582 et pendant dix ans, la grève fiscale sévit dans la Haute-Uzège. Les habitants battent à mort les archers, envoyés par les receveurs. Dans l'Espérou, en 1587, des arquebusiers, cachés dans le bocage, menacent les sergents des tailles de leur couper les oreilles.

Avec les années 1590, un cycle aigu de hausse des prix en période de baisse du produit brut relance les grèves fiscales. En 1593-1595, elles sont générales dans le sud du Plateau central. Vivarais, Gévaudan où la ligue pourtant n'est pas dominante, refusent les tailles aux Royalistes. Les receveurs envoient contre eux des chevauchées, des capitaines, assignent des gens de guerre aux récalcitrants, les contraignent par « gast, garnison et prinse de bestail », commettent des horreurs, saisissent les tuiles, portes et fenêtres, le bétail aratoire et les habits... En pays ligueur, dans l'extrême nord du Languedoc (Velay), il en va exactement de même; et les paysans, les taillables, ne sont pas plus zélés pour payer à Joyeuse que leurs voisins du Sud à Henri IV. Certes Burel, du Puy, préférerait « manger famme et enfans » que de se rendre à Henri IV. Mais il est sensible à la misère, et aux réactions des masses pauvres : en 1593, au Puy, les livres de taille, écrit-il, sont jetés à la boue,

Les femmes battent les porteurs de registres, et menacent d'arracher la barbe au premier consul. Les *pinatelles*, mauvais billon d'argent qui infeste la France du Sud, provoquent la fureur populaire, en Velay comme à Narbonne; sur les marchés du Puy, en 1592, le consulat ordonne aux paysans de prendre ces monnaies par force, contre la vente de leurs produits. Ce que voyant, les rustres attaquent les monnayeurs qui font les pinatelles, et cherchent à les faire mourir.

Ces épisodes se compliquent de crises de subsistances et chertés. Ainsi, dans l'année-disette 1595, des gens de la campagne viennent travailler aux remparts du Puy, et mendier vainement le pain aux consuls : « *Pour Dieu! layssez m'en sortir ung pain ou ung demy carton de blé pour nourrir mes povres enfans. Nous venons travailler à vos fossés. Ancores n'aurons-nous pas ung pain?* ». A ces malheurs, s'ajoutent les sévices, infligés par les gens de guerre. Burel témoin oculaire, s'en indigne : « *Jamais les Juifs ne firent pis à Notre-Seigneur qu'ils font aux povres paysans, les amenent prisonniers, les attachent et clouant leurs bras et leurs mains étendus, les autres leur percent la gueulhe et les enflent jusqu'à les faire crever, les pendant par les pieds. O povres laboureurs! consolez-vous en vos misères; aidez à porter la croix à Notre-Seigneur* ».

Cette résignation prêchée par Burel n'est pas la seule attitude possible. En 1595, des bandes de *Croquants* se manifestent dans le Nord-Languedoc; homologues des Gautiers normands, des Francs-Museaux, des Châteaux-verts et des Lipans du Perche, ils sont compagnons d'armes des Croquants limousins, quercynols et périgourdins de 1594, dont Jean Tarde décrit, avec quelques autres témoins, les objectifs et les méthodes, à savoir : lutte contre la noblesse, qui traite les rustres en esclaves, leur fait la rente au double ou au triple; mot d'ordre de « liberté »; solidarité du tiers état rustique sans différence de religion; refus, si possible, des dîmes, des tailles et des rentes; répressions des coquins ligueurs ou royalistes, qui ont « prins les bœufs et forcé les filles »; action des campagnes contre les bourgeois des villes, qui font les marchandises au prix fort, et raflent à vil prix les terres et métairies, dont ils demandent ensuite un gros loyer; lutte contre les agents du fisc, qui rançonnent les campagnes à leur profit; et, pour finir, action particulière du quatrième état : grève et piquets de grèves aux vignobles des gentilshommes. Ces multiples initiatives n'offrent pas le caractère d'un « programme » systématique. Elles sont plutôt décousues, dispersées. Elles peuvent jaillir de la spontanéité paysanne; d'autres fois, elles paraissent inspirées par des intellectuels de villages, comme l'avocat Porquery et le procureur Pauillac, dit Papus, petit homme mal vêtu et crotté.

Quant aux Croquants languedociens de 1595, ils sont tout aussi déterminés dans l'action; mais ils semblent moins audacieux quant au programme. Burel les voit passer, au pied des remparts du Puy; d'abord le Vendredi saint, au nombre de 500, « qui ne veulent point payer de taille »; puis de nouveau à la veille de la moisson, 1 200 croquants « somment les villages de se rendre de leur parti, ne voulant point payer de tailles, ruinant et pillant tous ceux qui ne s'y veulent randre ». L'obsession fiscale domine chez ces rebelles de Languedoc, peu soucieux, impôt mis à part, de mettre en cause l'ordre établi. Très vite, du reste, ils tombent dans la dépendance de la noblesse royaliste; celle-ci les utilise comme supplétifs contre la Ligue. Et puis, un beau jour, Chevrières, qui gouverne au Velay pour le compte de Henri IV, se lasse de ces alliés encombrants; il fond sur eux en armes, les massacre ou les disperse.

Les militants « campanères »

Dans l'angle sud-ouest du Languedoc, au cours des années 1590, le mouvement paysan présente des traits analogues : l'action est vive, mais les objectifs sont étroits, limités à la revendication de paix, et à la lutte contre le fisc : tel est, par exemple, le programme des ligues ou conférences *campanères*, organisées en Comminges à partir de 1591. A l'origine de ces ligues, on trouve le refus des tailles et la grève fiscale; et de telles résistances cristallisent, aux États de Muret, l'hostilité des notables, contre ces militants campagnards. En outre, les ligues champêtres de Comminges exercent dès fonctions de police, et tentent de mettre à la raison les brigands.

Menées contre la taille, le brigandage et la guerre, les confédérations campanères du Languedoc pyrénéen représentent une création originale (mais limitée) de militants paysans, moins « éclairés » sans doute que les petits robins qui prennent la direction du mouvement croquant du Centre-Ouest. Dans les listes commingeoises de participants aux assemblées fédérales, en effet, pas un noble, pas un robin; rien que des rustres, syndics ou consuls de villages, généralement illettrés. Un non-cultivateur pourtant : Jean Désirat est marchand rural, délégué de village et chef de la tendance modérée.

Car deux courants se font jour dans le mouvement campanère. L'un, plus dur, à base paysanne, persiste jusqu'au printemps 1594, dans le refus des tailles. Cette fraction extrême semble mêlée aux agissements des huguenots : en novembre 1593, confondus avec les protestants « trois ou quatre cents hommes armés, se disant Croquants et de la Conférence (campanère) » participent à la prise des églises de Comminges et au pillage des biens ecclésiastiques.

Cependant, une autre tendance, conciliatrice, apparaît; et elle tend à ranger la ligue champêtre sous la bannière de la Ligue tout court, aux ordres du parti le plus catholique. En tête de ce courant, se place Désirat. Sous son influence, en 1593, la ligue campanère entre aux États de Muret; et ceux-ci, qui longtemps l'avaient boudée, lui font bon accueil. Toujours poussés par Désirat, les confédérés promettent de respecter l'Église ainsi que les droits des seigneurs justiciers; et ils s'engagent à payer fidèlement les impôts. Enfin les « villages associés » fournissent des gens de pied aux ligueurs de la Bigorre. Désormais la ligue champêtre est coiffée par la sainte Ligue; comme ailleurs, les Croquants par les royalistes. Jaillie d'une initiative paysanne, elle tombe sous la coupe de la noblesse, des villes et du clergé local.

Pourtant, Désirat et ses amis « campanères » n'abdiquent pas entièrement après 1593 leur rôle de revendication et de contestation : ils persistent à demander, aux notables de Muret, la baisse des tailles, la signature de la trêve avec les huguenots (mars 1594); et à défaut de celle-ci, la confiscation des deniers de l'Église pour le payement des gens de guerre indispensables.

Ainsi s'esquisse, pour le XVIe siècle, la courbe du mouvement paysan, aux terres et frontières de Languedoc, et plus généralement en France du Sud. Car les tendances d'ensemble paraissent communes aux régions du Midi, Guyenne, Périgord, Languedoc, ou Dauphiné, et les rebelles se moquent des frontières provinciales : l'agitation rustique dans les années 1525-1560, naît du mécontentement fiscal, et de la lutte contre la dîme; elle trouve alors sa justification, son point d'honneur, dans la propagande réformée. Elle s'épanouit ensuite dans la *praxis* révolutionnaire des années 1560-1594; elle s'attaque, alors, de proche en proche à tout l'ordre établi et devient — quoique sans esprit de système, et avec une intensité variable — à la fois antifiscale, antidécimale, antiseigneuriale, parfois même antibourgeoise; elle noue des alliances avec l'artisanat des villes; l'action rhodanienne de 1580, le mouvement croquant de 1594 marquent ainsi un véritable apogée; et par moments, les communards de Romans semblent monter à l'assaut du ciel; les Croquants anticipent sur quatre-vingt-neuf.

Mais les « Lumières » du XVIIIe siècle ne brillent pas encore, qui donneraient un sens rationnel à ces frustes mouvements. Des accès de barbarie accompagnent la montée des conscieuces. Et celle-ci même n'est pas durable. Très tôt, il y a reflux. Les luttes continuent, mais s'enlisent peu à peu dans un programme rétréci. Après 1595, et surtout après 1600, lors des célèbres révoltes populaires d'avant-Fronde, toute action contre la dîme, contre les privilèges et l'ordre social de l'Ancien Régime est abandonné, sauf exception rare. Seule est mise en cause, avec violence, il est vrai, la fiscalité royale. Les grands objectifs de 1560-1595 sont délaissés; la passion révolutionnaire reflue dans l'ornière de l'agitation fiscale. On tombe de Jaurès en Poujade.

CHAPITRE V

SABBATS ET RÉVOLTES

La conscience paysanne s'exprime dans les soulèvements populaires, vécus sauvagement, jusqu'à l'échec final, mais cette conscience affleure aussi, sur le mode mythique, dans la révolte imaginaire et fantastique, dans le sabbat, tentative d'évasion diabolique; une vague démoniaque se répand en effet, à la fin du XVIe siècle, en des régions entières de la France du Sud : Pyrénées, Massif Central occitan et rouergat, et jusqu'aux Alpes et au Jura. Dans les montagnes, spécialement en Vivarais et Pyrénées languedociennes, ces sabbats sont contemporains des révoltes populaires.

Évoquons, dans le Midi, les épisodes les plus significatifs d'une histoire et d'une géographie diaboliques, les premiers parmi ceux-ci se situant à l'extrême fin du XVe siècle... Vers 1490, la Cévenne, tout comme les massifs du Vivarais ou du Queyras, se comporte en montagne magique, où sévissent des dizaines de sorcières, issues souvent de clans spécialisés; la plus connue, Martiale, passe pour empoisonneuse d'enfants, voleuse de vin, envoûteuse : elle a fait hommage, « censive » au diable... Toutes ces femmes sont accusées de célébrer le culte du diable-bouc, bête puante et salace, avec ses rites coutumiers : baiser au cul, étreinte frigide, danses, offrande de chandelles noires, piétinements de croix, insultes à la Vierge, surnommée la Rousse. Les sorcières sont torturées et des bûchers les réduisent en cendres (1493).

Puis l'épidémie se calme, et une paix durable s'instaure, du moins localement. Car la Cévenne, gagnée par la Réforme, abjurera Satan : là du moins, les huguenots parviennent — tout comme en Suisse les disciples de Zwingli — à déchirer le réseau des superstitions diaboliques et à prendre en main la conscience rurale. Vers 1590, le temps des sabbats y est bien terminé. Seules, de bénignes affaires — pains marqués des signes cabalistiques, tractations magiques avec des tziganes — sont censurées par les consistoires cévenols. La Réforme est porteuse d'une religion plus claire, plus humaine et chaleureuse; et elle remédie efficacement à l'angoisse (ou elle la déplace).

Mais cette victoire est partielle et précaire. Victoire partielle : le diable chassé des Cévennes, conserve des bastions plus au Nord, en Vivarais; là, en 1490, Louise Fumat, paysanne, est pendue pour avoir foulé l'hostie, prostitué son corps, tué son mari, assisté au Sabbat. Une génération plus tard, la Vachonne du Roux, Catherine Las Hermes et d'autres sont brûlées (1519-1530); leur crime : elles auraient brouillé les couples, craché l'hostie, ensorcelé les pourceaux, dansé la gigue autour du bouc.

Victoire précaire. Après 1550, la sorcellerie un instant apaisée, repart en vague montante qui déferle dans tout le Sud, lors des grands bûchers de 1580-1600. Rien de plus frappant à ce sujet que la comparaison des récits des deux frères Platter, Félix et Thomas, à quarante ans de distance, 1556-1596. Au pays de Montpellier, la maladie satanique est bénigne encore en 1556; elle devient grave, pathologique en 1596.

Sous le règne de Henri II, Félix Platter, l'aîné, pourtant superstitieux, craintif, n'évoque un sorcier qu'en passant. Quarante ans plus tard, son jeune frère Thomas rencontre l'angoisse, avec la peur de Satan, infiniment multipliée. D'abord, la hantise de l'aiguillette, la crainte universelle de la castration satanique, que Thomas décrit en détail : au moment où le prêtre bénit un mariage, une sorcière se glisse derrière l'époux, noue un fil, et jette à terre une pièce de monnaie, en invoquant le diable (1). Si la pièce disparaît, le couple

(1) Castration symbolique, imitant la technique du châtreur de cochons : celui-ci ligature, avec un fil ou cordon solide, les testicules, qui tombent à terre, et qui laissent les bourses vides : d'où l'allusion à la monnaie (G. Maugard). L'aiguillette diabolique s'appelle du reste *ligatura*, dans le latin d'Église du Languedoc, en 1609. Sur l'angoisse de castration, il faudrait citer toute l'œuvre de Freud.

sera malheureux, stérile, adultère : « Il n'est pas douteux que c'est le diable qui enlève cette pièce, et qui la conserve jusqu'au jugement dernier ». Vers 1595, Platter tombe en pleine psychose d'aiguillette; et son récit rend bien compte, à travers ses exagérations même, des craintes engendrées par les sorciers : « En Languedoc, on ne voit pas dix mariages sur cent se célébrer publiquement à l'église. Les couples, accompagnés de leurs parents vont, en cachette au village voisin, recevoir la bénédiction nuptiale ». Alors seulement, les nouveaux mariés, délivrés de l'angoisse, peuvent rentrer chez eux, prendre le repas de noces, se mettre au lit, et congédier chaque invité, d'un baiser sur la bouche. Et Platter, médecin sérieux, de hocher gravement la tête : la panique est telle, conclut-il, qu'il y a danger local de dépopulation, par peur d'aiguillette et raréfaction du nombre des mariages!

L'angoisse de la castration par l'aiguillette est inséparable d'une hantise de l'impuissance chez l'homme, et dans certains cas, de la frigidité chez l'épouse : la *froidure*, que les paysans languedociens, vers 1600, associent curieusement à la stérilité. Ce thème ne perdra que peu à peu sa charge maléfique; disparu du Languedoc, il subsistera plus longtemps dans le folklore roussillonnais et catalan. Et dans les régions les moins développées de l'Europe (Sicile, Italie du Sud), des rites directement propitiatoires de la castration continueront, jusqu'à notre époque, à être employés par les jeunes mariés : les méthodes seront différentes, l'angoisse primaire restera la même que chez les Languedociens du XVIe siècle finissant.

Parmi ceux-ci précisément, les meilleurs esprits, les gens les plus haut placés croient aux diableries, et sont parfois sorciers redoutables : Augier, prévôt de Languedoc, empoisonne les belles dames, avec une bague d'or, où réside un *spiritus familiaris*.

A partir de 1580, avec les célèbres épidémies diaboliques (bien connues en Franche-Comté, comme au Pays basque, où flambent plus de 500 bûchers), on voit se réveiller peu à peu toute la chaîne des montagnes magiques, grandes usines à délires, dont les cheminées recommencent à fumer; et les lignes de force des influences démoniaques courent des Pyrénées au Jura, par les hauteurs occitanes du Massif Central. Dans les Pyrénées languedociennes, ce pays d'épouvantables jurements, les historiens locaux signaleront encore, la veille de la Fronde, des procès de sorcières avec « maléfices aux bestiaux, pertes de petits enfants au berceau, dégât général aux fruits », et par voie de conséquence, pendaison, brûlement, fustigation, ou bannissement des coupables. Plus au Nord, le Rouergue est fort infecté : vers 1595, les sorciers y règnent, sur la crasse et l'ignorance des habitants, gens impies et grossiers; car ces Rouergats ignorent la Bible; et comme ils habitent dans des écarts ou des hameaux, très loin des églises, ils ne vont pas à la messe, et ils sont exposés à toutes les obsessions du démon. Non loin de là, au pays de Saint-Pons, repaire d'astrologues et de superstitions, le diable est également chez lui; il obsède curés, notaires, dont les livres de raison en 1590-1600 nous conservent les angoisses; il tire par les pieds avec la force de six hommes, le cadavre de Suzanne Rességuière, qui s'est pendue aux barreaux de sa fenêtre. Et il est courant paraît-il, vers 1605, que des fantômes accomplissent le trajet Rouergue-Saint-Pons et retour, en déblayant la neige devant eux, à travers les cols de la Montagne Noire.

Vers l'Est, la Cévenne huguenote, on l'a vu, ne connaît désormais l'infection que sous des aspects bénins. La vraie route satanique passe désormais plus au Nord. Elle quitte le Rouergue, saute le Gévaudan calviniste, pour aboutir en Vivarais. Là jaillit de nouveau, en 1581, après cinquante ans d'accalmie, la flamme des bûchers : en 1581, des consuls, des médecins, des apothicaires d'Annonay lancent contre les sabbats de la montagne l'arsenal des exorcismes et des tortures, pratiquées dans les églises paroissiales de la ville. Parmi les procédures, citons celle de Catherine Boyaronne, 50 ans, paysanne de Saint-Symphorien : des notables, honorablement connus, « la flambent comme un cochon », lui versent du lard bouillant dans les oreilles et d'autres parties du corps, cuit tout vif, pour lui faire avouer qu'elle a emmené sa fille au sabbat.

Du Vivarais enfin, la chaîne démoniaque rejoint (par Lyon), la Savoie et le Jura, où fourmillent les sorciers, à l'époque de maître Boguet...

Les faits sont là : sursaut obscurantiste, crise magique de la fin du siècle; diabolisme rural, surtout montagnard. Comment en rendre compte, alors que, au même moment, la Réforme semble impliquer une montée de lumière ?

Thomas Platter propose en 1595 une explication

géographique : où sont les villages à sorciers, se demande-t-il après ses voyages dans le Midi français ? Et il répond : là où l'habitat dispersé, le relief, etc., interdisent aux paysans la fréquentation de la messe ou du temple; là où les tournées pastorales sont difficiles; là où les rustres, ignorants, n'accèdent pas à l'Écriture. Alors ils sont une proie rêvée pour le diable. Retranchés dans leurs écarts, ils secrètent l'idéologie agraire par excellence, la sorcellerie. Ainsi le Rouergue, la montagne de Saint-Pons, spirituellement délaissés, sont-ils des nids à sorciers. C'est une sorcellerie des angles morts.

Explication trop statique, mais qu'on peut dynamiser, insérer dans le flux vivant du XVIe siècle : car la montée des faits de la sorcellerie ne répond pas seulement à des conditions géographiques immuables. Elle est datée, située précisément dans le temps. Elle dénonce la carence et la crise croissante d'un encadrement spirituel. De ce point de vue, certaines analyses sociologiques, formulées dans un contexte bien différent, peuvent apporter, *mutatis mutandis*, des suggestions utiles. L'essor démographique du XVIe siècle aboutit à un relatif entassement des masses humaines dans les anciennes paroisses, aux faubourgs des villes, aux flancs essartés des montagnes. Or le clergé local, pas plus que les autorités civiles, n'a prévu, ni compris, ni même noté ce phénomène d'essor; il n'a rien organisé pour y faire face. C'est seulement au XVIIe siècle que les évêques en tournées pastorales se préoccuperont des malades qui, dans les écarts de colonisation récente, meurent seuls, hors de tout secours spirituel, loin des églises.

Et les guerres civiles, après 1560, aggravent encore cette situation d'abandon : des prêtres sont massacrés; d'autres fuient l'insécurité. Beaucoup d'ecclésiastiques quittent leurs ouailles, prennent l'arquebuse et se font soldats de la Ligue. L'encadrement clérical est donc mal assuré. Spécialement affligeante est la déréliction spirituelle des montagnes, foyers de maquis, brigandage, terrorisme : loin de leurs prêtres, des paysans se retrouvent seuls, en face de leurs angoisses, de leurs terreurs ancestrales. Ils se vouent au diable.

Les volontés d'inversion

N'est-ce pas cependant appauvrir l'analyse, que de réduire l'épidémie diabolique à une simple privation d'âme, à une conscience dévalorisée, voire à un déficit d'encadrement religieux? Par-delà cette « négativité », il faut restituer à la sorcellerie son caractère plein et dru, de sève idéologique authentiquement campagnarde, venue du fond des âges et du fond des âmes. Alors elle n'apparaît plus seulement comme l'expression d'un vide spirituel, mais comme une vive réaction de la conscience paysanne : celle-ci est déçue par les idéologies d'origine urbaine; après 1560, elle est violée par la guerre, hantée par la misère et la mort, souvent aussi par l'échec sexuel (aiguillette, angoisse de castration); du coup, elle s'évade, en proie aux vieux délires; elle s'abandonne à tous ses démons; à défaut d'une libération véritable, elle tente l'aventure d'une révolte satanique.

Entre ces soulèvements fantastiques, et les soulèvements populaires véritables, qui culminent eux aussi aux mêmes montagnes, vers 1580-1600, il y a des coïncidences géographiques, chronologiques, familiales parfois. Mais il y a surtout entre sabbats et révoltes, certaines parentés profondes, au niveau des structures mentales et du psychisme inconscient. Nous avons déjà noté, à propos de l'aiguillette, certaines angoisses caractéristiques. Mais les mécanismes d'affabulation eux-même présentent des traits communs remarquables. Dans les deux phénomènes, insurrection et sorcellerie, on retrouve en effet, de temps à autre, le schéma de l'inversion, prolongement du rêve : ce retournement fictif du monde réel, si fréquent dans la réflexion mythique et dans la « pensée sauvage ». Rien d'étonnant, si cette inversion est liée à certains types de révoltes, chimériques ou effectives, et souvent désespérées; car inverser le monde, le retourner sens dessus dessous, ce n'est pas le révolutionner, ni même le transformer vraiment; c'est néanmoins, de façon élémentaire, le contester, le nier, proclamer un désaccord avec lui. Or, la sorcellerie de 1600, comme les révoltes, comme les fêtes populaires, porte la marque systématique d'une telle tendance.

Typique de cette volonté obsessionnelle de permutation est le témoignage d'un petit sorcier du Sud, un adolescent de Saint-Jean-de-Luz, âgé de quinze ans, décrivant la messe noire, telle qu'il la vit soit-disant célébrée, en 1609, « six ou sept fois » par le curé Jean Souhardibels, au lieu de Cohandia (pays de Labourd) : « A cette messe, Souhardibels faisait l'élévation montrant une hostie noire estant eslevé en l'air les pieds contremont et la tête renversée en bas devant le diable et demeuroit en cette posture pendant l'élévation autant de temps qu'on mettroit à dire un *credo* et les tesmoing se mist lui-même devant nous en mesme poinct, pour mieux nous en faire la démonstration (car Satan leur apprend les plus horribles traicts qu'on vit jamais), et nous dit encore plus et chose qu'il ne pouvoit exprimer que tout le corps du prestre estoit eslevé en l'air, si bien qu'encore que son corps fut renversé et eust la teste en bas et lez pieds contremont, néantmoins faisant cette élévation, il disoit que le corps et les bras du prestre à proportion estoient que nos prestres les ont quand ils font la vraye élévation en l'Église de Dieu, parce que (ajoute le témoin) le Diable fait paroistre au Sabbat toutes choses renversées, et qui semblent du tout impossibles aux hommes, mais non à lui ».

Témoignage précieux : car dans l'absurdité totale d'une représentation — un prêtre qui dit la messe jambes en l'air, tête en bas — il marque la prétention têtue et sur la fin clairement explicitée, d'une pensée mythique à permuter les institutions, à mettre fanatiquement le monde cul par-dessus tête. Deux ans plus tard (1611), un autre témoin reprend la même idée, sous une forme différente et moins contraire aux normes de la pesanteur : « les prêtres du Labourd », déclare-t-il, célèbrent la messe noire, non selon le rite normal « ains tout à rebours » : et, par exemple, ils officient le visage tourné vers le peuple et non vers l'autel comme à la vraie messe. De même, au lieu d'une hostie blanche, ils consacrent une rave noire : perversion minutieuse; inversion, toujours, des rapports normaux.

Ces thèmes du « monde à l'envers » ne sont pas spécifiques de la montagne basque, sombre pays d'enchanteurs. On les retrouve sous des formes diverses dans la sorcellerie catalane : prières latines récitées à l'envers, démons au corps retourné, et qui portent un visage à la place du bas-ventre (dans les tableaux diaboliques de l'école catalane, conservés au musée de Perpignan). On les retrouve aussi dans tout le Midi méditerranéen, de Narbonne à Antibes, non plus dans le drame des sabbats et des messes noires, mais sous les dehors canularesques de la fête des fous, des saturnales d'église, des messes-bouffes et des messes-farces, célébrées par un abbé de carnaval, qui entonne gaiement l'hymne burlesque *Memento David sans truffe*.

Chez ceux qui singent la messe et les hiérarchies de l'Église, le souci d'inversion va très loin : Naudé décrira, un peu plus tard, l'un de ces « offices » du folklore méditerranéen, aux Cordeliers d'Antibes : lors de la fête des fous, les frères coupechous, marmitons et jardiniers, s'installent aux stalles du chœur à la place des religieux prêtres; les ornements sacerdotaux sont déchirés et mis à l'envers, les livres sont renversés et lus à rebours, avec des lunettes bouchées, sans verres, obturées par des écorces d'oranges; messe et psaumes sont marmottés à petits cris confus.

Or ces thèmes d'inversion, formulés avec minutie, on ne les rencontre pas seulement dans les saturnales du sabbat et de la fête des fous; mais aussi dans ces grandes saturnales sociales que sont les révoltes populaires d'autrefois : celles-ci, faute de possibilités réelles, ont bien du mal à élaborer un plan effectif de transformation révolutionnaire de la société; et quand elles vont au-delà des requêtes immédiates, elles sont habitées par un projet sauvage — parfois millénariste — de permutation des rangs, du réel, et des rites : « les premiers seront les derniers »... Lire à rebours les livres renversés c'est la farce grotesque des frères coupechous d'Antibes; mais c'est aussi, à cent lieues de là, un geste grave de défi social, inventé en toute indépendance par les anabaptistes de la Saxe, quand ils veulent glorifier le peuple pauvre et analphabète.

Et, sans aller si loin : dans le Midi rhodanien, toute la révolte artisane et rurale qui culmine dans les mascarades sanglantes, au Carnaval de Romans, est interprétée dans le psychisme populaire et bourgeois, en termes d'inversion : permutation envisagée entre riches et pauvres, et jusqu'à l'absurde, des rangs, des conditions, des biens, des épouses, et même des prix de toutes les denrées.

Ainsi les prises de conscience, du XVIe siècle finissant, paraissent quelquefois tourner court, par abandon de leurs objectifs; ou bien elles débouchent farouchement sur l'irrationnel. C'est que les contestations raisonnables — celles qui remettent en cause la dîme, les rentes, les seigneuries, les privilèges, le mauvais partage de la terre et le désordre établi — ne sont pas encore guidées par une élite éclairée, porteuse des « Lumières » et d'une conception moderne de l'homme. Et les luttes encore primitives restent engluées dans l'obscurantisme; le paysan qui combat tâtonne dans les ténèbres; et celles-ci s'épaississent à la fin du siècle... L'expansion du nombre des hommes, on l'a vu, n'est pas accompagnée d'une croissance harmonieuse des richesses; et cet échec social a son équivalent au niveau des prises de conscience, des luttes agraires et des poussées inconscientes. Car la liberté terrienne ne vainc pas; l'angoisse revient en force, avec les vieux délires; et l'on voit réapparaître, dans le comportement des masses populaires, les récurrences d'une « pensée sauvage ».

TROISIÈME PARTIE

OFFENSIVE DE LA RENTE

*Les contradictions du XVII*e *siècle, celles-là même dont Malthus et Ricardo formuleront les modèles abstraits, survivent aux conflits de religions. Elles étendent leur ombre sur une large part du XVII*e *siècle* (1) : *après 1600, la population continue de croître, sans que le revenu global, calculé en termes réels, grandisse, dans ce long terme, à la même cadence. Certes, bien des signes indiquent que cet essor démographique s'essouffle, et que le peuplement renâcle, opprimé ou comprimé par la pauvreté. Dans les villages que touche encore, après 1600, le phénomène d'essor des populations, l'accroissement du nombre des taillables* (2) *ne se situe plus, la plupart du temps qu'à 2* ou *3* % *par décennie, au lieu de 10* % *au beau XVI*e *siècle. Dans certains cas, minoritaires il est vrai, cette conjoncture de hausse est même totalement annulée, faisant place à la baisse franche; la peste de 1630, localement, dépeuple en effet quelques paroisses, dont elle fauche le quart ou le tiers des habitants.*

Ces nuances pourtant ne sauraient cacher l'essentiel; en dépit des exceptions pesteuses, en dépit aussi d'une vélocité moindre que par le passé, l'essor démographique persiste sous Henri IV et Louis XIII, dans les campagnes de Languedoc : cet essor ne s'évanouira tout à fait qu'après 1680.

La société souffre donc d'un excédent progressif d'êtres humains. Elle ne fournit pas à ceux-ci le complément de

(1) Ces quelques pages en italique qui traitent, en dates rondes, de la période 1600-1650 sont un résumé de la partie correspondante de l'édition complète (p. 415 à 508).

(2) Cf. supra, première partie, début du chapitre II.

ressources qui leur seraient nécessaires. Mesurée en effet par les dîmes ou par les cadastres, la production agricole n'augmente pas après 1600 au rythme qui s'imposerait, compte tenu de la pression montante du peuplement. Certes quelques belles réussites s'individualisent : entre 1600 et 1655 les abords du Golfe du Lion se couvrent de vignes, dont les produits s'exportent en direction de Gênes. Vers à soie et mûriers s'implantent aux Cévennes et dans le Comtat Venaissin. Si l'on va au-delà de ces réussites sectorielles, et si l'on s'intéresse aux masses cumulées des productions brutes, qui incluent grains, élevage et huile d'olive, la première impression là aussi inclinerait plutôt à l'optimisme : les années 1600-1650 paraissent marquées par une vive reprise, et par une montée du produit de la terre. Mais une analyse plus poussée met les choses au point. Cette reprise n'a rien à voir avec une vraie croissance. Elle n'est qu'une récupération, un gigantesque épisode de rattrapage. Le revenu agricole, réel et global, avait baissé pendant les guerres civiles. Au cours du XVIIe siècle, entre 1600 et *1640-1660, il se borne à retrouver progressivement son niveau d'avant 1560, du temps de François Ier. Or, dans l'intervalle (disons en gros 1550-1650), la population contre vents et marées, a monté lentement. Les malédictions du XVIe siècle conservent donc leur effet depuis la Renaissance jusqu'au Baroque et jusque vers 1650-1655 : quand le dividende économique est bloqué, quand le diviseur démographique est en hausse, le quotient individuel serait bien en peine de s'accroître, même s'il enregistre, momentanément certaines phases de récupération. Les facteurs familiers de la paupérisation, déjà rencontrés depuis 1500 (voir* supra, *première partie, chapitre III), continuent donc à opérer, entre l'Édit de Nantes et la Révocation : ils s'inscrivent en particulier dans la persistance du morcellement foncier, cette pulvérisation des parcelles étant décidément appauvrissante, puisqu'elle ne s'accompagne pas d'une hausse durable du rendement à l'hectare. Les compoix témoignent une fois de plus, quant à cette progressive atomisation des lopins, qui persiste lentement, jusqu'aux environs de 1680.*

Sur un point pourtant, les soixante premières années du grand siècle tranchent radicalement avec la phase précédente, étudiée dans la première partie de ce livre. On assiste en effet, à partir d'Henri IV ou Louis XIII, et pour la première fois, au décollage caractéristique de la rente, et des ponctions de toute sorte, effectuées par *les « classes propriétaires » sur le produit brut. La rente foncière, perçue par le propriétaire sur l'exploitant agricole, (sur le fermier), s'élance, et démarre en tête du peloton : elle est évidemment stimulée par l'essor démographique, qui multiplie les candidats au fermage, et qui aggrave la demande de terre, sans agrandir pour autant l'offre des champs disponibles. Cette hausse du fermage intervient dans un contexte modifié : le salaire agricole, stabilisé au plancher après la paupérisation du XVI*e *siècle, constitue désormais au premier XVII*e *siècle, une variable incompressible, un « butoir »; dans ces conditions, c'est le profit du fermier qui est écorné par ce gonflement « moderne » de la rente foncière : l'exploitant rural, jadis si florissant (au temps de la Renaissance), joint plus difficilement les deux bouts, au fur et à mesure que s'avance le siècle de Louis XIII.*

*Quant au prélèvement étatique, matérialisé par l'impôt direct et indirect, il était resté passablement stable en valeur réelle, depuis le bon Louis XII jusqu'au jeune Louis XIII. Mais Richelieu va changer tout cela : avec l'énergie qu'on lui connaît, il donne le tour de vis fiscal, qui finance la guerre, bâtit l'appareil monarchique, et par contre coup déclenche la révolte et l'émeute. Le paysan, « mulet de l'État », et grand payeur des tailles et gabelles est affecté au premier chef par ce tour de vis du Cardinal... Pour ce qui est de l'Église catholique enfin, levant les dîmes sur les fruits des terres, elle n'est pas en reste. Après les temps néfastes pour elle des succès huguenots et des grèves décimales (1560-1595), surviennent, bénéfiques au clergé, les vaches grasses du siècle des Saints et du triomphalisme baroque : les refus de dîmes sont bien oubliés au XVII*e *siècle. Au rythme même où monte le prélèvement décimal, dont les rustres désormais s'acquittent avec fidélité, le sol du Languedoc se couvre d'églises, de palais d'évêques, de couvents et de séminaires, dans les murs desquels s'investit le pactole issu de la dixième gerbe. Enfin, après cette triple ponction, domaniale, étatique et sacrée (fermage, fisc, dîme : ou, en d'autres termes, rente de terre, d'autorité, d'Église), une quatrième catégorie de prélèvement connaît la prospérité, au moins relative; c'est celui qui tombe, sous forme d'intérêts et remboursements, dans l'escarcelle des prêteurs d'argent, dont les clients, ruraux et pauvres, sont tellement nombreux. Les créances, (qui constituent la fortune des usuriers), les rentes constituées, consenties par les créditeurs, sont dorénavant plus solides, après 1600,* *que par le passé, dans la mesure où l'inflation les érode beaucoup moins. En dépit de hausses passagères et de fluctuations parfois impressionnantes des cours, l'époque de la révolution des prix est tout à fait révolue, après les années 1590. L'inflation galopante n'est plus là pour soulager les paysans cousus de dettes, qui désormais sont étranglés plus fortement par les prêteurs. Le XVII*e *siècle est l'âge d'or de Monsieur Dimanche.*

Pendant les deux premières générations des cent années ainsi mises en cause, on se trouve donc en présence d'une société agraire toujours plus fournie d'hommes, pauvre de biens, vouée au morcellement croissant de terroirs rigides, enfin de plus en plus parasitée par la rente et par les prélèvements de tout acabit. Ces prélèvements accrus sur le produit brut et sur le producteur agricole sont opérés au profit de ce groupe florissant, que Quesnay appellera, cent ans plus tard, la classe des propriétaires : Souverain, possesseurs de terre, décimateurs, et autres bénéficiaires du «Produit net ». L'ensemble de ces phénomènes est gros de tensions.

Quand ces tensions se font sentir à l'extrême, comme après 1625, la société, pour une partie d'elle-même, se perçoit comme souffrante, et d'une souffrance qui tourne occasionnellement, à la révolte sauvage, (Agen, 1635; Rouergue, 1643; Montpellier, 1645; etc.). L'impôt détesté fournit le prétexte, à fleur de peau, de ces « émotions populaires »; mais celles-ci véhiculent, par delà les mots d'ordre antifiscaux, d'obscures énergies, où le rôle de l'inconscient collectif n'est pas négligeable : les rebelles d'Agen en 1635 retrouvent sans effort, en consultant simplement leurs instincts, les gestes castrateurs et anthropophages chers aux héros de l'Iliade et aux rebelles primitifs du Moyen Age.

*Vigoureuse, parvenue à une sorte de maturité démographique, mais bourrée de frustrations et de contradictions insolubles, coincée entre les énergies populationnistes et passionnelles qui la portent en avant, et les freinages malthusiens et ricardiens qui bloquent son essor, la société paysanne et traditionnelle du Languedoc, à la troisième génération du XVII*e *siècle, évolue lentement vers un dénouement négatif et vers un retournement de conjoncture : au flux presque biséculaire qui s'achève en pénible culmination, succédera sous Louis XIV un reflux brutal. Nous tenterons d'en déterminer la chronologie.*

QUATRIÈME PARTIE

LE REFLUX

PRIX ET CHRONOLOGIE

En 1653-1654, à la mercuriale de Béziers, les prix du froment, année-récolte, atteignent leur maximum séculaire : 10 x 6 s. le setier. Et puis c'est la chute, irrémédiable, jusqu'aux bas-fonds du Colbertisme, jusqu'aux marécages de la Révocation... La phase B des prix nominaux qui se marque ainsi, de 1654 à 1690, est, comme en Italie, plus précoce qu'au Nord de la France ou qu'au Nord de l'Europe. Pour fixer les idées et citer quelques marchés dont les prix sont connus, il semble en effet que Milan soit atteint par la dépression avant Aix et Béziers, Béziers avant Paris, et Paris avant Danzig. Propagation du Sud au Nord, de l'épicentre monétaire méditerranéen jusqu'aux marges lointaines de la Baltique? Les dates parlent : la chute des prix commence à Milan dès 1637, à Béziers en 1654, à Paris et Beauvais en 1662, à Danzig en 1663.

Mais les contrastes des récoltes interviennent, eux aussi, pour expliquer certains de ces décalages chronologiques. La phase B s'annoncerait à Paris, peut-être, dès la décennie 1650, mais elle s'évanouit, en fait, presque aussitôt : car la famine de 1661-1662 redresse les courbes et porte, l'espace d'une année, les prix du blé, en sursaut désespéré, à leur maximum séculaire. Dans sa capitale, Louis XIV peut bien célébrer les fastes de l'avènement, mais dans toute une zone rouge qui va du Blésois au Boulonnais, des pauvres crèvent de faim, mangent les trognons de choux avec du son, détrempé dans l'eau de morue, meurent ou demeurent secs, languissants, l'esprit perdu.

Rien de semblable au Midi : dans ce pays de tendance

aride, ni la pluie, ni la nielle, n'ont, comme au Nord, gâté la moisson de l'avènement. Et c'est même, paradoxe, le Midi, Languedoc et Gascogne qui, par Bordeaux, vend du blé aux Normands et aux Parisiens, dans l'année-disette 1662. Les marchés du Sud n'enregistrent en 1661-1662 qu'une hausse faible du prix des céréales, sans commune mesure avec celle qui les avait secoués lors de la Fronde. Et la pente déclive des diagrammes n'est pas rompue, à Béziers (comme elle l'est à Beauvais), par cet accident initial des années 1660 : la courbe du prix céréalier demeure, dans son tracé d'ensemble, basse, léthargique, jusqu'en 1673... C'est bien la phase B du colbertisme, dans sa pureté originelle : les prix sont bas; la « disette d'argent » règne; les récoltes sont souvent abondantes (on le verra par les indices d'activité), mais elles pourrissent et se gâtent faute de « débit »; le commerce est « étrangement interrompu »; la terre est hors d'état de payer les charges et les frais de culture... Le drame est européen : à la mévente du blé languedocien ou bourguignon, répond celle des grains de la Baltique; et l'on voit s'apaiser, retomber provisoirement, après le milieu du siècle, ce grand cycle d'exportations des grains du Nord qui avait commencé, deux cents ans plus tôt, en Pologne, dans le duché de Prusse et dans la Livonie des chevaliers porte-glaive.

A fatalité internationale, causalité internationale : les évêques languedociens, aux États, expliquent parfois la mévente des blés ou des vins par les pilleries des Barbaresques ou par les frégates que les fermiers des douanes ont postées sur le Rhône, pour rançonner le commerce. Ce sont là causes réelles, mais occasionnelles, provocations passagères; en fait la dépression des prix des années 1660 a diverses causes profondes qui dépassent largement le cadre d'une région, ou même celui d'une nation : parmi ces causes, la baisse de la demande — provoquée peut-être par quelques grandes décadences démographiques : décadence espagnole, italienne, française du Nord avec la Fronde; décadence allemande et polonaise (n'oublions pas que les Suédois et leurs alliés, entre 1635 et 1665, ont réussi, littéralement, à assassiner deux nations, l'Allemagne et la Pologne); il y a, dans le même ordre d'idées, la baisse de la demande solvable, en raison, notamment, d'une « famine monétaire », ou disette d'argent, bien connue.

Enfin, fait moins connu, mais que certaines études

commencent à mettre en évidence, il faut noter aussi — face à cette contraction de la demande — un maintien temporaire, une certaine rigidité de l'offre : offre, au Nord, des blés d'Angleterre, de Bretagne, stimulés peut-être par un cycle ensoleillé de belles récoltes et, sans doute, par un effort de mise en valeur; au Sud, offre des maïs italiens, aquitains; dans ma région, offre maintenue, accrue même, jusque vers 1670, des grains et — vins exceptés — des productions enregistrées aux dîmes.

Demande internationale en baisse, offre rigide ou parfois même en hausse, est-ce le secret de la chute des prix, de la phase B colbertienne, conçue comme une résultante?

Plus précoce, initialement, que dans le Nord, la phase B des prix nominaux du Midi s'affaiblit, s'efface aussi plus tôt que dans le Bassin parisien. Déjà, les hausses cycliques de 1678 et 1684 sont nettement plus marquées à Béziers ou à Aix qu'à Paris ou qu'à Beauvais. Immunisation du Midi, moins affecté par la dépression économique que le Nord? C'est plausible. Mais là aussi des causes locales, purement « cycliques », interviennent : en Languedoc et Provence, ces hausses de la décennie 1680 sont dues aux déficits céréaliers par sécheresse; or, les moissons du Nord, plus humide et plus frais, n'ont pas souffert au même degré de ces épisodes d'échaudage.

A partir de 1690, le tournant est pris partout; les cours nominaux des grains, vins, huiles, à Béziers, repartent en flèche, égalent les records de la Fronde dès 1690-1700, puis les surpassent vers 1709-1715 et après 1718.

Hausse européenne, à significations multiples : elle intègre, dans la décennie 1690, le cycle des grands hivers, des étés froids et pourris, des mauvaises moissons de l'Europe du Nord. Mais elle est aussi « soufflée par l'inflation ». En France, en Angleterre, les gouvernements font la guerre; ils constituent des stocks d'intendance; ils tentent d'augmenter les impôts et poussent ainsi les contribuables à majorer leurs prix de vente, pour y incorporer les charges fiscales. Surtout les grands États financent le déficit budgétaire, par l'appel au crédit, en fin de compte par les dévaluations. C'est cette inflation qui — davantage que l'injection encore bien minime « d'or brésilien » — contribue à exalter, vers 1690-1700, le diagramme des prix nominaux

Hausses malsaines, donc, hausses de misère, de rareté, de marché noir : en France, elles sont contemporaines des catastrophes agricoles de la fin du règne. Pourtant ces hausses peuvent, dans des secteurs minoritaires, ranimer « certains circuits de la production et du profit ». Elles créent des contrastes, des compensations, des évolutions en « ciseaux » qu'il faudra mettre en valeur : ainsi en Languedoc, vers 1700, l'agriculture s'effondre; mais la draperie s'élance. Et tandis qu'on abandonne les champs à la friche, les navires quittent Marseille, en nombre toujours plus grand, chargés d'étoffes pour les Levantins.

Les courbes des prix nominaux, avec leurs aspects changeants, leurs ruptures de pente à la fin du siècle, sont fortement contrastées. Tout autre est la vision des prix métalliques : unité presque séculaire, morne décadence. Si je convertis en prix-or ou en prix-argent les prix nominaux du marché des grains biterrois, j'obtiens, de 1650 à 1730, une courbe en pente descendante et douce, continûment plane ou déclive; courbe ridée, mais non rompue par les quelques ressauts de 1690 et 1710. C'est une longue période de baisse, quatre-vingts années : elle est significative, très probablement, de pénuries monétaires ou de contraction économique, ou des deux phénomènes conjugués.

Contrastes chronologiques, donc : la phase B des prix nominaux était relativement brève; elle correspondait à peu près au ministère de Colbert. Au contraire, la phase B des prix métalliques s'étend vers l'aval. Elle couvre toute une période historique, de Fouquet à Fleury. Les deux systèmes de signes, nominaux et métalliques, ne concordent pas. Faut-il récuser les premiers au nom des seconds, et le réalisme en vertu d'un nominalisme?

En fait, cette contradiction doit être dépassée. Non pas dans un débat stérile, qui renverrait sans fin des grammes d'argent aux livres tournois, et des platitudes du quantitativisme absolu, aux paradoxes de l'économie sans monnaie. Mais dépassement véritable, vers le concret; par-delà les paysages ambigus des diagrammes de prix, il convient maintenant d'évoquer, à partir des dîmes, les courbes maîtresses, illuminantes; courbes des productions; courbes du revenu brut, nominal, puis réel (calculé en blé). De ces indices d'activité, on passera ensuite aux données de population, enfin à l'analyse spectrale des répartitions... On verra donc au-delà des courbes de prix, nominales ou métalliques. En agissant de la sorte, on comprendra mieux celles-ci, on les situera dans un contexte économique et social; on les observera pour ainsi dire en transparence.

CHAPITRE I

AVATARS DU PRODUIT BRUT

Vin

Les productions. Premiers symptômes : le vignoble. Vers 1670, l'intendant d'Aguesseau fait le point sur la viticulture de son Languedoc. Il admire quelques réalisations capitalistes; (chez un viticulteur de Béziers, d'une famille de marchands d'étoffes, une énorme cave peut contenir 10 000 hectolitres); il décrit les marchés lointains — pas très lointains — où s'expédient les vins du Bas-Languedoc : vers l'Italie — Rome et Gênes — par mer. Vers le Sud-Est français : vers Marseille, Grenoble, Genève, Lyon, par le Rhône. Vers les franges buveuses du Massif Central : Vivarais, Gévaudan, Mende surtout (ville d'ivrognes), par convois muletiers. Ce trafic semble provincial en somme, quand on évoque, par comparaison, les vins français de la côte atlantique qui vont en Angleterre, en Hollande, en Baltique. Un seul cru du Midi, le muscat de Frontignan, est connu au-delà des frontières, à cette époque.

Horizons bornés, selon d'Aguesseau; dîmes du vin pessimistes, d'après mes recherches. A Béziers, Agde, Narbonne, gros vignobles, bien situés, à vocation maritime, la production tombe à partir de 1645-1650, puis s'écroule sous Colbert, à la moitié des niveaux records d'avant-Fronde. Cette production viticole est stabilisée par la suite, à ce « plancher », jusque vers 1710 (où courbes et documentation s'interrompent)... A Gaillac, vers 1700, la dîme du vin est nettement plus basse que sous Louis XIII et deux fois moindre qu'au temps de la Fronde. Quelques velléités de reprise se feront sentir dès 1725-1730 : elles seront freinées par une chute des cours, puis bloquées en 1730 par l'interdiction de planter les vignes. La poussée viticole, à Gaillac, ne reprendra vraiment qu'à partir de 1734, et surtout 1740, quand les défenses de planter tombent en désuétude. Les records de la Fronde ne seront couramment atteints qu'après 1751-1752. Ils ne seront réellement battus qu'après Turgot, en 1779. Voilà une série qui donne à penser, quant aux réussites viticoles du premier XVIIe siècle, et quant à l'ampleur de la décadence qui intervient ensuite, sous Colbert et Louis XIV.

Intérêt de ces dîmes de vin : d'abord elles réfutent une certaine mythologie du canal, répandue chez de bons historiens. Si l'on en croit ceux-ci, en effet, ce seraient Riquet, le canal des deux mers, Sète qui auraient lancé, dans le Midi, la production viticole de masse... Or, c'est inexact. Agde et Béziers sont situés sur la nouvelle voie d'eau. Et jamais la vendange de leurs terroirs n'a été si misérable qu'après l'achèvement des grands travaux de Riquet (1680, et demi-siècle suivant). Le canal ne portera ses fruits, des fruits d'arrière-saison, qu'avec la reprise économique, à la seconde génération du XVIIIe siècle.

A Gaillac, l'effondrement louis-quatorzien des dîmes est significatif d'une détresse plus vaste, qui frappe tous les vins d'Aquitaine. Les vignerons du Sud-Ouest, sous Colbert, pleurent misère. John Locke en 1678 questionne, sobrement, l'un d'entre eux : l'homme, sa femme, trois enfants. Nourriture ? Pain de seigle, eau. Pas de viande. Sauf aux jours de fête : la tripaille d'une bête. Revenu ? Des salaires d'appoint, très faibles : pour lui, 7 sous par jour ; pour elle, 3 sous. La vigne est petite, sans rapport : les frais de culture, les tonneaux, la rente foncière très lourde, la taille en mangent tout le revenu. La famille couche sous les tuiles, dans un local sans fenêtres ; et elle est plumée par le collecteur : faute d'argent pour la taille, celui-ci a saisi les assiettes, et la poêle à frire du ménage.

Pourquoi ces difficultés viticoles et cette baisse de la production décimée, après 1650-1660 ? Parce que les prix, plus exactement les rapports de prix, ont cessé, dès cette époque, d'être rémunérateurs. Même les gelées de printemps n'ont pas rétabli les cours. Le vin nouveau à Béziers, de 1655 à 1690, tombe de 40 à 20 x le muid. C'est une baisse de 50 %, bien plus accentuée que celle du blé (— 25 %). Le vin est, de tous les grands produits, le plus atteint par la dépression : il baisse bien davantage que l'huile d'olive et la viande de mouton; bien plus aussi que les salaires et que les impôts. Le poids des charges devient donc insupportable à la vigne; la viticulture, de florissante, devient déficitaire. Le vigneron, du coup, cesse de planter, arrache, abandonne; il est le grand sacrifié du colbertisme.

La crise des vins du Sud, entre 1655 et 1690, est à la fois plus longue, plus profonde qu'elle ne sera par exemple entre 1778 et 1785, lors d'une crise viticole célèbre. Crise plus longue : elle persiste le temps d'une génération. Crise profonde : elle multiplie la chute des prix par la baisse des quantités produites et elle aboutit ainsi à une effrayante réduction du chiffre d'affaires.

Devant cette catastrophe, tous les villages, toutes les bourgades viticoles ont la même réaction, qu'attestent par dizaines les documents : s'enfermer dans son terroir, en interdire l'entrée aux vins et raisins du village voisin, boire rageusement chez soi, au cabaret, la piquette du cru; « sauf si le prix augmente » comme l'écrivent les habitants de Nègrepelisse en 1666. Le vignoble s'atomise; il donne naissance à de petites monades, sans portes ni fenêtres, obstinément barricadées. En voulant préserver chaque groupe de la crise, on la multiplie pour tout le monde.

La forte hausse des prix du vin qui, après 1690, se ré-indexent sur les prix du blé parviendra-t-elle à ranimer le vignoble? Non. Les dîmes du vin restent basses, lourdes, léthargiques, pendant toute la fin louis-quatorzienne, et même pendant la Régence. Le prix est impuissant à relancer la production. A cette impuissance, il y a, semble-t-il, diverses raisons de structure : impôts trop lourds; marché trop étroit : les clients du vin, entre 1690 et 1715, diminuent en nombre et en pouvoir d'achat. D'une façon générale, les vignerons de la fin du règne sont découragés. Ils n'ont pas le cœur à planter. Il faut attendre 1720, 1735 ou 1740 pour que se modifie l'environnement économique et psychologique : les dîmes de vin alors, pourront « décoller », s'élancer vers de nouveaux sommets.

Mais en 1700-1715, la mentalité d'abandon l'emporte encore, et l'enquête provinciale sur les biens abandonnés

(1714) révèle, comme les compoix, quantités de vignasses, vignes en ruines, retournées à la friche, faute de pouvoir payer les charges et rémunérer le producteur...

Dans ces conditions, le négoce, l'industrie viticole cherchent à s'adapter, dès Colbert, aux temps difficile, et ils prospectent un nouveau marché : l'eau-de-vie. Solution classique de résorption des excédents : on distille, le vin est livré aux flammes.

Jusqu'en 1660, dans le Midi français, l'eau-de-vie n'est guère produite : elle reste affaire atlantique, de marins hollandais, de buveurs bretons, de viticulteurs girondins, de pêcheurs basques, qui puent l'alcool et le tabac, au point que leurs femmes font la grève du baiser. Vers 1615 pourtant, des bateaux marseillais chargent des caisses d'eau-de-vie pour les Canaries; quelques années après pour Saint-Malo. La mer est porteuse des nouvelles techniques. Mais à Montpellier, sous Louis XIII, l'eau-de-vie, n'est encore qu'une drogue d'apothicaire.

Et puis, assez brusquement vers 1663-1664 — quand la crise viticole, déjà, est installée, comme à demeure — apparaissent des signes nouveaux : en 1663, à Béziers, le repas des vendangeurs comporte une gorgée d'eau-de-vie, pour la première fois mentionnée. L'année suivante, 1664, à Lunel, heure des vendanges, les plaintes s'élèvent contre des industriels de type nouveau, jusque-là inconnus dans la région : les distillateurs; leurs fourneaux, disent les gens, font enchérir le bois. Leur chantier dégage une eau croupissante, etc... Vaines plaintes. On n'arrête pas le progrès. En 1664, encore, à la mercuriale de Béziers (cet enregistreur d'une infinie précision), du « vin gasté pour l'eau-de-vie » est mentionné, pour la première fois dans le siècle, le 10 avril 1664; puis régulièrement, à chaque cotation. Retenons cette date; elle ouvre, en plein marasme viticole, un chapitre d'histoire économique : celui des eaux-de-vie du Midi français.

Le démarrage en est lent néanmoins. En 1670, d'Aguesseau, dans un mémoire fort bien informé, ne signale encore aucune exportation d'eau-de-vie du Languedoc. Mais Basville, en 1698, les mentionne en place importante.

La crise viticole et la mévente du vin stimulent ainsi sous Louis XIV — et dans de vastes régions françaises — une ivrognerie à base d'eau-de-vie, qui vient s'ajouter à l'alcoolisme vinique de l'époque Louis XIII. Eau-de-vie, vin, tabac remplacent largement les excitants dévalorisés du Moyen Age : poivre, épices diverses. Dès Louis XIV, les buveurs de l'Ouest s'imbibent d'alcools de poiré et de pommes, prédécesseurs des foudroyants calvados, qui démoliront des générations entières de paysans. Et dans les villes, les riches n'ont plus le monopole de l'alcoolisme du marc : les travailleurs, dès 1675, dégustent l'eau-de-vie, la noix confite, à petites mesures; des marchands ambulants leur débitent l'alcool dans la rue, en tasses d'étain, sur des tables ou escabelles que protègent des auvents portatifs en toile cirée. Même dans le Midi, si sobre, les évêques, dès 1680, fulminent contre les cabarets, qui sont la perte des villages.

Sète, à cette date, commence à devenir un port de l'alcool : en 1676-1684, des financiers — trésoriers de France, receveurs de gabelles et de tailles, engraissés dans les deniers du roi — fondent à Sète une éphémère compagnie du Levant, qui expédie des barriques d'eau-de-vie jusqu'à Amsterdam. Plus tard, en 1699, une forte vendange risque de peser sur les prix. Riposte immédiate : la distillation. 45 000 hectolitres de vin quittent le port de Sète. Mais 45 000 hectolitres d'autre part passent à l'alambic et se métamorphosent en 10 000 hectolitres d'eau-de-vie, qui sont exportés.

A la fin du siècle, dans les rudes crises louis-quatorziennes, l'eau-de-vie sauve le vignoble. A partir de 1690-1693, elle contribue (avec l'aide de quelques vendanges déficitaires) à ré-indexer les cours du vin sur le prix du blé (dont ils avaient décroché depuis trente-cinq ans). Mais ce sauvetage n'est pas une guérison. Les dîmes viticoles ne s'élanceront à nouveau que vers 1735-1740; quand s'éveilleront les marchés; quand les meilleurs crus languedociens, embarqués à Sète, iront, enfin « jusqu'en Engleterre, en Holande et en dernier lieu dans la Russie ».

Blé

Après le vin, le blé. Une dizaine de terroirs témoignent à l'enquête, disséminés d'Aquitaine à Camargue. Commentons brièvement leurs données, à partir des graphiques... Dans trois terroirs, d'abord, la production de grains « décroche » dès 1635. Et cette baisse des courbes d'engrangements, d'abord timide, devient franchement inquiètante après 1675. A cette date, elle se confond dans les mêmes terroirs avec la régression des dîmes de l'huile et du vin. Et elle atteste, ainsi, au dernier quart du siècle, une décadence universelle de la production végétale.

A Cuxac (Narbonnais), léger malaise également, à partir des années 1630-1635. Mais dans le cas de ce village, la situation se rétablit (sans plus) sous Colbert. Le vrai déclin ne commence qu'à partir de 1682; la courbe, dès lors déprimée, demeure basse jusqu'en 1740 — où elle prend fin, faute de documents.

Dans quatre terroirs enfin, la production du blé ne marque, sous Colbert, aucun signe d'essoufflement. Elle conserve, dans cette période des positions solides, brillantes parfois. La plongée, brutale, ne commence qu'autour de 1675-1685. Plongée d'un demi-siècle, concomitante, à partir de là, avec celle du vin. En effet (malgré une légère animation vers 1700-1705) ces dîmes du blé n'émergeront à nouveau, pour la croissance du « XVIIIe siècle », qu'à partir de 1730... Il semble bien qu'on soit, dans ces derniers cas, mis en présence de l'évolution la plus caractéristique. Du moins pour un certain Midi qui s'étend, *grosso modo*, du Rhône à la Garonne. Décadence de 1675-1680; « plancher » de 1680-1720; marasme, disparition de tout défrichement, de tout esprit pionnier. Tendance universelle à l'abandon des terroirs. C'est l'évolution très exactement qu'on retrouve dans le vaste ensemble des dîmes de Camargue, qui fournissent les cargaisons itinérantes des blés arlésiens. En Arles, le bloc des dîmes monte de 2 160 setiers à 2 500 setiers, année commune, entre 1613 et 1665. Il tombe à 1 640 setiers dans la période 1687-1691; à 1370, vers 1712. Il y a tournant, et le déclin est durable, au dernier quart du XVIIe siècle.

Il faut tenter maintenant de caractériser cette crise du blé, presque partout constatée à partir de 1675-1680.

Crise effective — et non à demi fictive (comme c'était le cas, cent années plus tôt, quand les grèves faisaient tomber les dîmes). Dans les années 1680, qui cernent la Révocation — les dîmes sont fidèlement perçues et, si elles baissent, c'est par défaillance du produit, non par sabotage du producteur.

Crise grave : les dîmes tombent parfois en-dessous de leur niveau du XVIe, voire du XVe siècle.

Crise complexe : au départ, vers 1680, la baisse est

déclenchée par une série malchanceuse de mauvaises récoltes. Les sécheresses impitoyables de 1680 et des années suivantes cisaillent les courbes, y creusent des entailles profondes. Cependant les sécheresses passent, la dépression des courbes de production céréalière persiste. Donc l'accident climatique n'est, comme il arrive souvent, qu'un élément provocateur; et il fait jouer des causes profondes, humaines, et plus durables que lui.

Crise tardive enfin : la production du vin s'effondrait dès 1650-1660. Celle du blé, dans la moitié des terroirs connus, résiste encore près de vingt années. Elle ne fléchit partout qu'après 1675. Une telle disparité reflète évidemment la distorsion des rapports de prix. Si le volume des vendanges s'effondre bien avant celui des moissons, c'est que le prix du vin a baissé plus tôt, c'est surtout qu'il a baissé bien davantage que le prix du blé. Face au vigneron, paria de la déflation colbertienne, il est normal que le laboureur de blé, moins éprouvé par la baisse des prix, fasse quelque temps meilleure figure.

Mais les mercuriales ne sont pas seules en cause. Vin et blé, dans cette région, appartiennent à deux systèmes de prix, mais aussi à deux formations différentes, à deux étages de l'économie. Le vin du XVIIe siècle est déjà engagé, assez fortement, dans une certaine économie de marché. Il est donc affecté, comme les produits actuels, par toutes les sautes d'humeur de la météorologie économique. Et la baisse des prix conduit le vignoble au désastre.

Au contraire le blé du Midi méditerranéen, en pays maigre, sec (parfois exportateur, souvent importateur de céréales), reste englué, pour une part très vaste, dans l'économie naturelle, dans l'auto-consommation familiale, locale, traditionnelle. On n'est pas en Brie ou en Pologne. Qu'on lise d'Aguesseau : en 1670, le froment ou seigle languedocien voyage peu, « se consomme sur place ». On signale des virements internes, de montagne à montagne, de plaine à montagne. Il y a quelques sorties de grains par Bordeaux... L'essentiel, dit l'Intendant, demeure la consommation locale, dans les frontières de chaque diocèse. Les grands circuits d'exportation (Toulouse-Bordeaux-Antilles, Toulouse-Narbonne-Bacelone) ne seront mis en place qu'au XVIIIe siècle.

Dans ces conditions, étudier la dîme du blé au XVIIe siècle, c'est jeter la sonde dans les couches profondes de l'économie, dans les eaux calmes de l'agriculture vivrière, qui subsiste et qui vend peu. Celle-ci résiste longtemps à la baisse colbertienne des prix : c'est normal, puisqu'une forte part de sa production n'est pas jetée sur le marché. Et cette inertie bénéfique peut durer vingt ans et davantage; mais à la longue, l'absence persistante de rentabilité, le poids des charges et des frais, enfin, par un choc en retour, les débuts de la régression démographique font crouler, à son tour, l'économie familiale, l'économie-blé... La décadence du vin reflète, très tôt, le marasme d'un marché. La décadence du blé, elle, à partir de 1680, précède de très peu un phénomène nouveau beaucoup plus grave : à savoir la baisse tendancielle de la population.

Huile

L'huile d'olive dispose d'un prix protégé, qui résiste de toutes ses forces à la baisse, après 1660; et qui tient bon, mieux que le blé, beaucoup mieux que le vin. Le pouvoir d'achat d'oléiculteur, sous Colbert, est revalorisé en pain, vin, viande.

C'est que l'huile, très consommée sur place, dispose, d'autre part, de bons débouchés, qui semblent stables; plus voyageuse encore que le vin, elle s'exporte, vers 1670, assez loin au Nord : les huiles d'Uzès vont jusqu'à Lyon et Paris, par le Rhône et par les routes; l'huile d'Agde file en charrettes à Toulouse; de là par barque, sur la Garonne, jusqu'à Bordeaux; d'où les navires la portent en Angleterre, Hollande ou vers le réseau parisien... Stimulée par le marché, la décennie 1660 est bonne pour les oliviers. En témoignent les dîmes d'huile, provenant de six terroirs. Une poussée commune, à partir de 1630-1635, enlève toutes les courbes vers un petit maximum de la production d'huile d'olive, localisé dans la période 1660-1670. « Petit » sommet : il ne fait en effet qu'égaler, parfois dépasser à peine, certains maxima antérieurs, déjà obtenus, sur les courbes longues, au XVIe siècle. Tel quel, cependant, ce petit maximum d'huile, à la première décennie du Colbertisme, n'est pas sans mérites : il atteste une demande soutenue de la consommation locale — cuisine, savonnerie, textile —; et un certain appel du grand commerce. Cette belle époque culmine en 1670 avec une récolte puissante, l'une des plus fortes des séries multi-séculaires.

Et puis, après l'apogée de 1670-1672, quelque chose se détraque. C'est comme une léthargie, comme une maladie de langueur (déjà signalée pour le vin, pour le blé). Les courbes d'huile plafonnent, baissent lentement. Après 1680 cette baisse s'accentue, dans la plupart des oliveraies; et le déclin se poursuit jusqu'aux mauvaises années de la décennie 1700.

Cette décadence, l'événement la rend irréversible. Les gelées de la décennie 1690 ont déjà ravagé les olivettes et contribué à faire monter les prix. L'hiver de 1709 détruit totalement l'oliveraie languedocienne ; cas fortuit : un froid très intense, fin janvier 1709, tombe sur des arbres qui, par malheur, étaient gorgés d'eau par les fortes pluies des mois précédents. Poignardés par les glaçons, les arbres meurent tous. C'est le type même de la catastrophe sur-déterminée, conjonction rarissime de séries causales indépendantes, telles qu'il s'en produit seulement tous les deux ou trois siècles. Les dîmes d'huile, en tout cas, n'avaient jamais enregistré un tel désastre, depuis 1480 : à partir de 1709, leurs courbes, unanimement, s'interrompent; et toute perception décimale est supprimée pour l'huile, pendant presque une génération. Les nouveaux oliviers, jeunes arbres ou vieux troncs greffés, ne produiront qu'à partir de 1723 (quelques fioles); parfois seulement après 1740. Et les courbes d'huile, ainsi renouvelées, se traîneront à des planchers lamentables, qui seront bien inférieurs, vers 1740-1780, aux niveaux de production du XVIe ou du XVIIe siècle.

Le fait le plus grave : pendant vingt ou trente ans (1709-1735), l'oliveraie franco-méditerranéenne cesse d'être. Or, dans cet intervalle, les structures bougent; les places sont prises; les marchés sont conquis. L'huile d'olive de Cadix, du Levant, de Morée, de Candie s'impose dans la cuisine et la savonnerie provençales; du coup, l'oliveraie languedocienne ne retrouvera jamais sa splendeur défunte...

Ainsi les récoltes de vin, de blé, d'huile baissent tendanciellement : leur chute est générale après 1680. Vers 1700-1710, c'est toute la production végétale qui s'est effondrée, en bloc, comme un compartiment géologique. En va-t-il de même de la production animale, de l'élevage?

Bétail

Deux types d'évolution sont décelés par les *carnencs* (dîmes du bétail, surtout des moutons) : type rural, type suburbain.

Type rural : à Moussan (terroir de collines et coteaux) et en d'autres villages, l'élevage, à travers d'importantes fluctuations, passait vers 1657-1660, par une sorte de maximum. Brusquement, après cette date, c'est l'effondrement : les courbes nominales des *carnencs*, arrentées en argent, plongent jusqu'en 1685, tombant bien davantage que la courbe des prix du bétail mort. C'est le signe d'une grosse régression des troupeaux.

D'où vient cette crise? d'un malaise économique; et surtout des épizooties : celles de 1676 (picotte), de 1682 (peste), etc. Le troupeau dévasté, diminué, produit bien moins du fumier; et cette carence des engrais contribue à expliquer, à son tour, la chute de la production végétale (huile, blé), à Moussan, vers 1675.

Par la suite, dans ce village, le bétail se reconstitue : vers 1700, les courbes des *carnencs* de Moussan montent à nouveau. Hausse modeste quand on la calcule en prix réels : en fait, l'effectif ovin se borne à retrouver au XVIIIe siècle son niveau de l'époque Louis XIII. Et le « record » reste bien inférieur aux plafonds de l'époque Louis XII ou François Ier, quand c'était l'âge d'or des troupeaux du Sud.

Pourquoi dans le malthusianisme universel, cette crise particulière de l'élevage sous Louis XIV mûrissant et vieillissant? On entrevoit diverses raisons : les prix de la viande (indexés en gros sur ceux du blé, entre 1650 et 1720), ne sont pas suffisamment rémunérateurs pour faire face aux charges (impôt, sel pour le bétail, etc.). Surtout le cheptel, vieux symbole de richesse agraire, est victime d'une logique de la pauvreté. Après 1660, l'endettement est la plaie du règne : or les créanciers saisissent d'abord le bétail, gage à quatre pattes, facile à prendre et à vendre. Bien des interdictions, vainement répétées, en font foi. D'une façon générale, chez les paysans obérés de la fin du siècle, le manque de capital, l'absence d'épargne se traduisent d'abord par le déficit de l'élevage : capitaliser, c'est accroître un cheptel. Et puis la régression démographique, la crise des niveaux de vie réduira dans les dernières décennies (1690-1710) les débouchés pour la viande et pour les éleveurs...

Second *trend*, second type d'évolution, bien différente. A côté de cet élevage souffrant, qu'on vient d'entrevoir, voici maintenant, paradoxe, sous Louis XIV et sous la Régence, un élevage triomphant. Il fleurit dans les villes : ces villes moyennes du Languedoc, qui réussissent, dans la contraction générale, à éviter le déclin démographique, à maintenir la richesse bourgeoise et la consommation. A Béziers, à Narbonne, en Arles aussi, les troupeaux avaient déjà grandi en nombre sous Louis XIII. Ils continuent, malgré des paliers, des difficultés trés momentanées, leur ascension sous Louis XIV, avec d'impressionnants pourcentages d'accroissements. Les records d'élevage — ceux du XVIe siècle commençant — seront même, dans ces terroirs, exceptionnellement battus, dans la première moitié du XVIIIe siècle. Et pour la première fois, dans ces centres privilégiés, on voit sauter, enfin, les verrous malthusiens qui depuis plus d'un siècle et demi bloquaient l'essor des troupeaux. Les villes se comportent donc comme des cellules d'exception. Tandis que dans le plat pays, l'élevage ovin stagne ou régresse, on voit croître, au contraire, les troupeaux urbains, coagulés autour des chef-lieux. Évolution particulière qui tient à la richesse spécifique des villes de ce temps : elles sont avides de bonne viande. Elles sont ceinturées de boucheries. Les bouchers citadins sont monopolistes et raflent à des lieues à la ronde le bétail du plat pays. C'est dans ces structures favorables — mais exceptionnelles et, à la campagne, inexistantes — que s'inscrit l'essor de l'élevage urbain. Tel quel, et si intéressant qu'il soit, cet essor minoritaire ne saurait compenser, masquer la régression d'ensemble du revenu agricole, telle qu'elle s'exprime, en masse, dans les dîmes-argent, à partir de 1675-1680.

Revenu global réel : baisse finale, inertie tendancielle

Avec les dîmes-argent, significatives du revenu global, on tient enfin, sous Louis XIV et Louis XV, la source capitale; celle qui intègre toutes les autres; celle qui résume, dans l'évolution d'ensemble du revenu agricole, les mouvements divers des prix et des récoltes, des données animales et végétales, viticoles et céréalières. Il s'agit bien, en l'occurence, d'une description intégrale des tendances de la production du sol, pondérée par les prix; puisque cette description concerne simultanément : la part des récoltes livrée aux échanges; et la fraction du produit brut conservée par les laboureurs, par les brassiers, par les propriétaires, dans le fonds gigantesque des avances à la terre et de l'auto-consommation familiale.

Prenons donc les diagrammes de ce revenu brut, nominal. Transformons-le en revenu brut réel, à prix constant, par exemple au moyen d'une conversion en blé, valeur-pilote. Que constatons-nous? (1)

D'abord un assez vif essor de ce produit réel, jusqu'au ministère de Colbert. Dans la première moitié du XVIIe siècle, la production agricole (calculée en blé) montait très lentement. Assez brusquement, à partir de 1655, des records sont battus. Les difficultés de la Fronde sont oubliées. Les cinq dernières années de Mazarin, les années Fouquet, voient une croissance vive. Vers 1660-1665, au plus tard, une sorte de plafond est atteint, haut situé, ou relativement haut. Par rapport au début du XVIIe siècle, la production décimée a gagné 50 à 80 % (mais par rapport au premier XVIe siècle, beaucoup moins).

En d'autres termes, pour la première fois depuis cent cinquante ans, la courbe du revenu brut (nominal), crève le plafond des prix (nominaux). Pour la première fois, en cette décennie favorisée, le revenu global réel des 500 terroirs, dispersés de Narbonne à Nîmes, dépasse assez sérieusement (de 30 à 40 % selon les diocèses) le niveau record atteint cent ans plus tôt, sous François Ier ou Henri II. Un malthusianisme plus que séculaire serait-il brisé? Voilà qui donnerait tout son sens à l'entreprise de Riquet et à l'effort de Colbert...

Cette expansion, cette exaltation momentanée de la production est très favorable aux subsistances, notamment à l'auto-consommation familiale. Mais elle n'est pas accompagnée d'une hausse de productivité, ni d'une diversification des cultures (la vigne au contraire décroît). L'offre accrue, jusque vers 1670, des productions traditionnelles (blé, huile; moutons, parfois) pèse donc sur les prix agricoles déjà déprimés; sans que les prix de revient soient pour autant diminués. De ce fait, l'économie de profit, la rentabilité du sol s'évanouissent (comme on verra) dans la décennie 1670.

(1) En ce qui, concerne les paragraphes qui suivent, les travaux, à paraître, de M. Joseph Goy, apporteront quelques nuances et beaucoup d'éléments nouveaux.

Les structures d'accueil à l'expansion restent donc malthusiennes. Et les laboureurs ne peuvent pas, indéfiniment, pour maintenir leur revenu, compenser la baisse des prix par la hausse des quantités produites. La ruine guette ces hommes. Les forces de stagnation, de régression en fin de compte, l'emportent.

Une fois de plus, parlons production : le niveau élevé, atteint par celle-ci, vers 1660-1665, se maintient quelque temps; dix ou quinze ans. (D'où, sauf exception locale, l'absence de disettes, en cette période.) Mais déjà les facteurs de progrès cessent d'agir; la production plafonne après 1665, parce que les producteurs cessent d'investir de façon importante; ou parce que les nouveaux investissements ont une rentabilité décroissante ou nulle.

Et puis, à partir de 1680, c'est l'irrémissible déclin du produit brut : les courbes majeures, plébiscitaires, des dîmes-argent confirment sur ce point les données fragmentaires des dîmes en nature, précédemment exposées.

Déclin spécialement vif, dans les villages du plat pays de Narbonne et de Béziers : après une chute impressionnante, dans les décennies 1680-1690 — chute suivie d'une brève amélioration en 1700-1705 — les dîmes de ces prieurés rustiques, en 1710-1715, au plus sombre de la nuit Louis-quatorzienne, tombent jusqu'à 50 % de leur valeur réelle de l'époque Colbert. C'est plus bas encore qu'à l'époque d'Henri IV et de Louis XIII. Rien d'étonnant à cela : le diocèse de Narbonne — j'y reviendrai — est l'un des plus sinistrés par les désertions, au début du XVIIIe siècle.

La baisse est moins vive, quoique encore très nette, dans les campagnes montpelliéraines et nîmoises. En l'occurrence, il faut mettre en cause une inégalité géographique des décadences : les régions de Nîmes et de Montpellier, pourvues d'industries (draperie, soierie), disposent par ce seul fait de revenus d'appoint, d'activités de compensation, de contrepoids stabilisateurs. Tandis que ces facteurs d'apaisement font défaut dans les pays de Narbonne et Béziers, zones purement rurales, où la crise agraire se déploie dans toute son ampleur, sans contre partie.

Dans la vision séculaire, une tendance apparaît, pour ce XVIIe siècle élargi, qui va jusqu'en 1720. C'est, à travers des fluctuations parfois très amples, l'inertie tendancielle de la production agricole. La régression de la fin du siècle et de la fin du règne fait revenir le produit brut (après la brève montée colbertienne) à son niveau initial du XVIIe ou du XVIe siècle ou même en deçà. Vauban nous ramène à Sully. Est-ce un retour à l'âge d'or ? Non : plutôt une descente aux enfers. Car en cent ans, population, besoins, charges se sont accrus. Et la baisse du produit brut, son retour à un niveau antérieur et déprimé, implique, du fait des changements des structures qui sont intervenus entre temps, d'insupportables tensions ; celles-ci ne pourront être atténuées que par une déflation du peuplement : par une « bonne » saignée, qui rétablira l'équilibre.

Dans un intervalle plus bref, intra-séculaire, la retombée du produit brut (1675-1720) définit une chronologie : grâce à elle, on peut, du moins pour une région, arbitrer un ancien débat : Voltaire contre Vauban ; Voltaire contre Boisguillebert. Le *Détail de la France*, la *Dîme royale* fixent à 1660 la date critique, où commence la baisse (500 millions) des revenus fonciers ; où débute aussi la sous-consommation des masses, enregistrée dans les foires, cabarets, boucheries. Contre cette thèse, Voltaire s'insurge : « Boisguillebert, dit-il à peu près, n'est qu'un sot, à prétendre que tout aurait été en décadence depuis 1660. C'est précisément le contraire. La France n'a jamais été si florissante que depuis la mort de Mazarin jusqu'à la guerre de 1689. Quant à la misère, elle a surgi de la guerre et des grosses tailles, à partir de 1690 ».

Tout bien réfléchi, Voltaire n'a pas tort de modérer ainsi Boisguillebert, et d'affirmer sous Colbert, une certaine vitalité de la France : au moins dans le Midi, la hausse de la production compense largement la baisse des prix, dans les premiers quinquennats du colbertisme. Et la baisse *réelle* du revenu des fonds ne commence en fait que vers 1675, quinze ans après la date fixée par Boisguillebert, mais quinze ans plus tôt que ne suppose Voltaire.

La bonne date ne serait-elle pas celle qu'indique, dans un texte de 1684, l'ambassadeur de Venise, qui a visité les provinces ? « Depuis le commencement de la dernière guerre, la valeur des terres a baissé de plus d'un tiers, par l'appauvrissement et l'abandon des peuples, accru encore par les vexations pratiquées pour expulser les religionnaires ». Le point d'inflexion, indiqué par le diplomate vénitien, c'est 1672. Nos courbes (quinquennales), disent : 1675. Et les provinces maritimes (Bretagne, Guyenne), si vulnérables aux oscillations négatives des trafics, se révoltent en 1674-1675.

Ces concordances sont suggestives. Elles assurent une chronologie. Elles indiquent, au passage, le rôle provocateur de la guerre hollandaise, tueuse des bons commerces, dans le déclenchement de la récession du produit brut : la guerre de Hollande, faisant décliner les exportations françaises, accentue la disette d'argent préexistante.

Cela dit, cet arbitrage chronologique est surtout régional, méridional. Dans certaines provinces du Nord, la décadence agricole réelle a pu commencer beaucoup plus tôt, dès 1650-1660, peut-être même dès la Fronde ou la guerre de Trente Ans. Les séries décimales du Nord, quand elles seront exploitées, donneront les dates exactes...

Il faut retenir, pour le Sud, ce déclin massif des productions globales, à partir de 1675-1680. Une telle diminution des quantités produites est accompagnée très probablement par une baisse des quantités vendues, par une chute en *volume* des transactions. Comment expliquer autrement la régression générale, à la fin du siècle, des cultures commerciales, vin, huile, soie?

Le *nombre* des transactions, et la vitesse de circulation de la monnaie diminuent aussi, c'est très vraisemblable; on dispose à ce sujet d'un enregistreur. C'est le *contrôle des actes* des notaires. Entre 1691 et 1789, j'ai pu dépouiller, de la Cévenne à la mer, les registres de plusieurs grands bureaux d'enregistrement, qui recensent plus de 800 000 actes notariaux. Parmi ces actes, des testaments, des contrats de mariages, mais aussi, en majorité, des prêts, des transactions, mobilières ou immobilières... Les courbes annuelles ou triennales construites à partir de cet enregistrement, démarrent un peu tard; néanmoins, elles donnent la tendance : chute du nombre des transactions, des années 1690 à 1709; « plancher », minimal de 1709 à 1717. Lente remontée ensuite, de Law à Turgot.

1709-1717 : voilà situé le fond de l'abîme; voilà définie la période tragique qui dans les régions agricoles voit tomber au plus bas les quantités produites, les quantités vendues, le nombre des transactions.

Terres mortes

Si les productions régressent à la fin du XVIIe siècle, c'est d'abord parce que les rendements retombent : vers 1660-1670, à l'apogée des grains, le blé rendait 4 ou 5 pour un, et bien davantage (6, 7, 8 pour 1) dans les bons fonds, d'après l'enquête languedocienne, exhaustive, de l'intendant d'Aguesseau. Or, quinze ans plus tard, en pleine débâcle agricole (1683-1687), les bonnes terres de Coussergues (Biterrois) font moins de 4 pour 1. C'est une régression, qui ramène les agriculteurs de cette région à un siècle en arrière, non loin des tristes rendements des guerres civiles (même pas 3 pour 1 vers 1580-1585).

Pourquoi cette baisse des rendements? Avarice de la terre? Probablement pas; mais pauvreté des laboureurs, qui manquent de capitaux, de fonds de roulement, de crédit, de cheptel, donc de fumier. Les rassembleurs de terre en font quelquefois l'expérience, à leurs dépens : ainsi en 1706, le curé Albouze acquiert une propriété près de Narbonne. Il la fait expertiser. Réponse de l'expert : les champs sont écorchés, maigres « parce qu'on n'y a pas porté de fumier depuis très longtemps ».

L'engrais n'est pas seul à manquer. En fait c'est tout le cycle des travaux agricoles qui est saboté par les exploitants de la décennie 1680, faute d'écus. Voici par exemple, entre dix autres, le fermier Grangeant, à Maurin : en 1681, il néglige de sarcler ses blés, n'y ayant dépensé que 60 x au lieu de 400 x ou 500 x qu'il aurait fallu. Résultat : les champs sont envahis par les herbes folles, qui vont grainer, se multiplier l'année suivante. Le même Grangeant, en 1681 « oublie » de faire pratiquer un labour, faute d'argent pour payer ses valets; en 1682, il « oublie » de dépiquer ses grains. Comportement qu'on retrouve chez la plupart des fermiers de la fin du siècle, appauvris, rageurs contre leur maître, sans moyens et sans conscience devant leurs champs. On ne s'étonne pas, dans ces conditions, si les rendements, les moissons, les dîmes, deviennent ridiculement faibles...

Aujourd'hui, terre mal soignée; demain, terre morte. En même temps que plongent les dîmes, et qu'approche la sénescence du Roi-Soleil, on voit se multiplier les témoignages d'abandons du sol.

Le vrai signal de ces abandons massifs est donné par les sécheresses, par les vents brûlants de 1680, et des années suivantes : moissons grillées, prix qui montent peu (à cause des importations de grains aquitains, levantins ou maghrebins), c'est plus qu'il n'en faut pour ruiner les fermiers, qui sont coincés entre une récolte trop faible et un prix trop bas; et qui sont inaptes aussi, faute de capitaux, et surtout faute de rentabilité viticole, à se reconvertir à la vigne. Les témoignages de désertions, cette fois-ci, sont innombrables.

Nous voici, par la grâce d'excellents compoix, dans la costière du Gard, au lieu-dit *les Claux*, sur coteau et colline. C'était une terre vierge (ou qui s'était refait une virginité), à la fin des désertions du XVe siècle; elle s'était défrichée, par *rompudes*, entre 1500-1610 : larges emblavures, murettes en pierre, déforestation. Des vignes, nombreuses, y étaient apparues sous Louis XIII. Or, au compoix de 1682, *les Claux* subissent un premier retour de la friche : des *hermes* s'insinuent entre les vignes et les murs d'épierrement. Le processus d'abandon est engagé, qui aboutira, sur ce sol marginal, au délaissement total et contemporain.

L'épicentre du sinistre, dans la décennie 1680, se trouve plus à l'Est, aux diocèses de Béziers, Saint-Pons, Agde, surtout Narbonne et Albi. Ces diocèses, ravagés par la sécheresse, endettés à mort, doivent les deux tiers de leurs tailles en 1680; et plus de la moitié en 1681, soit 253 000 x. Dettes, arrérages s'accumulent : les contribuables, obérés, préfèrent déguerpir, délaisser leurs terres... Le drame est semblable dans toute la province : l'impôt dû par les biens délaissés « qui augmentent tous les jours », en 1701-1702, est payé solidairement par les contribuables encore actifs. La terre vivante paye pour le sol aboli; le mort saisit le vif. Un processus cumulatif de désertion est ainsi déclenché, puisque cette surcharge fiscale obère les terroirs et conduit à de nouveaux abandons.

Subsidiairement les levées de recrues, l'émigration des propriétaires protestants, les troubles des « fanatiques » (1702-1705) accentuent certains délaissements. Mais n'oublions pas que, en dépit des malheurs des huguenots, ce sont les diocèses catholiques (Narbonne) — économiquement les moins actifs — qui sont les plus frappés par les désertions.

En 1708-1716 (au niveau le plus bas des courbes de productions et de transactions), une sorte de point critique paraît atteint : disette d'argent; revenu foncier mangé par des tailles lourdes et mal réparties; collecteurs incapables de s'acquitter et qui se ruent gaiement dans les prisons à la première sommation de leurs receveurs. Des communautés entières font acte de déguerpissement de leurs terres : simple chantage parfois; d'autres fois, véritable abandon. En montagne, de nouvelles taches rouges apparaissent, rongées par la friche, en Vivarais (1711), au diocèse de Castres (1714).

Vient enfin 1715 et le lent dégel de la Régence et du ministère de Fleury. Les désertions s'apaisent; leurs plaies se cicatrisent. Les non-valeurs font place aux mises en culture. Les dernières mentions de biens abandonnés sont, selon les diocèses de 1728, 1732-1733, au plus tard 1739-1741. Les franges pionnières s'élancent à nouveau. Les *Wüstungen* sont oubliées, qui passionnèrent l'opinion entre 1690 et 1720.

CHAPITRE II

LA RETOMBÉE D'UN PEUPLEMENT

La désertion est un mal, associé au déclin du produit brut. Mais elle représente aussi un symptôme : si tel diocèse (Albi), compte quantité de « terres abandonnées », c'est parce que les villages « par misères et mortalités » sont « réduits à peu d'habitants ». Est-ce donc la mort, aussi, qui crée les zones rouges, qui élargit l'aire des abandons ? Par-delà le délaissement des terroirs, faut-il mettre en cause le dépeuplement des communautés, le contexte démographique ? A nouveau s'impose l'histoire nombrée des populations.

État civil et pascalisants

Statistiques massives, d'abord. (Elles permettent d'encadrer les séries plus fines de l'état civil, que j'évoquerai par la suite.) Tous les dix ans — intervalle approximatif, — l'évêque de Montpellier, comme tous ses confrères, fait la tournée du diocèse. Dans chaque paroisse, il pose en curé la grande question des sociologies religieuses : « Combien de communiants ici ? ». La réponse — 150, 820, 982, etc. — n'a pas grand intérêt en soi. Mais la succession chronologique des réponses forme série pour une centaine de paroisses, de 1657 à 1772. Et elle permet de définir, sur cet échantillon massif, les inflexions d'un *trend* séculaire, ascendant ou descendant.

Question de méthode : dans le calcul des moyennes finales il faut éliminer les quelques villages à majorité ou forte minorité protestante : les pseudo-conversions de la fin du siècle défigureraient les statistiques. Cette ablation réalisée, restent les villages catholiques : leurs chiffres sont démographiquement significatifs. A la campagne en effet, pour l'époque mise en cause, la pratique religieuse, au moins la communion pascale, est presque unanime, sauf exception scandaleuse. Traqué par les vigilants du village, le non-pascalisant est vite repéré, dénoncé : en général, ce n'est pas un esprit fort. C'est plutôt un simple, un idiot, un cas en marge. Au fait, pour un curé, le non-communiant n'existe pas vraiment. Huguenots, juifs et nouveaux convertis mis à part, quiconque dépasse l'âge de raison (7 à 10 ans) devient, *ipso facto*, communiant pour la statistique, même si, cas rarissime, il néglige ses pâques : « Environ 50 communiants; ils ont tous satisfait à leur devoir pascal, sauf un », note un curé en 1741. La statistique est totalitaire, mais la démographie est exhaustive.

Soit un tableau à double entrée (1), où figurent les réponses des curés interrogés par leur évêque quant à l'effectif de leurs communiants. En abscisses, les villages du diocèse de Montpellier (ils sont 98, bourgades huguenotes exclues). En ordonnées, les dates successives qui correspondent aux treize années de visites épiscopales dont les archives conservent la trace entre 1657 et 1772. Chaque effectif inscrit dans le tableau renvoie à un village et à une année.

L'idéal serait d'additionner, pour chacune de ces années connues, les effectifs de tous les villages réunis. On obtiendrait ainsi, par ces totalisations successives, une série statistique qui vaudrait pour plus d'un siècle, et pour l'ensemble des 98 villages... Mais ce procédé simple n'est pas possible : à chaque année concernée, des villages manqueraient dans la liste. Les évêques ne visitent, dans leurs tournées annuelles, qu'une partie de leurs paroisses. Les coupes chronologiques ne sont jamais complètes.

Il faut donc renoncer aux additions exhaustives, et se borner à dégager le *trend* par le calcul des indices et des moyennes. Un problème : où poser l'indice 100? A une année donnée des visites pastorales, arbitrairement choisie? Mais à cette année, si fournie qu'elle soit,

(1) Voir ce tableau dans l'édition complète de ce livre, Tome II, annexe 18.

quelques villages nécessairement manqueront à l'appel... Convenons donc que l'indice 100 affectera, pour un village donné, l'année du « XVIIe siècle » (dans l'intervalle connu : 1657-1711) où la visite pastorale révèle — par rapport aux tournées qui précèdent ou qui suivent dans les limites de cet intervalle — le maximum des communiants : ce peut être ici en 1657, là en 1677, ailleurs en 1704, etc. La moyenne diocésaine de tous les indices villageois, par année de visite épiscopale (1657, 1665, etc., jusqu'à 1772) indiquera, pour l'ensemble des paroisses connues, dans quelle mesure on se rapproche ou on s'éloigne, vers le haut ou vers le bas, du maximum démographique diocésain du « XVIIe siècle ». Ce maximum diocésain, qui approchera l'indice 100 sans l'égaler, correspondra lui-même à l'année de visite, où le plus grand nombre des villages atteint l'indice 100, et où la moyenne diocésaine de tous les indices est de ce fait la plus forte... Ces calculs réalisés, on obtient ainsi de 1657 à 1772, une série d'indices diocésains successifs qui donnent lieu à diagramme. Les voici d'abord en tableau :

	Indice diocésain moyen du nombre des pascalisants	Nombre de villages « anciens catholiques » visités
1657	ind. 81	37
1665	— 81	29
1671	— 89	22
1677	— 90	89
1687	— 87	25
1690	— 86	90
1699	— 82	85
1704	— 86	40
1708	— 83	15
1711	— 80	52
1741	— 74	76
1756	— 77	26
1772	— 89	48

Retenons les points d'inflexion essentiels de cette courbe : un sommet d'abord en 1677, au terme d'une hausse antérieure. Puis une baisse à peu près continue, malgré un bref sursaut en 1704. Cette baisse conduit, de chute en chute (1687, 1690, 1699, 1711), au creux nettement marqué de 1741. Ensuite, la courbe remonte, et elle retrouve presque, en 1772, l'apex de 1677.

Le fait capital, c'est le minimum séculaire : 1741. L'effectif des communiants perd 18 % de 1677 à 1741. Un habitant sur cinq, dans les campagnes catholiques, aurait disparu.

Le déclin démographique commence en général à partir de 1677, notamment dans la zone côtière : entre 1677 et 1687-1690, 41 paroisses voient décliner leur effectif de pascalisants; 13 sont stationnaires. Mais cependant 30 paroisses entre ces deux dates continuent encore sous Louvois l'essor démographique enregistré sous Colbert; c'est seulement à partir de 1690 — voire de 1700 ou 1710 dans quelques cas — qu'elles amorcent, après les quarante autres, le plongeon qui les conduira elles aussi jusqu'au minimum du milieu du siècle... Ces légers décalages chronologiques ont leur importance : au style net, tranché, abrupt du déclin économique à partir de 1675-1680, s'oppose l'allure plus hésitante de la décadence démographique : celle-ci commence souvent dès 1680, parfois dix ou vingt ans plus tard. A cette différence de styles, on distingue probablement l'élément inducteur (l'économie) de l'effet induit (la démographie). Ce qui n'empêche pas, bien sûr, les causalités réciproques, les chocs en retour, et les faits d'interrelation.

La courbe générale diocésaine, avec ses inflexions caractéristiques (maximum majoritaire de 1677, minimum des années 1730-1740) a-t-elle une cohérence externe? Elle s'intègre bien, c'est un fait, à l'évolution proche, catalane ou provençale.

En Catalogne, à partir de 1677, précisément, s'ouvre une nouvelle phase agraire. Les sécheresses se multiplient; les sauterelles mangent les blés. Épidémies et disettes, puis la guerre, ravagent la population. Ces brèches ne seront comblées qu'avec le sursaut démographique des Lumières. En Provence aussi la courbe de population vers 1690-1725, dessine une ondulation faiblement négative. Catalogne, Languedoc, Provence, réagissent donc en commun : une chronologie démographique s'esquisse, qui concerne tous les riverains du golfe du Lion...

Les courbes de pascalisants n'apportent pas seulement, aux travaux extérieurs et antérieurs, concordance et validation. Elles fournissent aussi, au niveau de l'économie, certaines précisions capitales. Car le communiant, c'est le travailleur : c'est l'adulte; ou bien c'est l'enfant productif, âgé de plus de dix ans, apte à la grosse besogne et au petit salaire. La baisse du nombre des communiants, c'est donc, sélectivement, le déclin de la population *active*, du nombre des travailleurs potentiels : un tel déclin porte un coup supplémentaire à la production. La crise économique — préexistante — est aggravée par la crise démographique qu'elle engendre et par le déficit grandissant de la main-d'œuvre. L'effet réagit sur la cause.

Tendance à la baisse : l'État Civil

Des courbes locales, basées sur l'état civil, viennent ratifier et aussi nuancer, localement, la tendance d'ensemble, tracée par les pascalisants. Bornons-nous, dans cette édition abrégée, à deux exemples, topiques et typiques.

Montpeyroux est village de producteurs d'huile et de muletiers convoyeurs de rhubarbe, qui, au XVIIIe siècle, achèteront leur drogue à Lorient ou Nantes pour la débiter à Marseille. A Montpeyroux, baptêmes et mariages montent, depuis Henri IV, puis culminent aux années 1674-1690 (50 à 60 baptêmes, et 10 à 15 mariages par an). Dans la décennie 1690, la mort frappe durement; un déclin s'amorce; l'étiage, baptêmes et mariages, se place dans les années 1735-1750. Enfin vient la remontée, sous Louis XVI : noces et naissances plus nombreuses, sépultures plus rares.

A Viols-le-Fort, de même, il y a baisse longue des mariages, après 1700, jusqu'au minimum de 1747.

Pôles de résistance : les villes

Contre cette dépopulation, certains villages riches, certains secteurs actifs, paraissent vaccinés. Parmi ces zones immunisées figurent les régions suburbaines. Les villages qui tiennent tête au dépeuplement sont souvent proches d'une ville importante (Montpellier) dont la vigueur démographique soutient leur vie propre; ces villageois favorisés viennent, travaillent à la ville, y charrient du bois. Leurs femmes font des lessives pour les citadines, ou sont nourrices des bébés urbains. De quoi gagner un petit argent, qui permet à ces campagnards d'attendre les récoltes, et au peuplement de braver la crise.

Quant aux villes elles-mêmes, elles ne se portent pas mal, durant la mauvaise période. Sète, bourgade portuaire, partie de zéro, a 3 000 habitants en 1735. Montpellier continue sa croissance jusqu'en 1720 puis se stabilise jusque vers 1750. Cette heureuse exception citadine, on la retrouve tout au long du golfe du Lion, où elle prend parfois beaucoup d'importance : Barcelone, Marseille, indifférentes à la récession des campagnes, ignorent la décroissance démographique après 1680 : c'est probablement l'exode rural, qui entretient leurs effectifs humains.

Produit brut et peuplement rural

Laissons ces exceptions, pour revenir aux tendances d'ensemble. Les deux faits majeurs, l'un précédant l'autre, sont : le déclin du produit brut, dès la fin de la décennie 1670; la décadence du peuplement rural, à partir de 1685, 1690, 1700. L'antécédence est-elle significative d'une régulation? Tout se passe en fait, comme, si la démographie s'ajustait, péniblement, aux conditions d'une économie rétractée... Le problème essentiel, de ce point de vue, est celui des médiations concrètes. Comment passe-t-on, empiriquement, dans les faits constatés, de l'agricole au démographique, du produit brut au peuplement rural?

La médiation la plus simple : la mort. A Montpeyroux, Cessenon, les phases de déclin des populations (fin du XVIIe, début du XVIIIe siècle) sont ravagées par les mortalités, coupées d'années déficitaires où les décès l'emportent sur les naissances.

De quoi meurt-on? Plus exactement de quoi meurt-on trop? Au pire, de faim, souvent de malnutrition ou carences alimentaires. Ce type de mort semble fréquent, dans les années du blé rare, et dans les milieux populaires les plus pauvres (brassiers, ouvriers du textile). Ainsi, en 1680, 1694, pendant ces années de disette qui jouent, en Languedoc, un rôle provocateur dans l'amorçage du dépeuplement. En 1709-1710, à nouveau, beaucoup périssent; en Languedoc, ceux qui s'en tirent, chez les pauvres, survivent grâce au millet, aux navets, aux légumes (fèves), semés après l'hiver; au pire, ils mangent de l'herbe, du pain de chiendent (*gramenas*) et des tripailles de moutons.

Il semble raisonnable de parler d'un retour offensif

de la faim, à partir de la décennie 1680 : c'est ainsi qu'au Nord et au Centre du royaume, les famines de 1694 et 1709 surviennent après trente années de relatives facilités frumentaires. Au Midi, la chronologie de la faim, malgré des nuances, présente une tendance analogue. C'est la baisse longue du produit brut qui explique, entre autres facteurs, ces difficultés croissantes du ravitaillement : les mauvaises récoltes ont des effets bénins quand elles affectent une agriculture pléthorique. Elles deviennent redoutables, quand elles amputent une production qui, même en année commune, est devenue chroniquement déprimée...

Mais la faim n'explique pas tout, loin de là. On meurt aussi, plus subtilement, des maladies contagieuses, qui fleurissent en années-disettes; les hommes sous-alimentés sont bons vecteurs de contagions, car peu résistants aux germes pathogènes; la crise de subsistances est presque toujours affectée d'un multiplicateur épidémique, aussi arbitraire qu'imprévisible.

Un curé décrit, dans le Narbonnais, cette imbrication mortelle de la faim et des maladies, en 1693-1694 : la nature, note-t-il le 3 août 1694, est infirme depuis sept ou huit ans, à cause des guerres, stérilités, contagions. Dans l'année 1694, « c'est la faim qui fait le plus de dégâts » : les habitants la souffrent dans leur maison jusqu'à la mort de leur père et mère ou de leurs enfants; puis ils quittent leur village maudit, leur Massif Central ou leur Rouergue; ils sont « comme des esquelettes ou d'espectres » qui vont chercher, loin de leur paroisse, de quoi soutenir leur vie languissante, par les charités des bonnes gens. Ils propagent avec eux les épidémies : surtout le *pourpre*, qui « comme un feu léger » visite toutes les maisons, « infectant souvent tous ceux qui les habitent » : de là tant de morts; de là, les avortements qui tuent simultanément « la mère et son fruit »...

Pour ajuster le peuplement aux ressources, quand celles-ci déclinent, l'histoire a donc plus d'un tour dans son sac. Et le dépeuplement, qui affecte la majorité des paroisses, appauvries par la dépression, est un phénomène complexe : dominé par les faits de mortalité; induit accessoirement par la nuptialité tardive, voire dans quelques cas très marginaux par la contraception; accentué enfin par l'émigration, vers les villes ou vers l'armée, à partir des lieux qui dépérissent.

Ce dépeuplement est tardif; plus tardif en général

qu'en Alsace et Bourgogne, qu'en France beauvaisine et ligérienne, où les pestes de 1630, les horreurs de la guerre de Trente ans ou de la Fronde, la famine de 1661, ont souvent précocement vidé des villages.

Ce dépeuplement, d'ordinaire, est assez modéré (18 % de l'effectif rural, en moyenne, en deux générations : 1677-1741). Dans certaines situations pourtant, dans les villages ou cantons cruellement frappés, l'hémorragie humaine est beaucoup plus forte : elle peut même, dans les cas extrêmes (mortalité sévère, accompagnée d'émigration massive), rayer de la carte un habitat et faire disparaître quelques villages.

CHAPITRE III

DU MORCELLEMENT AU REMEMBREMENT

De la démographie tout court, celle des habitats disparus et des villages vivaces, il faut passer, maintenant, à la démographie cadastrale, première approche des problèmes, quant aux divers partages du revenu brut.

Démographie cadastrale : la déflation du nombre des taillables

Comment évolue, à l'inflexion vers la décroissance (à partir de 1675-1680, date large) le nombre des taillables, c'est-à-dire des propriétaires? Évolue-t-il de façon grossièrement parallèle au chiffre de la population, comme il fit dans la période précédente? Nous laissons une fois de plus, parler les chiffres eux-mêmes, pendant l'époque du reflux; et aussi, pour comparaison, pendant l'époque suivante du XVIIIe siècle. Les données mises en cause proviennent de 32 villages (1).

Entre ces 32 villages, il y a de grandes différences de *trend*; celles-ci dérivent de situations locales; et aussi de l'insuffisante continuité chronologique des séries, arbitrairement découpées, selon les lieux, au gré de la conservation des documents fiscaux. Et pourtant, dans la longue durée, ces diverses séries appartiennent bien à une même famille : elles témoignent d'un freinage, puis d'une décadence de la démographie contribuable,

(1) Voir le tableau présenté dans l'édition complète, p. 567.

à partir de la fin du XVIIe siècle; à partir de 1670, 1680, 1690, 1700, 1710, selon les villages (mettons à part les quelques précurseurs, comme Soubès, qui s'effondrent dès 1630-1640), le nombre des taillables, qui ne s'accroissait plus en général que très lentement depuis Henri IV ou Louis XIII, cesse de croître, vers 1680-1690, se tasse, diminue; dans les meilleurs cas, il stagne; au pire, il s'effondre... La démographie contribuable ne fait en l'occurence que confirmer, répercuter avec un décalage de dix à vingt ans, les effets de la démographie tout court. Qu'on se reporte aux listes de paroisses, où les vérifications sont possibles : le déclin, que suggèrent les données cadastrales, y est confirmé par les listes démographiques, à base d'état civil et de communiants.

Mais les cadastres et livres de tailles n'ont pas seulement valeur de confirmation; car ils élargissent, amplifient les conclusions qui surgissaient de l'enquête purement démographique.

En premier lieu, ils donnent à cette enquête ses véritables dimensions, sa plénitude interséculaire : à la lumière des compoix en effet (qui permettent de remonter très haut dans le temps), on s'aperçoit que la régression démographique, qui s'ouvre vers 1680, est signifiante bien au-delà d'elle-même, bien au-delà de ses propres limites chronologiques.

Cette régression, c'est la fin d'une époque; la fin d'une vague puissante du peuplement : qui naît sous Louis XII, qui culminera, puis retombera, sous Louis XIV. Un graphique (1) résume les dénombrements cadastraux de divers villages, du XVe au XIXe siècle, d'après les compoix, livres de tailles, et matrices foncières : il donne bien la mesure de cette longue marée du nombre des taillables : d'abord très basse au XVe siècle; rapidement ascendante au XVIe siècle, jusque vers 1570; puis montant encore (à un rythme moins vif); presque étale sous le premier Louis XIV; et qui descend avec lenteur de 1680-1700 jusque vers 1750; pour ne remonter franchement qu'à partir de 1770, en une nouvelle et puissante hausse : celle-là destinée à durer, sans faiblesse, jusque vers 1870.

Entre les deux grandes montées (celle qui va, en se ralentissant, de la Renaissance à la Révocation; et celle qui s'étend sur le XIXe siècle, de Turgot à Gambetta), la période 1680-1750, apparaît ainsi comme un palier —

(1) Cf. *infra*, page 377, haut de la page.

souvent comme un creux — toujours comme une pause, démographique et cadastrale. Sans doute ne s'agit-il pas d'une retombée aux abîmes, telle qu'à la fin du Moyen Age. Mais l'ondulation négative est néanmoins perceptible sur les courbes. Elle marque, par un recul prolongé, le terme d'un grand cycle d'expansion démo-foncière qui, avec des fortunes diverses, persista plus d'un siècle et demi (de 1500 à 1680, environ). L'ensemble du processus peut tenir en une gerbe de courbes d'allure « balistique », construites à partir de villages typiques : ces courbes s'élancent des profondeurs du XVe siècle, montent à l'assaut des maxima malthusiens, plafonnent, puis, à partir de 1680-1700, s'incurvent vers le bas, comme sous l'effet d'un champ magnétique.

Renforcer l'aile droite

A l'ampleur chronologique répond d'autre part la précision sociologique : grâce au compoix et livres de tailles, en effet, on passe du dénombrement des hommes à la répartition des biens; et du *trend* démographique à la réalité mouvante des structures foncières.

En ce domaine, le fait nouveau, à partir de la fin du XVIIe siècle, c'est le glissement à droite des histogrammes de propriétés. Depuis 1500, et jusqu'à 1630 parfois, jusqu'à 1680 bien souvent, les histogrammes se décalaient vers l'aile gauche : celle de la micropropriété parcellaire. Un morcellement persistant accompagnait l'essor plus ou moins vif de la démographie paysanne.

Après 1680, un peu plus tôt, un peu plus tard, on assiste, dans la plupart des cas, au renversement de cette vieille tendance, presque biséculaire. Renforcer l'aile droite : c'est l'évolution irrésistible des histogrammes. La petite propriété fait naufrage. Et ses lopins sont agglutinés par les taillables moyens, souvent aussi par les gros ou très gros. La réduction du nombre des propriétaires joue au détriment des petits, au profit des plus importants, par une sorte de sélection naturelle : celle-ci élimine statistiquement les plus faibles ou les moins pourvus, dans la lutte pour la subsistance et pour le gain.

Un seul exemple (1), absolument typique, est présenté ici : il s'agit du village de Saint-André-de-Sangonis,

(1) Voir les nombreux exemples concordants (23 villages), présentés dans l'édition complete de ce livre, p. 571-581.

détenteur d'une série superbe. D'un compoix-père, vers 1636, dérive toute une lignée de rôles de taille, bons documents, qui le remettent lui-même à jour, et qui restituent à chaque taillable son lot, selon les mutations foncières, sans toucher aux bases de l'estimation cadastrale (celle-ci faisant toujours 1 307 x d'allivrement, au total) : parmi ces documents valables, la « brevette » de 1690, la « transcription du compoix » de 1726; et, chaque année, le rôle des tailles.

J'ai opté, dans cette série complète, où le choix est possible, pour deux sites d'observation privilégiée : l'un de crête, l'autre de vallée.

Crête : 1690, au maximum du peuplement local des contribuables; soit 893 taillables. Thalweg : 1749, quand la population encadastrée tombe au plus bas, juste avant la remontée du second XVIIIe siècle. Il n'y a que 697 taillables en 1749, dont 563 du cru.

Comment se répartissent, à ces deux points d'inflexion, les 1 300 livres cadastrales, qui constituent l'allivrement total du compoix de Saint-André, depuis sa « faction » de 1636?

En 1690, apogée du morcellement : décalage vers la gauche des histogrammes fonciers, par rapport à la statistique précédente (1665).

En 1749, au contraire, concentration; décalage vers la droite, par rapport à 1690, dans le polygone de fréquence des structures foncières.

Le seuil critique, défini comme toujours par comparaison d'histogrammes, se situe aux domaines qui font, individuellement, 3 x de compoix.

3 x : niveau-plafond pour la décadence des petits. A gauche de ce seuil, sur les histogrammes, ils étaient 774, en 1690. Ils ne sont plus que 555, en 1749. Donc, 219 « microfundia » ont disparu, démolis par la dépression.

3 x : niveau de base, pour les ambitions foncières des mieux lotis. A droite de ce seuil — égalé ou dépassé ($\geqslant$ 3 x) — ils étaient 119, en 1690, moyens et gros taillables; deux générations plus tard, en 1749, ils deviennent 142. Les 219 lopins disparus ont donc permis la création de 23 domaines plus importants : neuf petits ont donné un gros. Le sol de ce terroir est donc truffé de rassembleurs, au milieu du XVIIIe siècle.

Ces rassembleurs sont assez divers, selon les hameaux. Dans l'écart de Cambous, ce sont les notables — le seigneur du lieu et le baille Léotard — qui augmentent leurs domaines entre 1690 et 1749; quant aux laboureurs, ils diminuent en nombre, sans pour autant remembrer leurs parcelles : ils se concentrent sans s'arrondir. Enfin les ouvriers agricoles, qui sont souvent potiers, à mi-temps, comme les Cannet, périclitent et disparaissent du cadastre.

Au hameau de Sainte-Brigitte, les rassembleurs sortent du peuple : ce sont des laboureurs et des voituriers (cousins entre eux et cousins d'artisans), qui remembrent, de 1690 à 1749, les lopins effilochés des manouvriers.

Donc, même constatation, monotone, que dans d'autres villages : les promoteurs du remembrement, sont socialement divers; mais le remembrement lui-même est un fait commun, dénominateur d'une époque...

Voilà posé, au terme des monographies, le problème de la concentration foncière, et son corollaire moderne, l'appropriation urbaine de la terre.

Car l'évolution (vers 1700) ne s'est pas produite exactement comme au XVe siècle, au cours de la vague précédente de dépression rurale. Alors, de 1350 à 1450, la concentration foncière était l'effet pur et simple de l'effondrement démographique; elle était parfois plus marquée encore dans ses résultats qu'elle ne le sera sous Louis XIV; elle aboutissait à la constitution de domaines importants; mais ceux-ci, dans leur majorité, restaient tenus en mains purement rurales : gentlemen-farmers ou prêtres rustiques, gros paysans, *yeomen*, ou frérèches.

Le remembrement de la fin du XVIIe siècle, qui se prolonge au XVIIIe siècle, a certains traits communs avec cet épisode homologue du Moyen Age finissant : puisqu'il est stimulé, lui aussi, par une décadence démographique rurale (quoique bien moins marquée sous Louis XIV qu'au XVe siècle). Mais la comparaison s'arrête là. Si certaines causes sont communes, les aspects sociaux sont bien différents. L'épisode médiéval s'accompagnait d'un repli en catastrophe sur la terre. L'épisode moderne est inséparable d'une promotion heureuse des patriciats urbains — noblesse, robe et bourgeoisie lancées à la conquête du plat pays. Et cette conquête est très solide : malgré certaines régressions, elle laissera des traces indélébiles jusque sur les cadastres du XXe siècle.

CHAPITRE IV

LA TERRE N'EST PLUS RENTABLE

J'ai décrit jusqu'à maintenant un certain nombre de grands phénomènes, probablement connexes, et qui se déclenchent successivement ou simultanément : c'est la baisse des prix nominaux, prolongée par celle des prix métalliques; beaucoup plus tard, c'est le déclin du produit brut agricole; c'est la régression du peuplement, et la décadence des petits lopins; corrélative enfin, la montée d'une propriété concentrationnaire.

Pourquoi, comment, ces reflux, sur toute la ligne? La recherche des déterminants et des processus implique une analyse fine; qui élucide le mouvement de la répartition verticale du produit brut, par strates hiérarchiques de revenu : à nouveau, il faut parler profits, rentes, salaires, charges, et groupes sociaux plus ou moins correspondants.

Tâche difficile, et plus malaisée que dans les périodes précédentes. Car pour certaines variables essentielles — le revenu d'entreprise, le salaire agricole — nos sources, quoique suggestives et concrètes, deviennent lacunaires : les séries longues, si précieuses, des baux en régie directe et des salaires mixtes et salaires en nature, s'arrêtent pratiquement à 1660. Les documents sont plus nombreux, mais désormais moins suivis : il devient plus facile de décrire, mais parfois impossible de quantifier.

Certaines données, pourtant, apparaissent clairement. D'abord dans le domaine-clé du profit.

1665-1672 : mort du profit

Après 1660, et surtout 1670, le produit augmente (quelque temps encore), mais il perd son âme : car le profit meurt. C'est du moins ce qu'on peut inférer des comptabilités à longues séries.

Béziers, Montpellier : les budgets des chanoines. Aux recettes : pour l'essentiel les dîmes en argent, donc des revenus agricoles vastes, représentatifs, pondérés. Aux dépenses, des frais de luxe (luxe d'église et luxe privé), des salaires, des charges fiscales (décimes, gabelles, taille des biens roturiers), des intérêts d'emprunts. Sous Louis XIII, sous Mazarin encore, les recettes excèdent les dépenses, une année sur deux, deux années sur trois. Bon an mal an, un profit souvent se dégage, pendant le bon ou le moins mauvais XVIIe siècle. Cette période normale prend fin en 1663 (Montpellier), en 1671 (Béziers).

Après cette date, et jusqu'à la fin du siècle, les budgets des chanoines perdent l'équilibre, tout comme les budgets de Colbert. C'est l'impasse financière, c'est le déficit annuel sans exception, constant et régulier. Les excédents de recettes ne reviendront, de façon continue, dans les trésoreries des chanoines, qu'à partir de 1720; et ces excédents persisteront pendant toute la durée du florissant XVIIIe siècle.

Les causes de cette mort du profit, sous Colbert et après Colbert, ne sont pas toujours faciles à élucider : j'y reviendrai. Mais les conséquences sont évidentes. Faute de profit et faute d'épargne, les terriens, qui mangent de l'argent, sont désormais acculés à l'endettement, et en cas de mauvaise récolte, à la faillite et à la ruine; car, manquant de réserves, ils se révèlent, brusquement, incapables de faire face à leurs échéances. L'histoire des entreprises agricoles — fermiers de granges et gros laboureurs, titulaires par excellence du profit ou déficit rural — est elle aussi révélatrice, à cet égard, pour une chronologie des faillites, entre l'après-Fronde et la Révocation.

1680 : naufrage des fermiers

La crise du fermage s'annonce, discrètement, à partir de 1670-1674 : l'évanouissement du profit (déjà noté dans les comptes ecclésiastiques) affecte aussi les fermiers dont certains font connaissance ces années-là, avec la saisie et avec la prison.

En 1679, 1680 surtout, c'est enfin l'heure de vérité des laboureurs, endettés, déficitaires, et brutalement ruinés par une mauvaise sécheresse, qui eût été tolérable si elle n'avait désolé une campagne préalablement appauvrie. Trois exemples suffiront, à ce propos, dans le cadre de ce livre bref.

Domaine du Viala d'abord : un fermier aux trois quarts illettré, Pierre Arribat tient le bail depuis 1676; il est pauvre, réduit à l'emprunt « et il jouit sans bailler caution ». En 1680, deux catastrophes : la sécheresse consomme sa ruine; et il meurt. Les chanoines suivent avec angoisse son agonie : Arribat se meurt, Arribat est mort. Sa veuve, Marguerite, analphabète intégrale, reprend la barre. Le Chapitre, ému de son malheur, lui rabat une partie de ses dettes. Elle s'engage à tenir la ferme « en bonne ménagère et père de famille » (*sic*); et elle est aidée par son gendre, Tapié, à la belle signature. Mais Marguerite ne réussit pas. Elle ne paye ni son fermage, ni le restant de ses dettes. En 1684, la voilà saisie. Elle se défend tant qu'elle peut et tente de conserver sa récolte à son profit. Les propriétaires doivent mettre une sentinelle jour et nuit, à la ferme, pour maîtriser la veuve, et pour sauver les grains de leur rente (1). Les mois passent ainsi, en escarmouches entre la fermière et ses maîtres, appuyés par tous les autres créanciers. A l'été 1685 enfin, c'est la guerre : Tapié le gendre fait donner tout son lignage, et avec son cousin il enfonce les portes de sa propre ferme et emporte en charrette les grains saisis par le Chapitre. Tapié est rattrapé, saisi, contraint par corps. Mais plus personne ne se présente pour relever le bail et faire à sa place le métier déficitaire de fermier. Le Viala, cette belle usine à grains du XVIe siècle, n'est plus qu'une machine fourbue que les chanoines sont contraints, pour la remettre en état, d'exploiter par eux-mêmes, en gérance directe.

Maurin : dans ce domaine énorme (à vingt-cinq paires de bœufs, 4 000 x de semence, 10 000 x de bétail), les gros ennuis recommencent en 1680, quand la sécheresse vient surprendre les fermiers démunis, dont la pauvreté se dévoile : dettes persistantes, labours pas faits, procès

(1) Rente : autrement dit, dans ce cas, fermage.

à Toulouse; manque de capitaux, d'argent liquide, de crédit, de bœufs, d'araires; fraudes sur les semailles; terres négligées, sales, en détresse : tout cela par le fait du fermier, Pierre Grangeant, réduit en raison de ses déboires financiers à quitter son bail en 1683. (Il traînera encore ses dettes et ses procès jusqu'en 1689, date à laquelle il sera condamné.)

En 1683 donc, Maurin change de fermier, avec baisse de la rente : c'est qu'il s'agit d'allécher le nouvel exploitant, Régis, dont le règne commence. Encore un échec! En 1684, Régis, faute d'argent pour les coupeurs et faute de charrettes pour les gerbes, rate ses moissons et ses battages. Au printemps 1686, il est incapable de payer les sarcleuses : du coup, les champs et guérets sont envahis d'herbes folles. A l'été 1686, il y a saisie des grains, faute de payement pour les prébendes des chanoines. Régis, littéralement assiégé par ses créanciers, ne peut plus faire sortir ses attelages. La marquise de Graves, dont il est débiteur, les saisit sur les grands chemins! A l'automne, pas assez d'argent pour salarier les valets (les « hauts » salaires de 1686, j'y reviendrai, sont l'une des causes de la ruine des fermiers).

Les chanoines essayent bien de se débarrasser de Régis; vains efforts. Personne ne veut de sa place, où il n'y a rien à gagner. En 1687, Maurin va de mal en pis : toujours pas d'argent chez le fermier, pas de sarclage, peu de récolte. Finalement, solution de désespoir : Régis était fermier; il est rétrogradé au rang de métayer : cas typique de déchéance sociale en période de détresse économique...

Au mas de Saint-Pierre, le fermier Thomas Lagarde, illettré (sa marque : 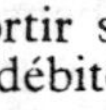), a quelque peine, lui aussi, à passer 1680. La sécheresse de cette année-là gâte ses récoltes et lui laisse une dette de 1 000 x à ses propriétaires, que, vu sa pauvreté, il est incapable de rembourser; en 1686, il doit encore les 1 000 x; et ses relations avec les chanoines, qu'il injurie copieusement, et contre lesquels il pratique la grève des charrettes, sont envenimées. Lagarde, cependant, quoique malade, coléreux, sans argent, conserve son bail jusqu'à sa mort, en 1692.

Les relations foncières s'aigrissent encore avec Vézinet, successeur de Lagarde au bail de Saint-Pierre. Ce nouveau fermier, chargé d'un bail et d'une rente écrasante, se révèle très vite (du point de vue des chanoines-propriétaires) comme un personnage insolvable et odieux : ses bestiaux broutent les mûriers du Chapitre; il détourne, hors de l'aire, les grains qu'il doit. Dès 1696, les chanoines lui envoient « l'inspecteur » pour séquestrer ses récoltes. Et la meute des créanciers s'acharne sur Vézinet, lui ravissant jusqu'à la clé de ses greniers. C'est à qui, en 1696-1697, lui saisira ses grains et le citera au Parlement de Toulouse. Vézinet riposte, comme jadis Lagarde, par la grève des charrettes (comme tous les fermiers de ce temps il s'était engagé, en effet, par son contrat d'arrentement, à effectuer, pour ses maîtres, un certain nombre de charrois, qui font penser aux corvées médiévales).

Le fond du problème est toujours le même : c'est que ce Vézinet n'a pas le sou; et qu'il ne profite pas; qu'il est incapable en 1697, de payer ses ouvriers, d'acquitter son fermage en grain ou en paille.

En octobre 1697, Vézinet semble à bout : il dit n'avoir plus de quoi semer; son grain est saisi. Mais ce fermier dur, plutôt méchant, et qui rend coup pour coup, ne se laisse pas volontiers étrangler. Il riposte à la saisie par le vol, coupe une part de ses blés en vert pour les vendre à des muletiers ou charretiers de la ville; et solde clandestinement une moisson en gerbes (juin 1698). En juillet, son attitude tourne franchement au sabotage agraire; il refuse de dépiquer, néglige de labourer les jachères, et emporte de nuit les gerbes pour les vendre à son profit, bien qu'il doive 3 000 x au Chapitre. Enfin il fait jouer lui aussi la solidarité paysanne des lignages : en 1699, des cousins à lui, ouvriers agricoles, battent le blé pour son compte et camouflent le grain des rentes.

Épilogue en 1700 : Vézinet est conduit aux prisons de Narbonne, entre huit gardiens. Il y restera un mois, puis libéré, revenu à sa ferme, il mettra un beau jour la clé sous la porte (5 octobre 1700) et disparaîtra sans laisser d'adresse. Misérable et rusé, il aura été dix années durant le fermier le plus écrasé par la rente, le moins gâté par le profit qu'on ait connu en deux siècles dans ce domaine de Saint-Pierre.

En somme, les exploitants agricoles, autour de 1680-1690, traversent un moment très difficile : ils sont endettés, désargentés. Même les plus riches prennent l'habitude de payer en nature jusqu'aux prostituées, ou *grisettes*, auxquelles ils donnent, pour toute récompense, le droit d'aller gianer dans leurs blés.

La faillite guette nos exploitants; ou elle les terrasse. Aussi sont-ils anxieux, malades à force de soucis; déprimés ou colériques selon les cas.

Dans l'ensemble, c'est bien *la* classe fermière, le groupe, comme tel, des gros laboureurs qui s'effondre (pas pour toujours, bien sûr) à partir de 1680. Comptons : sur treize domaines affermés, dont les longues séries de baux sont connues par les archives, dix connaissent d'insurmontables difficultés entre 1680 et 1695 : le labourage cesse provisoirement d'être rentable.

Dans quelles conditions exactement, s'est évanouie sa rentabilité? Difficile à dire; les comptes d'exploitants, pour cette époque, ne sont pas conservés. Certaines observations pourtant sont de bon sens; et d'abord celle-ci : à un certain moment, pour les fermiers comme pour les chanoines, les dépenses, les frais ont dû dépasser les recettes; les charges ont résisté à la baisse, tandis que croulaient les prix de vente agricoles. Le bénéfice et l'épargne en ont été laminés, et les laboureurs sont devenus très vulnérables au premier accident climatique : d'où le rôle provocateur (mais non décisif par soi-même) de la sécheresse de 1680 et des années suivantes.

Résistance du salaire

Quelles charges « résistantes » convient-il d'incriminer? D'abord l'endettement : nous y reviendrons. Ensuite, le salaire, charge importante, qui peut manger, on l'a vu, une forte part du revenu brut, chez le gros exploitant. Malheureusement nous n'avons plus pour cette période de documentation sur les salaires en nature. Mais les gages en argent, ou la fraction-argent du salaire mixte de domestique sont quelquefois connus, et fournissent des repères suggestifs. Qu'indiquent-ils? Ceci : entre 1658 et 1680, les salaires des journaliers, en règle générale, résistent assez bien à la baisse. Un tel phénomène, dans un régime de productivité stable, tend nécessairement à réduire les marges bénéficiaires des patrons, puisque les prix du blé ou du vin baissent davantage que les rémunérations salariales.

Quant au salaire annuel en argent des valets de labour et charretiers, qui sont quatre ou cinq dans une grange normale, et qui forment la main-d'œuvre qualifiée de l'agriculture, il augmente spectaculairement (en livres tournois) de 1640-1655 à 1686 : la montée atteint 30 %, alors que le prix du blé diminue ou qu'il stagne dans la même période.

Dans l'ensemble, les salaires *réels* sont à la hausse sous Fouquet et surtout Colbert. Et cette hausse, au moins jusqu'en 1675, n'est pas compensée par la baisse de l'emploi. L'emploi, au contraire (en dépit d'un certain chômage non résorbé) reste maximum jusqu'à ce terme des trois quarts du siècle : puisque la production agricole augmente ou plafonne sans hausse de productivité. La hausse, ou le maintien des frais nominaux de main-d'œuvre, tandis que les prix nominaux sont tombés, constitue donc l'un des facteurs de l'annulation du profit, celle-ci à son tour menant très vite au krach agricole.

Déduction pure? Non. Fait d'expérience. Dans la décennie 1680 qui leur est fatale, les entrepreneurs de culture, quand ils mettent la clé sous la porte, s'avouent effectivement incapables de rémunérer leurs ouvriers, comme de payer au taux convenu, coupeurs, sarcleuses et charretiers.

Le salaire, entre autres charges, a donc mangé une part du profit, et contribué à la culbute de l'exploitant. Cela ne signifie nullement que désormais les ouvriers vivent comme des princes; mais simplement qu'un processus de paupérisation, amorcé depuis la Renaissance, et générateur de profit d'entreprise, s'est enrayé enfin au cours de la phase B Colbertienne; les employeurs agricoles ont finalement fait les frais de cette résistance de leurs salariés.

Fléchissement de la rente

La résistance des charges induit la baisse du profit d'exploitation, souvent terminée en catastrophe. Mais cette baisse réagit à son tour, très tôt, sur certaines charges, qui s'avèrent relativement compressibles : elle provoque, en particulier, la décadence de la rente foncière. Car les fermiers appauvris deviennent incapables d'enrichir, au même degré qu'auparavant, leurs propriétaires. Le régime des hautes rentes, tel qu'il s'est établi sous Louis XIII et Mazarin, n'est plus tenable, dès la fin de Colbert. Les textes indiquent, les diagrammes confirment la régression des baux du sol.

John Locke (en cure à Montpellier) note cette régression; et il en indique les causes, savoir : pauvreté des paysans, disette monétaire; « Les rentes du sol en France, écrit-il, le 1er mai 1676, sont diminuées de plus de moitié en ces quelques années, en raison de la pauvreté des gens, et du manque d'argent ».

C'est en Languedoc que Locke a pris connaissance d'une telle idée; je retrouve la même phrase quinze ans plus tard, stéréotypée, dans les délibérations des chanoines de Béziers : ceux-ci, en 1691, déclarent qu'ils ne peuvent payer leurs dettes avec leurs revenus courants, « les rentes depuis quelques années ayant diminué de plus de la moitié ».

Mes diagrammes confirment pleinement ces suggestions. Basés sur des baux en grains, ils prouvent en outre qu'il s'agit bien d'une baisse réelle, et pas seulement d'une chute nominale des rentes.

Les quatorze domaines, dispersés en Languedoc, qui fournissent les informations, offrent des courbes variées; mais dans deux cas seulement je note, après Colbert, une hausse persistante de la rente réelle, en grains; une hausse qui prolonge exceptionnellement les fastes du premier XVIIe siècle. Ailleurs, dans plus de 80 % des cas (douze domaines sur quatorze), l'ascension de la rente foncière est stoppée, après 1650-1660, après 1675-1680 au plus tard. Un palier puis un déclin souvent, s'inscrivent sur les courbes de livraisons des fermiers. Les sacs de grain partent moins nombreux vers les greniers des bailleurs, la baisse est de 20 %, de 50 %. Cette proportion varie, mais le sens de l'évolution n'est pas niable. Vers 1700 les rentiers du sol ne font pas de bonnes affaires...

Il est possible maintenant d'esquisser une chronologie plausible. A la baisse des prix (depuis 1655), succède — en dépit d'une animation momentanée de la production — une crise de la rentabilité : cette crise se traduit, même pour les exploitants qui ne tiennent pas rigoureusement leurs comptes, par une disparition du profit et de l'épargne (vers 1665-1672). Cette disparition s'accompagne d'un déclin de la rente foncière et se prolonge, à partir de 1680, par la détresse de l'exploitation agricole, jusque dans les mas les plus importants. Chaîne de malheurs, déficit qui se termine en faillite : ce processus explique le découragement et l'impuissance des producteurs et, par voie de conséquence, la chute durable des indices d'activité, des courbes décimales, des diagrammes de production, enregistrée à partir de 1675-1680.

Du coup se pose avec plus d'acuité encore — et pas seulement dans le cas envisagé jusqu'ici des grandes exploitations à fermiers — le problème *général* des charges. Rigides, celles-ci contribuent en effet dès la période de baisse des prix (décennie 1660) à laminer, puis tuer le profit; après 1675-1680, quand elles pèsent désormais sur une production amoindrie, ces charges, même stabilisées, peuvent devenir dans certains cas insupportables. Car, *sans même qu'elles changent en rien*, et par le simple accroissement de leur poids relatif sur un produit brut rétréci, elles acquièrent une capacité supplémentaire et intolérable d'écrasement.

La livre tue l'épi

Parmi ces charges, je ne compte pas seulement ni surtout celles déjà étudiées, qui pèsent principalement sur les gros fermiers : rente foncière et salaires. Je pense aux charges universelles, qui affectent toute espèce de production agricole, qu'elle soit familiale, parcellaire ou capitaliste. Et notamment les dettes et l'usure; et d'autre part les charges fiscales.

D'abord les dettes.

Sous Colbert, au rebours d'une formule fameuse, c'est le franc qui tue l'épi. Jamais en effet les créanciers n'eurent partie si tranquille, ni si grande sécurité du capital qu'entre les décennies 1650-1680. *Tous* les prix agricoles connaissent une longue dépression nominale. Toutes les créances — antérieures à 1653 et non encore remboursées — sont automatiquement réévaluées, quant au capital, par cette déflation. Une dette contractée sous Louis XIII perdait sous Mazarin une part de sa valeur réelle, calculée en blé, par le simple jeu de la hausse des prix; or, sous Colbert, par l'effet inverse de la baisse, cette dette est rajeunie, elle retrouve intégralement le pouvoir d'achat qu'elle représentait sous Richelieu.

Quant au capitaliste qui eut l'heureuse idée de prêter sous la Fronde, en pleine ascension des prix, le voilà comblé par la déflation subséquente. Son capital, calculé en blé, gagne entre 1650 et 1670. Monsieur

Dimanche n'est pas à plaindre. Et Don Juan ne le lui envoie pas dire.

C'est d'autant plus vrai que les dettes au XVIIe siècle ont la vie dure : je trouve, dans des papiers de chanoines, une dette record de 107 ans : contractée en 1598, elle court encore en 1705, quoique remboursée déjà quatre ou cinq fois par le simple jeu des intérêts. Bonne vieille fidèle créance.

Imaginerait-on, en notre XXe siècle des inflations géantes, de payer encore, voire même de recevoir l'huissier, pour les dettes ou les frasques d'un arrière-grand-père ? C'est pourtant ce qui se produit au XVIIe siècle, comme le prouve l'édifiante histoire de la dette Lalle, qui dura 84 ans : l'année 1611, Antoine de Lalle et son fils Henri, respectivement propriétaire et procureur à Béziers, empruntent, à intérêt, 3 000 x au Chapitre de cette ville, en doublons d'Espagne et quarts d'écus. Henri, qui devient responsable de la dette, n'est pas pressé de rembourser : de 1618 à 1647, il diffère toujours de rendre le capital, et lésine sur les intérêts. Pour faire patienter ses créanciers du Chapitre, il leur donne dès 1618 un fils comme chanoine. Mais de remboursement, point.

En 1669 Henri est mort sans payer. Il a eu tort. Car la déflation des prix sous Colbert a regonflé sa dette. Son fils Jacques, procureur lui aussi, se décide, après diverses saisies, à rembourser 300 x sur les 3 000 x dues.

En 1689, le reliquat, 2 700 x, est toujours en souffrance, non remboursé. Lalle et les chanoines plaident contradictoirement... En 1695, quatre générations ont passé. C'est maintenant la fille de Jacques, Marguerite, qui assume la dette ancestrale; Marguerite n'a toujours rien payé des 2 700 x, et elle doit vendre une métairie entière pour s'en libérer; la dette de l'arrière-grand-père a donc fini au bout d'un siècle par détruire la fortune foncière de la famille. Le mort a saisi le vif.

Ce drame de l'endettement serait impensable aux époques d'inflation rapide (XVIe siècle ou XXe siècle); il est compréhensible au XVIIe siècle, où les prix se traînent, où les longues périodes de déflation injectent une nouvelle vigueur aux créances les plus vénérables.

Parmi les plus éprouvés par celle-ci, il faut mettre au premier plan les communautés paysannes : lors de la peste de 1630, pendant la Fronde, elles avaient emprunté à tour de bras. La baisse des prix, qui survient en 1653-1655, les met à peu près dans la situation cruelle que connaîtront les fermiers américains de 1930. Endettés pendant la prospérité Hoover, ceux-ci se trouveront contraints de rembourser leurs achats (effectués à crédit) d'engrais ou tracteurs, avec du blé ou du coton qui perd la moitié de sa valeur d'avant-crise.

Ainsi en va-t-il des villages de Languedoc après 1655. Les municipalités se sont endettées pour raisons futiles ou sérieuses : guerre, peste, procès, cadeau à un grand personnage. Bagnols à 80 000 x de dettes, Gignac 105 000 x; et les moindres villages à proportion. Et il leur faut rembourser au pair, alors que blé, vin, huile, bétail — sources fondamentales de leur richesse — ont perdu le tiers ou la moitié de leur valeur nominale...

L'endettement municipal reste lui aussi, une plaie ouverte; et la grande enquête, malheureusement incomplète, de l'Intendance, sur les dettes des communautés, révèle en 1686-1691, dans tous les villages, le vaste prélèvement des créances. La communauté rurale demeure jusqu'à Law, la vache à lait des prêteurs.

Dès la fin du XVIIe siècle, pourtant, certains éléments compensateurs commencent à exercer très discrètement leur action... D'abord, Colbert est mort, la guerre presse : on ose enfin, en 1689, manipuler la monnaie, dévaluer la livre tournois. Les créanciers non remboursés sont lésés; et ce n'est pas trop tôt. Simultanément — corrélativement sans doute — les prix nominaux montent lentement. Du coup, calculé en grain, le capital prêté perd, rondement, 20 % de sa valeur entre 1690 et 1720 : soulagement de 1/5 pour le débiteur.

Le meilleur est à venir. En 1716-1720, surgit Law, libérateur des endettés. Le *Système* tue les créances, grâce à l'abondance de monnaie, grâce à la baisse du taux de l'intérêt. Pas seulement dans le Nord, où les campagnes, soulagées, peuvent mieux s'adonner à l'alcoolisme; mais en Languedoc, où les paysans déclarent « faut proffitter du temps », et lancent l'ultimatum aux prêteurs : « acceptez la baisse d'intérêt, à 3 % ou 2 %; ou bien nous empruntons ailleurs, à ce taux, les sommes nécessaires; et nous vous remboursons illico ». Les archives des villages et des États, vers 1720, fourmillent de sommations de ce genre, généralement suivies de l'effet souhaité.

On voit enfin périr sans douleur les anciennes créances

du temps de Colbert : elles traînaient lamentablement depuis quarante ans, remboursées presque deux fois par les intérêts, sans l'être jamais quant au capital! Brusquement, l'abondance des billets de Law permet aux débiteurs ou fils de débiteurs de s'acquitter, au besoin en empruntant la somme à très faible intérêt : en 1720, les archives du Chapitre narbonnais portent ainsi la trace du remboursement, par tel ou tel, et « en billets de mille », de plus de 55 000 x de créances diverses, qui remontaient toutes à la même période, celle de l'endettement généralisé : soit des dettes de 1658, 1666, 1669, 1674, 1676.

La révolution du *Système* a des suites durables : le taux de l'intérêt, réellement pratiqué dans les contrats languedociens, tombe, malgré quelques oscillations, à 3 % entre 1720 et 1760. L'argent reste bon marché pendant quarante ans. C'est la fin d'un certain âge d'or de la rente, lourd à l'emprunteur.

En même temps que cette baisse du taux d'intérêt, la hausse des prix *nominaux* qu'on a vue commencer vers 1690 se poursuit assez régulièrement jusque vers 1770 : elle aussi allège sensiblement le fardeau des emprunts : calculée en blé, une dette de longue durée perd la moitié de sa valeur entre ces deux dates, entre Louvois et Turgot. Joie pour le débiteur, surtout s'il est producteur agricole : l'intérêt tombe et le capital se dévalue. Pour ces deux raisons, la situation financière des communautés paysannes s'assainit lentement au XVIIIe siècle, par contraste avec leur oppression par les dettes, au temps de Colbert et de la Révocation.

Bilan : si l'on combine entre elles, d'une part les courbes des prix nominaux du grain (qui donnent l'indexation-blé du capital), et d'autre part, celles du taux d'intérêt, on voit nettement s'individualiser deux périodes : l'une est très dure aux débiteurs — prix stagnants, intérêt encore élevé — elle est dans toute sa force jusque vers 1680-1690. La seconde est plus favorable aux endettés et sa meilleure phase se situe vers 1720-1760. Est-ce un hasard si l'écroulement de la production agricole prend place au terme de la première période, quand les rentes d'argent trop rigides contribuent, parmi d'autres facteurs, à briser toute expansion? Inversement — dialectique bien connue et qu'on retrouvera même en 1930-1935 — cet effondrement de la production, par un choc en retour, rend les paysans débiteurs plus insolvables encore et contribue à paralyser à partir de la décennie 1680 l'esprit d'entreprise et le crédit agricole.

De ce point de vue l'expérience Law, ce *New Deal* de la Régence, représente de façon plus ou moins consciente, une tentative de rétroaction (*feedback*) dans l'organisme économique : elle soulage les endettés, elle réanime enfin certains circuits essentiels de la production rurale.

Le fisc attaque à contretemps

L'impôt, lui aussi, comme les prélèvements des rentiers frappe à contretemps l'économie.

Distinguons, par comparaison des graphiques, deux phases essentielles dans la fiscalité louis-quatorzienne en Languedoc.

Première phase : Colbert, jusque vers 1675. La taille languedocienne est stabilisée, en valeur nominale. Stabilisation analogue, pour les contributions indirectes (sel). De cette mansuétude fiscale on félicite volontiers Colbert. Faut-il se joindre au chœur des louanges? Peut-être, mais en formulant quelques réserves. En effet, tandis que l'impôt stagne de cette façon, les prix agricoles baissent : taille, prix du sel sont donc, malgré leur immobilité nominale, pratiquement réévalués. L'État est en fonds, dans la décennie 1660, et peut à bon compte acheter pour les soldats le pain, le vin et la viande, ou bien ouvrir les chantiers de Versailles et du canal du Midi. Colbert est conscient de ces facilités, il s'en réjouit à plusieurs reprises. L'incidence de l'impôt reste donc élevée. A défaut de comptabilités conservées, référons-nous aux témoignages recueillis par Locke, autour de Montpellier, en 1676. D'après ses chiffres, l'impôt direct mangerait, rondement, 10 % du produit brut total de la terre, 25 % du produit brut commercialisé, 40 % de la rente foncière ou revenu net. Voilà qui suffit, dans les cas marginaux, pour compromettre la rentabilité de la terre et pour justifier, parfois, la révolte antifiscale (Vivarais, 1670).

Cela dit, jusqu'en 1675, rien n'est encore perdu, et l'on aurait tort de désespérer; certes, l'impôt est lourd; et depuis 1655 les prix nominaux baissent plus que l'impôt nominal. Mais la comparaison décisive quant au *trend* est à instituer non pas entre prix et fiscalité, mais entre impôt réel et revenu réel; or, indubitablement, de 1650 à 1675, c'est le revenu qui est plus dynamique que l'impôt, et qui s'accroît plus que le poids du fisc. La fiscalité, parmi les autres charges, compromet le bénéfice agricole; mais elle est lentement distancée par la production. Un certain optimisme est encore possible : encore un effort, et le produit brut peut gagner la course.

Vœu pieux, effort impossible : nous savons déjà que le coureur de tête est épuisé, *claqué*; qu'il va s'effondrer et perdre l'épreuve.

La deuxième phase s'ouvre : à partir de 1675-1680.

Du côté de l'impôt, peu de changement, d'abord. La taille reste stable une dizaine d'années. Puis, à partir de 1690, et jusqu'en 1715, elle augmente en valeur *nominale*, très rapidement. Cette hausse est en partie justifiée par la montée générale des prix. La hausse *réelle* des tailles, à prix supposés constants, est provoquée, elle, par les besoins accrus de la politique extérieure et de la guerre. Cette hausse réelle est moins marquée, en fait, que l'envolée nominale. Calculé en blé, le pouvoir d'achat de la taille s'accroît pourtant nettement de 1690 à 1715.

A cette surcharge, il faut joindre le poids supplémentaire de la capitation, levée à partir de 1695-1701.

Pour une économie dynamique, en expansion, des ponctions de ce type — surcroît de taille et capitation — provoquées par les guerres, eussent été pénibles, mais supportables, et dans certains cas stimulantes : les achats de l'Intendance, on le sait bien, ré-injectent une part du prélèvement fiscal dans l'économie, et peuvent animer le marché du grain et du bétail, comme on le voit parfois, en Languedoc, en 1694, 1695, 1701.

Seulement, la surcharge fiscale, décrétée depuis la fin du siècle par Louis XIV et ses ministres, tombe à contretemps. Car elle affecte une agriculture qui décroît.

Comparons à nouveau le mouvement de l'impôt réel et celui du revenu réel : d'un côté, la totalité des quantités produites (qu'elles soient vendues ou autoconsommées), mesurées et pondérées par la dîme; de l'autre la totalité des quantités prélevées par la fiscalité directe; ces deux variables converties en blé.

Sous le premier Colbert, en dépit de la *grogne* antifiscale, cette comparaison tournait à l'avantage du revenu qui, en Languedoc du moins, croissait plus vite que l'impôt direct, jusque vers 1675.

Après 1675-1680, et jusqu'à la fin du règne, c'est tout le contraire; les ciseaux s'ouvrent, mais dans le mauvais sens. Le revenu s'affaiblit, par saccades. Mais l'impôt qu'il acquitte reste rigide, puis s'accroît assez substantiellement, de la ligue d'Augsbourg à la mort du Roi. Accroissement fâcheux : le fisc n'est pourtant pas tellement plus méchant qu'autrefois; mais les contribuables produisent moins et sont plus pauvres. Ils étaient tondus sous Colbert. Ils se sentent écorchés sous Chamillart. Dès 1686-1688, les taillables paraissent à bout. En 1688, selon Montbel, syndic général des États, 95 % des villages languedociens ont des collecteurs forcés, pauvres laboureurs ou journaliers sans ressources, gibiers de prison perpétuels, comme les décurions du Bas-Empire.

A la fin du règne, quand les « ciseaux » fisc-revenu s'ouvrent au maximum, il y a, massivement constaté, l'abandon des terres insolvables, qui culmine vers 1715-1720.

L'impôt n'est ni le seul, ni le premier responsable de la décadence agricole : bien loin de là. Il n'est qu'une variable parmi d'autres. Mais comme avant la Fronde, les mentalités simplificatrices entrent en action : l'impôt est décrété grand coupable. Et l'action contre le fisc reste au centre de certains soulèvements populaires, qui révèlent dramatiquement les psychologies.

CHAPITRE V

LES RÉBELLIONS SAUVAGES

Vive le roi, fi des élus

Novembre 1669 : venu de ce Languedoc marginal qu'est le Vivarais, un vieil évêque dénonce les symptômes du malaise agraire, plus grave et sans doute plus précoce qu'ailleurs, à cause de la pauvreté spécifique des montagnes : la disette actuelle, dit l'évêque, remplace l'abondance passée, le pauvre peuple de la campagne est à la faim, les plus riches habitants des bonnes villes ont peine à vivre; les grands frais pour le fisc — don gratuit, canal, payement des capitaux de dettes — ont mis les propriétaires contribuables à l'extrémité, car « les tailles montent plus que ce qu'ils retirent de la terre ».

Avril 1670 : des calamités exacerbent ce malaise en Vivarais : un hiver rude massacre les figuiers, fait bondir le prix du charbon de terre stéphanois : du coup les maréchaux de forge vendent les pioches et les faucilles plus cher, à la fureur des ouvriers agricoles. Et en général, tout le monde se plaint : « Les subsides (impôts) accablants, les taxes extraordinaires » rognent les revenus déjà faibles. Là-dessus naît une panique, fréquente dans le Midi du XVIIe siècle : les autorités, croit-on, vont introduire la *capitation*, l'impôt personnel, qui viendra s'ajouter à la taille réelle. Déjà, en 1627, à Villefranche-de-Rouergue, le bruit en avait couru : le Roi taxerait chaque enfant à naître, chaque cruche d'eau puisée à la fontaine. Le 30 avril 1670, à Aubenas, même angoisse : désormais, disent les colporteurs du racontar, le fisc taxera un sou par journée de travailleur de terre, 10 x par naissance d'enfant mâle, 5 x par naissance de fille, 3 x par habit neuf, 5 s. par chapeau et autant par chemise, 3 s. par paire de souliers, un denier par livre de pain. Tarif absurde, caricature d'impôt personnel; folie (et qui, néanmoins, enveloppe un grain de vérité prospective. Un quart de siècle plus tard, sur les conseils de l'Intendant de Languedoc, Basville, édifié par les insuffisances de l'impôt réel, une taxe personnelle, la capitation, sera effectivement établie dans le Royaume).

A Aubenas, au milieu de cette panique surgit, ignorant de tout, Casse, commis des fermes : il a pris à bail la taxe de deux écus par cheval de louage, et de 8 x par cabaretier; innocemment, il pose des affiches pour annoncer sa collecte. Fureur des femmes de la rue, assistées par quelques manouvriers. Casse est conspué, assommé; les séditieux, mis en appétit, s'en vont chahuter les notables du conseil de ville.

L'agitation, ainsi déclenchée, dure plusieurs semaines. A la tête des citadins mutinés, on trouve classiquement des artisans (souvent aisés); parmi les chefs condamnés à mort quand vient la répression, je compte un cordonnier, un chapelier, un cabaretier, un chaudronnier, un brasseur d'eau-de-vie, un cardeur, et des paysans... Les rebelles ont contre eux les gentilshommes et la riche bourgeoisie d'Aubenas, les honnêtes gens, papistes ou huguenots : ces gens de bien, amis de l'ordre, anxieux d'un pillage de leurs maisons, *pantouflant* dans les finances du Roi et les offices, ne sauraient s'associer à une révolte violente contre le fisc. Ils considèrent du reste que les mutins sont poussés par le diable; et ils interprètent la révolte en termes de culpabilité collective, comme un coup de la justice de Dieu « pour nous détourner de nos iniquités ».

La révolte, quant à elle, est sûrement animée par de vagues aspirations démocratiques d'origine prophétique ou évangélique (*les premiers seront les derniers*). L'auteur anonyme d'une relation manuscrite du soulèvement cite en effet, certains propos des mutins : « Les gentilshommes et les honnêtes gens n'étaient pour eux (les rebelles) que leurs inférieurs; ils devaient à leur tour dans leur raisonnement devenir leurs valets; le temps de la prophétie étoit venu, disoient-ils, que les pots de terre devoient casser les pots de fer ».

Cette tendance prophétique on la rencontre un peu partout dans les révoltes modernes du Midi (notamment à Romans en 1580, en Rouergue en 1627); elle s'appuie sur des réminiscences bibliques, sur des velléités d'inversion sociale, sur les frustrations des non-privilégiés, enfin sur un certain antagonisme entre petit peuple et noblesse, antagonisme attesté aussi par John Locke, à Montpellier, en 1676. Il ne faudrait pas néanmoins surestimer ce « démocratisme », assez nébuleux, des insurgés d'Aubenas : il est bien moins manifeste que chez les insurgés bretons de 1674, dont le programme prévoit diverses mesures explicites d'abaissement des privilégiés. Dans le Vivarais de 1670, le ressentiment contre les nobles apparaît dans les propos d'après-boire : il ne débouche pas sur l'action. Quand il faut en venir à l'agitation quotidienne, aux mots d'ordre précis, le Vivarais rebelle demeure prudent, royaliste, et comme souvent au XVIIe siècle, purement antifiscal. Les mutins d'Aubenas ne hurlent pas : « A bas les nobles » ni même : « Vive le Tiers État » comme les Croquants de 1590; ils ne brandissent pas de revendications contre les privilégiés. Ils se bornent à reprendre sous une forme nouvelle le vieux mot d'ordre antifiscal et monarchiste (Vive le Roi sans taille et sans gabelle); et ils crient : *Vive le Roy, fy des élus.*

Cette révolte citadine entraîne les campagnes proches. Les paysans se rebellent, au chant d'une Mazarinade, contre les partisans et traitants. Il leur manque un chef, et très naturellement, ils vont le chercher parmi les plus riches notables. Réflexe fréquent des rebelles rustiques de l'Ancien Régime : les bonnets rouges de Bretagne contraignent des nobles à se mettre à leur tête, après leur avoir, de force, passé des habits de paysans. En Vivarais, Antoine du Roure est le chef rêvé des villageois révoltés. Il refuse ce rôle? Qu'importe. On l'y contraint; une foule de laboureurs et de manœuvres envahit sa maison; leur leader, le berger Laroze, gifle Roure et le traite de lâche; mis au défi par cette « bourrade amicale », Roure se résigne à commander en chef ses insulteurs.

Les deux protagonistes de cette scène, Roure et Laroze, ont valeur de symboles : Laroze incarne la pure violence populaire, compliquée dans son cas de tendances sadiques; aux massacres d'Aubenas, il se pavanera, portant autour du cou les « entrailles » d'un notable de la ville, accusé d'avoir laissé entrer l'armée royale. Roure au contraire signifie d'abord, pour les rebelles, compétence militaire et respectabilité. Sa personnalité réelle, il est vrai, est fort discutée. Raoul de Vissac, son biographe, fait de lui, dans un récit tartarinesque, une sorte de preux, authentiquement noble, un paladin échappé du Moyen Age, du temps des beffrois et des gargouilles. Inversement, les autorités languedociennes qui réprimèrent Roure et l'écartelèrent lui dénient toujours la particule, et le qualifient de « laboureur ».

Antoine du Roure ne mérite ni l'excès d'honneur aristocratique, ni non plus « l'indignité » roturière dont ses ennemis croient l'accabler. En fait, Roure est un notable, un bourgeois de campagne, un propriétaire-exploitant cossu, possédant « dix mille écus de bien », autour du mas de la Rande, pompeusement rebaptisé château. La famille comptait, dès la fin du XVIe siècle, de riches laboureurs et bourgeois aisés. Son père, Guillaume du Roure, est affamé d'ascension sociale et de promotion nobiliaire « soit en office, soit en terroir », comme il dit lui-même. Il parvient, après maintes recherches, à faire l'acquisition, en 1651, d'un domaine noble. La famille, indiscutablement, est en route pour la noblesse, si elle ne la possède pas encore.

Antoine du Roure est un homme instruit, bon catholique. Il a servi dans sa jeunesse comme officier dans l'armée royale (raison supplémentaire pour que les révoltés le mettent à leur tête, en tant que « général » ayant l'expérience des champs de bataille). Riche propriétaire, fervent chrétien, ancien officier, mari d'une femme noble, Roure n'est pas étranger au système de valeurs héroïques et religieuses, théologiques et militaires, qui donnent des raisons de vivre et de mourir aux ordres dirigeants de la France louis-quatorzienne. Le prophétisme démocratique de certains plébéiens d'Aubenas est en revanche bien éloigné de ses préoccupations normales. De la révolte, Roure ne retient guère que le réflexe antifiscal, qui permet sans difficulté l'union des mécontents et qui suscite des sympathies jusque chez les privilégiés. Les révoltés crient : « Haro sur les élus! Mort aux sangsues du peuple ». Et Roure fait chorus avec eux. Dans sa lettre du 20 juin, il propose « d'exterminer les *élus* qui nous font mourir de faim ». C'est sur cette base qu'il entraîne au combat ses partisans : pauvres diables, mais aussi, laboureurs de granges, sériciculteurs, et « quantité de bons paysans enveloppés dans la rébellion », parfois sous menace de voir leurs récoltes brûlées, s'ils restent fidèles au pouvoir établi.

On sait la fin : Aubenas pillé; puis les mutins battus. Alors pour Roure, comme pour Jean Cavalier en 1704, comme pour Marcelin Albert (chef des vignerons révoltés) en 1907, une seule solution, qui révèle une mentalité loyaliste et monarchiste : aller se jeter aux pieds du roi (en 1907, aux pieds du président).

Du moins, Clemenceau, lui, recevra Marcelin Albert; il lui payera, de sa propre poche, et par dérision, son billet de retour pour Narbonne. Mais à Versailles où il se rend, Roure est éconduit. Décidé alors à fuir en Espagne, pour implorer un autre roi — le roi catholique — il est pris à Saint-Jean-Pied-de-Port, en buvant un dernier verre de vin, à trois pas de ses pistolets. Il périra sur la roue.

La révolte du Vivarais est typique d'une psychologie populaire, et d'une réaction moins rationnelle qu'instinctive à la crise rurale. Cette révolte affecte, en effet, une société matériellement souffrante, mais mentalement intégrée, étrangère, sinon à toute pratique ou prescience, du moins à tout concept élaboré du conflit des ordres ou des classes : de ce fait, le seul ennemi concevable pour tous, le seul bouc émissaire, c'est non pas le roi, toujours chéri (*Si le Roi savait*), mais le Pouvoir, abstrait et lointain; spécialement le fisc, étranger, non intégré à la société locale, et dont les exigences ne s'accompagnent, apparemment, d'aucune réciprocité des prestations.

Les révoltés laissent agir les pires maux locaux, sans les attaquer ni tenter d'y porter remède. Ils tolèrent que les cancers *réels* de l'usure, des rentes et de la dîme dévorent la substance paysanne, et leurs violences s'exercent seulement sur l'impôt, impôt effectif parfois; et dans certains cas — absurdes, mais mobilisateurs! — impôt inexistant, virtuel ou parfaitement fictif : croque-mitaine délirant comme la taxe sur les chapeaux, les chemises ou les marmots à naître, cette taxe qui n'a jamais existé que dans l'esprit de ceux qui se révoltaient contre sa perception.

Les fanatiques des Cévennes

Après 1680, tandis que l'économie s'écroule, que la Révocation s'annonce, les révoltes changent de camp et de signification.

Désormais, les régions à majorité catholique se tiennent tranquilles, ou peu s'en faut. La Bretagne est calme depuis 1675, Bordeaux depuis 1676, le Boulonnais depuis 1663. Et cette sagesse se prolongera, malgré la misère, jusqu'à la fin du règne. En Languedoc même, les premiers rôles sautent d'une montagne à l'autre, et passent du Vivarais papiste à la Cévenne huguenote.

D'où vient cette tranquillité catholique ? On ne peut exclure absolument certaines raisons qui seraient à la fois politiques et religieuses. Voyez ce notaire Borrély, petit bourgeois de Nîmes et type de catholique moyen, à la fin du XVIIe siècle. Vers 1685-1690, il perd de l'argent tous les ans, craint de finir à l'hôpital, au point qu'il n'achète plus que d'occasion ses perruques miteuses. Il sait que la suppression du protestantisme contribue à la ruine de sa ville, et à la sienne propre, par suite de l'exode des richards et de la fuite des capitaux.

Mais peu importe ! Il est d'abord croyant, et de ce fait séduit par la divine surprise de la Révocation, par ce ralliement massif (et qu'il sait pourtant insincère) de toutes les communautés huguenotes. « Quoi que l'on dise, note à ce propos Borrély dans son journal intime, il y a là du miracle de Dieu ». Et ce catholique, émerveillé par les succès religieux de son roi, devient, quand menace la coalition protestante en 1689, un contribuable malheureux, mais exemplaire, qui pense à tout, sauf à la révolte : « Grande est la misère, mais notre grand Roy a tellement d'affaires sur les bras qu'il est juste de se saigner », écrit-il, au moment de payer sa quote-part des six millions d'impôts de la province.

La catholicité française était politiquement remuante depuis la Ligue; tout se passe, en 1685, comme si elle rentrait dans le rang, éblouie par la Révocation...

Contre-partie normale, à ce progressif assagissement catholique : les soulèvements huguenots. Les religionnaires n'avaient pas bougé depuis les guerres de Rohan. Ils étaient restés calmes en 1632, en 1650, et pendant la révolte du Vivarais. A la fin du siècle, ils redeviennent belliqueux : les motifs qui les déterminent sont évidents.

Les paysans protestants subissent, comme tout le monde, la dépression économique, l'interruption du commerce « si funeste aux Cévennes » et les mortalités : en 1685, l'année même de la Révocation, châtaignes et blé manquent dans les Hautes-Cévennes, et l'on y consomme du gland et de l'herbe. A ces maux s'ajoute pour les huguenots l'oppression spéciale dont ils sont victimes. Celle-ci, dès l'origine, n'est pas seulement le fait du Pouvoir; elle incarne aussi les volontés de revanche d'une Église languedocienne triomphante, exaltée au siècle des Saints, enrichie jusque sous Colbert par la hausse du produit brut et par la montée corrélative des dîmes. La persécution anti-huguenote est encouragée par Versailles. Mais elle est dirigée sur place par le puissant *lobby* des évêques, qui font de l'Assemblée provinciale une machine de guerre contre les Réformés. Les États de Languedoc, entre 1661 et 1680, multiplient les pressions, les démarches; ils tentent de chasser les consuls « P.R. » des assemblées fiscales de diocèses civils; ils demandent « qu'on écrase la tête, qu'on arrache le cœur » du monstre huguenot, en expulsant les derniers Réformés de Privas; ils ordonnent de faire des consuls de ville, des syndics de métier à 100 % catholiques, même en pays de la R.P.R.; ils supplient (avec succès) le roi d'absorber « la chambre de l'Edit », dernière garantie judiciaire des Réformés, dans le giron tout catholique du Parlement de Toulouse; ils exigent la suppression de l'Académie protestante, déjà transférée à Puylaurens; ils obtiennent le *razement* de plusieurs temples; ils tracassent les ministres; enfin, dès la Révocation, dès l'hérésie détruite, ils votent en reconnaissance l'érection au Roi d'une statue équestre qui pèsera 450 quintaux.

Les huguenots sont donc en présence d'une entreprise d'oppression totale; celle-ci mise en œuvre par le pouvoir central et par le clergé local, par l'Intendant et par les États, par l'administration monarchique et par la société hiérarchique des trois ordres, qui s'incarne dans l'Assemblée provinciale. Appauvris, au même degré que les papistes, par la crise et par le fisc, brimés par la dîme qu'ils ne versent qu'à contrecœur — alors que les paysans catholiques ont désormais pris leur parti de cette redevance, si lourde qu'elle soit — ils sont visés en outre par une entreprise particulière d'éradication du calvinisme.

Or, dans les Cévennes huguenotes, la religion c'est la culture. Briser l'une, en 1685, c'est compromettre l'autre et c'est perturber gravement l'équilibre psychique, affectif, et la vie quotidienne des populations.

Les observateurs lucides, à l'époque moderne, sont en effet conscients du caractère d'imprégnation universelle qu'a revêtu le calvinisme en Cévennes, dans l'existence journalière des habitants : la conversion religieuse a été, dans le cas cévenol, intégrale, au point d'aboutir, fait unique en France, à déraciner totalement le folklore. Dans cette région, note Charles Bost, on ne trouve plus de chansons populaires, elles ont disparu devant les psaumes que chantent les aïeules pour endormir les enfants au berceau.

Situation ancienne, où le psautier de Marot et Théodore de Bèze sert de base locale à une culture de seconde origine, musicale et populaire. Dès 1659 (indique un évêque), aux villes où les Réformés sont en grand nombre, on entend retentir les psaumes de Marot dans la bouche des artisans, et à la campagne dans celle des laboureurs; tandis que les catholiques ou sont muets, ou chantent des chansons paillardes.

La culture française d'oïl elle-même, au XVIIe siècle, est reçue en Cévenne occitane, et dès l'enfance des petits ruraux, par l'intermédiaire presque exclusif de la Bible et des ouvrages protestants : *ABC des chrétiens* (sorte d'abécédaire liturgique et biblique), *Catéchismes* de Calvin ou de Bèze, *Miroir de la Jeunesse*, que les jeunes apprennent par cœur. Curieux pays où le français, par contraste avec la langue maternelle d'oc, est presque tenu pour langue liturgique et, dans les cas extrêmes, pour preuve d'inspiration divine : les inspirés cévenols, quand ils parlent *en langues*, en langues étrangères, sous l'action du Saint-Esprit, s'expriment couramment *en français*, à l'émerveillement des populations patoisantes.

Dans un tel milieu, la Révocation, l'essai d'extirpation intégrale du protestantisme, de ses prêches, de ses psaumes et de ses bibles, revient à imposer de force une véritable *déculturation* : on sait par quel choc traumatique, aux conséquences sanglantes, se sont soldées parfois, de telles entreprises, notamment au XXe siècle. La Cévenne protestante du XVIIe ne fait pas exception à la règle; le traumatisme y est tel qu'il ira jusqu'à engendrer chez un peuple privé de ses pasteurs et de ses cadres spirituels, dévoré par un sentiment de culpabilité (pour avoir accepté la Révocation et renié temporairement sa foi) et de surcroît frappé par la crise et par le fisc, de véritables phénomènes d'angoisse, de névrose et même d'hystérie, qui tourneront au fanatisme sanglant. D'où la stupéfaction des autorités et spécialement de Basville; piètre psychiatre, catholique dévôt, et pourtant rationaliste étroit, il n'avait pas prévu cela, cette dialectique implacable : Révocation-culpabilité-fanatisme, quand il déchaînait ses dragons.

Cet enchaînement, je tenterai maintenant de le décrire, description nécessaire : pour faire comprendre le fonctionnement de certaines mentalités paysannes; et pour éclairer le déroulement des ultimes révoltes, si différentes — et simultanément si proches par certains points — des traditionnelles insurrections antifiscales.

La riposte huguenote se développe à partir de 1688-1689; elle culmine avec les Camisards; dès l'origine, elle déborde le terrain d'une lutte purement religieuse, et elle s'accompagne de certaines analyses politiques et sociales : ainsi le projet Miremont qui prévoit, dès 1689, l'insurrection des Cévennes, vise-t-il à exploiter non seulement le désespoir des protestants, mais aussi « le mécontentement universel » des sujets des deux religions, le classique réflexe antifiscal. Miremont, le marquis rebelle, parle comme un sectateur d'Antoine du Roure : il veut crier partout : « l'abolition du papier marqué, des impôts intolérables » et faire abattre les bureaux des douanes et du fisc; et il reprend avec cela les récriminations à la fois libérales et rétrogrades formulées la même année dans le pamphlet pro-huguenot des *Soupirs de la France esclave* : « La splendeur de la Noblesse est ternie, l'autorité des Parlements est abattue, les Trois États sont abolis » par l'odieuse tyrannie de Louis XIV. Programme populaire chez les huguenots (malgré certains aspects réactionnaires), parce qu'il lève le vieil étendard de la vindicte contre la tyrannie : dans les chansons religionnaires du Gévaudan, dès 1686, le pape est un maroufle, mais Louis XIV est un tyran.

Pourtant ce n'est pas Miremont, c'est Jurieu qui animera de sa forte pensée les rébellions du Languedoc. Lui aussi propose des thèmes politiques; il admet, dans ses *Lettres pastorales*, une sorte de contrat social, un droit des peuples sur les rois, un recours légitime à l'insurrection. Mais Jurieu n'a rien, quoi qu'en pense

Paul Hazard, d'un penseur moderne. C'est un prophète, dépositaire d'un très ancien message. Cet exilé prolixe, batailleur comme un Lénine, est le continuateur des grands millénaristes du Moyen Age et du XVIe siècle : Eudes de l'Étoile, Joachim de Fiore, Thomas Muntzer, et le Révolutionnaire du Haut-Rhin.

L'Apocalypse selon Jurieu

La révolution qui monte, si l'on en croit Jurieu, doit s'ordonner selon les vieilles visions du livre de Daniel et la périodisation de l'Apocalypse : d'abord un bain de sang et la persécution des justes, et puis, l'épreuve passée, viendra la régénération par Dieu du genre humain, la chute finale de Babylone, et de Rome, la paillarde vêtue de pourpre : alors le monde refleurira plus beau. Tout indique à Jurieu, et d'abord la Révocation, qu'en 1685, la France en est encore à la première phase, mais que la suite n'est qu'une affarie de patience.

L'exilé de Hollande, courageusement, reprend donc les problèmes apocalyptiques, au point exact où les avaient laissés les petits prophètes pseudo-joachimites du XIIIe siècle. Il cherche à interpréter le chiffre fatidique de 1260 qui marque, quant à la date et à la durée, la retraite au désert de la Dame, la prédication et la mort des deux témoins, et la domination de la Bête, aux chapitres XI, XII et XIII de l'Apocalypse; il triture les millénaires, il en extrait des racines carrées; il manipule les prédictions d'Usher, archevêque d'Armagh, et les dossiers de son propre aïeul, Du Moulin, auteur d'un *Accomplissement des prophéties.* Au terme de ces calculs, Jurieu fixe « une grande espérance » pour l'année 1689, précisément; et il prophétise la fin du papisme entre 1710 et 1720 : fin suivie par l'avènement effectivement terrestre « d'un règne *de mille ans* de paix et de sainteté sur la terre ». Notre homme, cependant, fanatique mais bourgeois, prend bien soin de rassurer les intérêts : certes, dit-il, le *millénium* cher à son cœur instaurera, comme prévu dans l'Écriture, la communauté des biens, mais il respectera la propriété privée (?).

Sornettes? Peut-être. Mais ces prophéties publiées en 1686 et quelques autres de même style (*Éclaircissements sur l'Apocalypse*, *Baume de Galaad*, etc.)

se répandent en Languedoc huguenot, « plus que les almanachs »; la police en saisit des exemplaires dans les mas les plus reculés des Cévennes. La crédulité populaire est par avance réceptive : des tisserands de Béziers sont entichés de Nostradamus. Autour de Nîmes, au four et au moulin, huguenots et huguenotes ressassent Jurieu et le chapitre XI de l'*Apocalypse*. Dès la Noël 1686, dans une assemblée clandestine à laquelle assistent de nombreux cardeurs, le prédicant Serein prêche sur le chapitre XVI du même livre : *châtiment de Babylone et de la Bête*. En 1689, un autre prédicant, Roman, interrogé, après sa capture, par Broglie qui le prend aux cheveux, riposte en lui criant au visage : « Compagnon de la Bête! ». Le vocabulaire de l'*Apocalypse* prend force de loi.

Ces prédicants populaires du Bas-Languedoc, dont la plupart sont, selon l'expression de Basville, « misérables cardeurs et paysans » et qui prennent après la Révocation la relève des pasteurs enfuis, sont dominés de très haut par les seuls intellectuels de leur groupe : le maître d'école Vivent, l'avocat Brousson. Or ces deux hommes sont disciples fidèles de Jurieu : s'ils reviennent en France, au risque du martyre, en l'an 1689, c'est parce que le théologien d'Amsterdam a prophétisé pour cette année-là expressément la « grande espérance » du livre de Jean à Pathmos. Et tous deux, par la suite, traqués comme des sangliers, demeureront jusqu'au martyre des fanatiques de l'*Apocalypse*.

François Vivent mérite ce titre dans la haine et l'exécration qu'il voue à l'Église romaine, « tanière des démons, repaire des oiseaux répugnants ». Claude Brousson, lui, est apocalyptique avec tendresse et talent, avec un émerveillement superstitieux. Hostile au rationalisme et à la science, ennemi de Descartes, persuadé avec la Bible et contre Galilée que le soleil tourne autour de la terre, Brousson lui aussi décide, dès 1686-1687, de prédire l'avenir. Et ses prédictions (envoyées candidement aux catholiques romains), sur la désolation à venir de l'Antéchrist — le Pape — et sur l'avènement proche de Jésus-Christ en ce monde, calquent étroitement celles de Jurieu commentant l'*Apocalypse*. De même le beau sermon de Brousson, la *Colombe mystique*, sermon prononcé aux Cévennes et recopié sans fin par les Réformés : « *Ma colombe, dit le Seigneur, qui te caches dans les fentes des rochers et les cavernes de montagnes... ma colombe montre-moi ta face et que j'entende ta voix, car ta voix est douce et ta face est belle. Lève-toi mon amie et viens; car l'hiver est passé, les fleurs naissent et voici le temps des chansons. N'entends-tu pas la tourterelle? Lève-toi, mon amie, ma belle, et viens avec moi* ». Dans un texte inédit, Brousson identifie cette *colombe*, cachée dans les rochers ou les cavernes (et dont le thème lui vient du *Cantique des Cantiques*) à la *Dame* (de l'*Apocalypse*), épouse de Jésus-Christ, et contrainte momentanément par le Diable à se retirer au désert.

La pantalonnade de Jurieu, obligé par l'échec de ses prophéties à en forger de nouvelles qui nuanceront les premières, ne décourage pas ses zélateurs languedociens : tant la mentalité apocalyptique, qui fait du pire malheur l'antichambre d'un bonheur suprême, est un système d'interprétation rassurant; caractéristique est l'attitude de Brousson : en 1694-1698, il aperçoit lucidement dans ses randonnées clandestines, la crise économique et démographique, dont ce livre a donné un aperçu; il voit la province dépourvue de jeunes hommes, de bergers, de gens pour cultiver la terre; le peuple abattu et consterné; les villes presque ruinées par le défaut du commerce; les chemins pleins de pauvres qui suivent les passants plus d'une demi-lieue. Ces constatations de bon sens faites, Brousson, tel Daniel devant Nabuchodonosor ou Balthazar, fait fonctionner son système d'interprétation; il rationalise à sa façon, et il déchiffre ces misères comme les signes annonciateurs du châtiment : c'est Dieu, dit-il, qui, par de tels malheurs, punit la France impie et révocatrice; « le ciel est tout en feu » contre Louis XIV; le puits de l'abîme va s'ouvrir pour engloutir les armées du Roi. Et finalement, après cette épreuve, tout s'arrangera; Dieu enverra sa lumière aux catholiques romains; il se fera « un peuple nouveau pour annoncer ses divines louanges ».

La révolte des Camisards (1702) montrera cette mentalité profondément infuse chez les combattants (qui sont presque tous paysans et artisans de villages). Abraham Mazel, meurtrier de l'abbé du Chayla et initiateur de la guerre, prédit dès 1701 la destruction de l'empire de la Bête. L'abbé de La Pize, prieur de Saint-Martin-de-Bobaux, reçoit, à l'automne 1702, la visite d'une bande de Camisards; ceux-ci lui reprochent « de rester dans une Église qui est la Babylone et la prostituée dont parle saint Jean dans l'*Apocalypse* »; ils lui tirent trois coups de fusil dans l'estomac et l'achèvent à coups de sabre... En 1703, un officier découvre après un engagement près de La Calmette, le cadavre d'un combattant au visage défiguré : l'homme était prédicant; dans sa poche on trouve le texte d'un sermon : c'est d'un bout à l'autre un long exposé d'une prophétie tirée de l'*Apoclice*, ou *Pocalice* : citations à l'appui, ce texte annonce qu'après des cuvées de sang, la France et Louis XIV, *en 1705*, se rallieront en bloc et par édit royal, au protestantisme, et demanderont pardon aux huguenots.

L'hystérie convulsionnaire et prophétique

L'Apocalypse n'est pas tout; la Révolte camisarde, qui a germé sur les persécutions et les misères, est sans aucun doute exaltée par le millénarisme d'un Jurieu; mais elle ne saurait se concevoir non plus, sans l'intervention d'un autre élément, qui reste fréquent, et jusqu'au XXe siècle, dans les mouvements socio-religieux des peuples opprimés, à savoir l'hystérie convulsionnaire et prophétique. Michelet l'avait noté, qui lisait passionnément le *Théâtre Sacré des Cévennes*. Et Charles Bost, à son tour, a sainement réagi, dans les années 1920, contre les excès contemporains d'une historiographie platement rationalisante. Découvreur de documents inédits, prolongeant les intuitions de Michelet, Bost confirme un mot de Borgès : l'érudition est parfois la forme la plus moderne du fantastique.

A l'origine du mouvement des inspirés, qui deviendront les chefs camisards, une bergère de 16 ans : Isabelle Vincent, de Saou (Dauphiné), qui parlait en dormant, exhortant les huguenots à la fidélité. Mise en prison, Isabeau, dit l'historien catholique Brueys, « ne fait pas comme ces oiseaux qui ne chantent plus dès qu'on les a mis en cage »; elle *piaille* au contraire, plus que jamais, ses inspirations.

De toute façon, l'incarcération de la petite bergère vient trop tard. Dès l'été 1688, Isabeau trouve des imitateurs, et c'est une contagion de petits prophètes ou prophètes dormants, qui propagent « le mal charmant et céleste ». Parmi eux Gabriel Astier jeune cultivateur : il transporte le « fanatisme » sur la rive languedocienne du Rhône, dans ce pays « sauvage et pauvre » qu'est la portion huguenote du Vivarais.

Isabeau restait superficiellement calme, dans son délire. Mais Astier introduit en Vivarais le style convulsionnaire, avec une grande crise à stades successifs, à la Charcot : évanouissement, puis convulsions; ensuite raideur, « comme une barre de fer »; enfin discours de repentance. Les imitateurs locaux d'Astier, semeurs d'assemblées frénétiques, sont légion; et les paysans huguenots « abandonnant la culture de la terre », dressent des *théâtres* pour mieux voir fanatiser les jeunes prophètes. Il n'est pas exclu que, dans ces réunions, se soient produites des scènes d'exhibitionnisme : « les profètes ayant eu l'insolence de paillarder à la vue de leurs assemblées », écrit à Brousson, un huguenot scandalisé.

Les convulsionnaires de cette région, en 1688-1689, vivent dans l'attente du héros libérateur, du *Messie*, au sens général que ce terme à reçu dans la sociologie contemporaine des religions. Ce Messie, dit une prédiction vivaraise du commencement de 1689, c'est le prince d'Orange, qu'un ange doit aller chercher, pour le porter en France par les cheveux, avec une armée de 100 000 hommes. (Inversement, les catholiques ont si peur de ce prince, qu'à l'annonce — supposée — de sa mort, les écoliers des collèges jésuites, travestis en démons, traînent et lacèrent en effigie son cadavre.)

Cette première flambée prophétique finit mal. Comme maints prophètes des opprimés (comme Thomas Muntzer, arrêtant les boulets avec les manches de sa robe, et comme, dans un autre contexte, Epikilipikili, le thaumaturge congolais, immunisant ses fidèles contre les projectiles des Européens), les inspirés du Vivarais, gardés par des anges blancs comme la neige et petits comme le doigt, se croient invulnérables; en outre, ils sont non violents; criant « tartara, arrière Satan », ils ouvrent leurs justaucorps devant les fusils des soldats, et laissent 300 morts sur le terrain, à l'Assemblée du Serre de la Salle, qui réunissait des milliers de personnes (19 février 1689).

Après ce massacre, le prophétisme languedocien n'est pas mort; mais confiné dans des cultes secrets et minuscules, il entre en période de latence, pour une décennie.

La seconde flambée, celle des Camisards, commence à l'été 1700. Elle couvait sous les cendres dans le Vivarais prophétique, et c'est là qu'elle éclate, près de Vals, par les inspirations de Marie la Boîteuse, pleureuse de sang. De là, et c'est le fait décisif, l'épidémie pour la première fois déborde vers le Sud, vers les Cévennes et le Bas-Languedoc : Daniel Raoux, cultivateur illettré, propage, dans des cultes secrets, le fanatisme prophétique au diocèse d'Uzès (début 1701). Ce sont les scènes hystériques du 22 mai 1701 contre des prêtres, venus pour régler les dîmes; puis à l'été, les vallées des Gardons sont contaminées; à l'automne c'est le tour des hautes Cévennes lozériennes, qui seront désormais le centre principal du mouvement : paradoxalement, les routes royales percées par Basville — pour la répression, et pour le passage de l'artillerie — ont véhiculé facilement, jusqu'à ces frustes montagnes, les influences « culturelles » des inspirés de Vals et d'Uzès.

Les convulsionnaires languedociens, qui seront l'âme de l'insurrection camisarde, ont enfin trouvé leur bastion; et des témoignages multiples permettent dès lors de décrire leurs comportements. Ces témoignages, qui concordent, émanent de sources indépendantes : les amis des Camisards ont donné les premiers récits dès 1707, dans le *Théâtre Sacré des Cévennes.* Les *Mémoires* de Villars, les rapports de police de l'intendance, ceux-ci exhumés des archives au XXe siècle seulement, contiennent des descriptions qui convergent avec les textes du *Théâtre*, quoiqu'elles proviennent cette fois-ci du camp adverse, et qu'elles soient fournies parfois par les ennemis les plus acharnés du prophétisme; ces ennemis traitent toujours les convulsionnaires de fanatiques, mais jamais de simulateurs.

Enfin les *Mémoires* de Mazel et Marion, publiés en 1931, apportent pour la première fois un témoignage directement autobiographique.

Citons au hasard, parmi dix autres, une description des scènes prophétiques. (Celle qui va suivre est tirée du *Théâtre Sacré des Cévennes.*) « Les prophètes disaient que leurs chutes avaient quelque chose de merveilleux et de divin, et qu'elles commençaient par des frissons et des faiblesses, comme de fébricitants, qui leur faisaient étendre les bras et les jambes et bailler plusieurs fois avant que de tomber..., ils battaient des mains..., ils se jetaient par terre à la renverse, ils fermaient les yeux, leur estomac s'enflait; ils demeuraient assoupis en cet état pendant quelques moments, et ils dégoisaient ensuite en se réveillant en sursaut tout ce qui leur venait en la bouche. Ils disaient qu'ils voyaient les cieux ouverts, les anges, le paradis et l'enfer ».

Les autres textes corroborent dans l'ensemble cette vivante description du *Théâtre*; trois stades sont généralement distingués : la chute à terre; les convulsions ou contorsions, parfois épouvantables; les discours inspirés par l'Esprit, tantôt incompréhensibles, tantôt plus ou moins cohérents, sur la destruction de l'empire du Diable, de la Bête et du faux prophète. Elie Marion, qui expose dans un texte resté longtemps inédit, son propre cas, est le plus précis dans la description des symptômes : ses accès, dit-il, sont accompagnés de frissons, précédés d'une grande chaleur; ses yeux se ferment, son corps s'agite, il a de grands soupirs, des sanglots, des « secousses extrêmement rudes », tout cela pendant un quart d'heure, sans mot dire. Alors, ultime stade, moment prophétique, « l'esprit forme des paroles dans sa bouche » avec agitation de tout le corps, mouvements extraordinaires accompagnés d'angoisse.

La simulation, qui elle-même peut être morbide, peut expliquer certains cas; elle ne saurait rendre compte intégralement d'attitudes que les inspirés ont soutenues envers et contre tout, puisqu'on les a vu « fanatiser » en dépit de tous les châtiments, malgré leurs pères, contre les autorités, et, comme Esprit Séguier, avec une force extraordinaire d'évasion du réel, jusque sur le banc de torture. Des symptômes hystériques, très fréquemment signalés, accompagnent le déroulement de ces crises : insensibilité aux coups, aux pinçades, perte de mémoire; glossolalie; interminables discours dans une langue inhabituelle (des gens qui, dans leur vie quotidienne, patoisent uniquement la langue d'oc, se mettent à réciter en français la Bible et les Psaumes au cours de la phase d'inspiration). On note aussi, parfois, des hurlements qui n'ont rien d'humain : Esprit Séguier aboie au Pont-de-Montvert, Isabeau Cipeyre, en crise, crie comme un coq ou comme un chien. Enfin on rencontre, à diverses reprises, le symptôme de la *boule hystérique* : le prophète Rouergas, déclare à l'évêque Fléchier (qui l'interroge le 5 novembre 1701) que, lorsque le Saint-Esprit entrait en lui, il sentait quelque chose dans l'estomac, comme un caillou... Certaines descriptions vont jusqu'à évoquer la célèbre hystérie arctique, rencontrée à maintes occasions par les ethnographes du XXe siècle : un participant d'une assemblée clandestine, tombe sur deux pieds de neige comme frappé du haut mal; puis les yeux fermés, il prêche et prophétise.

Certaines de ces scènes sont presque solitaires, se déroulant par exemple en prison, sous l'œil d'un policier ou d'un juge, voire de tortionnaires. Mais plus fréquemment, elles ont un caractère tout à fait public, théâtral, sont rythmées et scandées par les participants d'un culte clandestin, qui s'embrassent, sanglotent, s'essoufflent et s'agitent, hurlent, gémissent, frappent leur poitrine, le tout formant une espèce de sabbat; tandis que le prophète a lui aussi sa crise, et qu'il annonce à qui veut l'entendre, avec un doigt d'écume au coin de la bouche, que le monde va sur sa fin. Le raisonnable Villars, témoin d'une scène semblable, soupire, consterné : « J'ai affaire à des fols ».

Qu'il y ait parmi les inspirés des faibles d'esprit congénitaux, des idiots, c'est bien certain : le *Théâtre sacré* décrit la crise d'un berger des Cévennes, Pierre Bernard, « pauvre imbécile » : il « tombait comme mort » puis son corps s'agitait beaucoup, se soulevait et sautait, comme secoué par quelque homme fort; enfin Bernard ouvrait la bouche, dans un accès de culpabilité, « pour dire qu'il avait été ainsi tourmenté à cause de ses péchés »; et il citait en français, lui l'Occitan, des passages de l'Écriture, comme s'il avait su la Bible par cœur... En plus du cas de Bernard, le pasteur Dubois cite quatre autres exemples de faibles d'esprit devenus inspirés et, parmi eux, « une idiote qui se transformait en grand prédicateur ».

Cas marginaux. Cinq imbéciles, ou pseudo-imbéciles, sur presque une centaines d'inspirés camisards, dont les noms sont connus, c'est important, ce n'est pas décisif. Et en fait, on trouve aussi dans la centaine, des esprits normalement constitués, atteints seulement d'un dérèglement passager. Ainsi, Jean Cavalier.

Jean Cavalier, petit paysan devenu chef rebelle et interlocuteur de Villars, fut en effet un convulsionnaire inspiré. Plus tard, il reviendra à une vie psychique, sociale et sexuelle normale; il sera l'amant de Pimpette, et le gouverneur de Jersey, et l'interlocuteur de Voltaire. Et dans ses *Mémoires*, il gommera sa névrose, censurera publiquement ses années prophétiques, rationalisera la révolte qu'il vécut, se présentant seulement (ce qui est exact, mais partiel) comme l'ancien combattant d'une cause juste, celle de la liberté de conscience.

Mais de multiples témoins parlent pour lui : ils nous disent le rêve qu'il fit à douze ans, où il se vit le libérateur de ses frères, et qui décida de sa carrière d'inspiré. Arnassan, Marion, la mère de Pimpette, et le *Théâtre Sacré*, racontent indépendamment les uns des autres, les extases de Cavalier, pendant la guerre des Camisards, « les agitations extraordinaires » qui le soulevaient et le secouaient rudement, faisant trembler son lit, et au terme desquelles l'Esprit lui dictait sa conduite et celle de la guerre, lui ordonnant de livrer tel combat, ou de tuer tel traître. Villars lui-même utilisa l'une des visions de Cavalier où une voix disait à celui-ci : « Tu parleras au Roi », pour l'amener à négocier avec Louis XIV.

« Fou de Dieu », Cavalier n'est pas seul de son espèce; il est, au contraire, le représentant typique, vers 1700, d'une certaine fraction de la jeune génération huguenote, et il n'hésite pas à se poser en défenseur des fils trahis contre les pères coupables et renégats. Le jeune rebelle (qui par ailleurs manifeste à sa mère un tendre attachement) déclare, en effet, qu'il a été « estably par la grâce de Dieu pour veiller sur la conduite du troupeau, afin de défendre la cause de la loi que nos pères avaient malheureusement délaissée par lâcheté ». Mêmes invectives à l'adresse du Dieu de miséricorde, contre « la lâcheté de nos pères », sous la plume de Rolland, peigneur de laine, châtreur de cochons, devenu maquisard des Cévennes. Chez ces très jeunes hommes, parfois adolescents — dont la personnalité encore fragile et mal intégrée présente une évidente complaisance à l'hystérie — un conflit œdipien violent tire des circonstances une justification sacrée.

Combien sont-ils, ces jeunes prophètes? Le chroniqueur catholique Brueys, avec une exagération fort possible, parle de centaines et même de milliers d'inspirés en Vivarais et Dauphiné, dès 1688-1689. Élie Marion, lui-même convulsionnaire, dresse dans ses *Mémoires* deux listes, à partir de ses souvenirs : d'abord, il énumère 14 *inspirés* cévenols ou bas-languedociens des années 1700-1704; ils sortent presque tous du petit peuple des villages, rural et artisanal; ils sont peigneurs de laine; mais aussi ouvrier agricole, boulanger, châtreur de cochons, tisserand, gardeur de vache, maçon. Parmi eux, pas un vrai bourgeois ou intellectuel, pas un gentilhomme. Et au nombre de ces quatorze figurent les grands chefs camisards : Mazel, Rolland, Cavalier.

En outre, Marion, donne le relevé (incomplet, déclare-t-il) de 80 personnes, soit 63 hommes (incluant les 14 *inspirés* précédemment évoqués) et 17 femmes « qui ont reçu au moment de la guerre le don de prédication ». Aucun de ceux que Marion qualifie par ailleurs de *non-inspirés*, parmi les principaux Camisards (il en nomme seulement 5 à être ainsi dépourvus du *souffle*), ne figure parmi ces 80 bénéficiaires des dons du Saint-Esprit. Donc au total, une centaine probable de vrais prophètes : c'est dans cette phalange, lit-on, que sont choisis les chefs militaires, essentiellement à cause de leurs inspirations; car au départ « ces chefs ne savaient rien de la guerre » et c'est l'Esprit qui doit leur indiquer, paternellement, la bataille à livrer, la sentinelle à poster, le prêtre à massacrer.

Sur ce point, on touche du doigt la différence essentielle entre les Camisards, et leurs frères modernes du protestantisme anglo-saxon : Muggletoniens apocalyptiques du XVIIe siècle, et aussi trembleurs, *quakers* et *shakers* de toute espèce. Ceux-ci sont souvent pacifistes et non violents. Mais, à l'inverse, les *trembleurs* et convulsionnaires des Cévennes n'apportent pas avec eux la paix, mais la guerre.

Cette tendance belliciste n'a pas été immédiatement perceptible. Pendant lontemps, de 1688 à 1701, les crises d'hystérie individuelles ou collectives des paysans huguenots persécutés s'accompagnent (fait qui n'est nullement en contradiction avec des observations plus récentes) d'un sentiment écrasant et masochiste de culpabilité. Ces crises sont dominées par l'obsession du péché, par le remords de l'apostasie collective enregistrée en 1685, par la volonté lancinante du repentir. « Miséricorde! Repentez-vous! » crient au milieu des foules hurlantes, les enfants-prophètes qui parcourent en 1701 l'Uzège et les Gardons.

Et puis, à partir de 1701-1702, une nouvelle tendance se fait jour : le 16 janvier 1702, Françoise Brès, sur le gibet, annonce à Du Chayla, son persécuteur, qu'à son tour il périra. Quatre mois plus tard, et pour la première fois depuis longtemps, dans les assemblées clandestines des Hautes-Cévennes des 8 mai et 19 mai 1702, le Roi est attaqué personnellement et le prédicant-prophète Mandagout, lance le premier cri de guerre : « abattez les églises, tuez tous les catholiques ».

Les historiens font débuter à juste titre le cycle effectif des violences huguenotes, qui ripostent à d'autres violences, avec le massacre de Du Chayla, « *la désagréable aventure de l'abbé Du Chayla* » comme dit Basville. Et, pendant longtemps, on s'est borné à établir une sorte d'équivalence du crime et du châtiment : l'abbé avait probablement torturé et sûrement condamné à mort; l'abbé à son tour a été tué. C'est sinon équitable, du moins rationnel et logique... Œil pour œil, dent pour dent, « *c'est la loi du talion*, *loi sage et modérée* » comme l'écrit bizarrement un historien récent des Camisards, qui évoque, à l'appui de cette « idée », « *Oradour et l'uranium* ».

De telles équivalences « commerciales » ne sont pas absolument inexactes; elles peuvent satisfaire certains esprits; mais elles appauvrissent le contenu humain, passionnel et non rationnel de l'acte initial de la guerre. Il faut lire les *Mémoires* d'Abraham Mazel, principal responsable du meurtre, pour comprendre dans quel extraordinaire contexte, convulsionnaire et même onirique, parmi quelles bouffées délirantes s'est préparé et accompli l'assassinat du prêtre.

Abraham Mazel, né en 1677, est fils d'un laboureur huguenot de Saint-Jean-du-Gard. Sa mère est née dans les Hautes-Cévennes. En octobre 1701, il a sa première inspiration, à une assemblée, proche de son village, tenue par l'inspiré Cabrit. Au printemps ou au début de l'été 1702, il fait un rêve : des bœufs noirs et gras mangent impunément les choux du jardin : le rêveur les chasse. Mazel, comme ses contemporains, prédicants ou Camisards, comme Brousson et comme Cavalier, est très attentif à l'interprétation des songes, considérés par lui comme des indications décisives; et, de fait, quelques jours plus tard, une inspiration lui révèle le sens de son rêve : le jardin, c'est l'église de Jésus-Christ; lui-même, Mazel, est élu par Dieu pour expulser par la force les intrus du potager divin. Et qui sont enfin ces intrus, les bœufs noirs et gras? Le noir, dans les textes camisards, est toujours assimilé au péché; quant aux fantasmes bovins, ils peuvent avoir, curieusement, une signification diabolique. Pour Mazel, en tout cas, pas de doute : les bœufs noirs qu'il faut chasser, bientôt exterminer, rendre en tout cas à leur vocation « bovine » de célibataires ou castrats, ce sont, il le dit expressément, les prêtres catholiques. A partir de ce rêve, la chasse aux prêtres est ouverte, par le fer et par le feu. La suite va bien le montrer.

Mazel rejoint une bande de prophètes, qui a pris le maquis depuis quelques mois, près de Barre-des-Cévennes. Parmi eux, le cardeur Esprit Séguier, sec, noir, édenté, personnage héroïque et névrosé : dans sa jeunesse, il fut jugé pour le viol d'une petite fille. Et c'est lui qui, fait prisonnier, « fanatisera dans toutes les formes » sur le banc de torture; condamné au feu il déclarera « mon âme est un jardin d'ombrages et de fontaines »; enfin sur le bûcher, la main plus qu'à demi coupée par le bourreau, il se l'arrachera lui-même avec les dents.

C'est parmi ces hommes, aux assemblées de la montagne du Bougès, que Mazel aura ses convulsions décisives, d'où sortira l'affaire du Chayla : le 22 juillet 1702, raconte Mazel « *l'esprit vint sur moi d'une manière si terrible que les agitations qu'il causa dans tout mon corps portoient la crainte et la frayeur dans l'âme de ceux qui me regardoient...*; *enfin, ma bouche ayant été ouverte prononça un assez long discours* » (le dédoublement est dans ce cas total, et la bouche de Mazel fonctionne indépendamment de son utilisateur normal, comme une « boîte à Dieu », une *God box* pour reprendre l'expression de certains inspirés du XXe siècle). D'après ce discours « l'Esprit ordonna de délivrer nos frères enserrés au Pont-de-Montvert », où l'abbé du Chayla faisait fonction de geôlier.

Alors la troupe des prophètes, grossie de paysans, part, obéissant aux visions de Mazel, pour attaquer la maison de l'abbé : d'un bout à l'autre, « l'Esprit » qui s'exprime par les inspirations successives de Mazel et Séguier, dicte minutieusement l'ordre de marche et d'attaque, puis les initiatives du combat, enfin la décision finale du meurtre (23 juillet 1702).

L'expédition sanglante se termine sur un épisode moins connu, mais très révélateur : à Saint-André-de-Lancize, le 27 juillet 1702, la troupe des prophètes arrive, dit Mazel, pour « *exécuter un autre ordre prononcé par ma bouche* » : les hommes de Mazel tuent le curé Boissonnade, détruisent les *marmousets* (idoles, ou images des saints) contenus dans l'Église, et *font des blessures* à un autre prêtre, Parent, qui exerce à Saint-André le métier de maître d'école.

Quelles « blessures »? Mazel ne le dit pas. Et Rampon, autre inspiré qui participe à l'affaire, n'est pas plus explicite dans ses souvenirs, rédigés sur le tard : il note simplement que les insurgés auraient volontiers *tué la concubine* des deux prêtres, s'ils avaient pu la trouver.

Mais les chroniqueurs catholiques, eux, n'ont pas de raisons d'avoir ces pudeurs, ni ces censures significatives : deux d'entre eux, Louvreleuil, et Mingaud, curé d'un village voisin (qui a confié Parent à un chirurgien) déclarent : d'une part, quant au curé Boissonnade, qu'on lui coupa les oreilles et le nez en lui ôtant la vie; d'autre part, quant à Parent, le prêtre-régent, qu'il fut châtré, ce dont il mourut neuf jours plus tard.

Tel est cet épisode initiateur de la guerre : rêve, délire convulsionnaire, meurtres, castration; un tel enchaînement montre bien que Mazel est prêt à tout pour se conformer à son rêve, et pour expulser les prêtres du jardin des délices; lui et ses amis, en l'occurence, se laissent guider continuellement par leurs obsessions; ils persévéreront du reste dans cette voie, pendant tout le cours de la guerre; et ils mèneront celle-ci non sans succès, à coups d'inspirations hystériques, accompagnées de temps en temps d'un bon miracle, ordalie ou *firewalking*.

De telles impulsions relèvent pour une grande part de motivations irrationnelles; celles-ci nécessiteraient une élucidation de l'hystérie prophétique et dans les cas extrêmes, chez les prophètes les plus exaltés ou franchement névrosés, une analyse de l'inconscient. Analyse bien difficile. Cavalier, Mazel ne sont plus là, pour venir s'allonger sur le divan d'un hypothétique historien-psychanalyste. On peut seulement noter certains traits évidents qu'on retrouve généralement dans des cas d'hystérie semblable (*hystérie de conversion*). Parmi ces traits, l'infantilisme, le caractère théâtral, le refoulement sexuel.

Ce dernier point mérite pour finir, un bref développement. Les Camisards eux-mêmes en ont eu conscience : chez les jeunes prophétesses, disent-ils, l'inspiration dure autant que la virginité; et elle disparaît avec le mariage, autrement dit, avec la fin d'une phase d'inhibition sexuelle.

Plus généralement, n'est-il pas remarquable que les deux grands accès de fièvre convulsionnaire du premier XVIIIe siècle, en France, se soient produits dans les deux secteurs de la vie religieuse où la morale sexuelle est la plus exigeante, la plus austère, *et la plus intériorisée* : d'une part, chez les paysans huguenots des Cévennes, ces puritains du Midi français; et d'autre part, trente ans après, au sein du jansénisme parisien, avec les convulsionnaires de Saint-Médard.

Ressentiment des contribuables

L'épisode Camisard est en fin de compte justiciable d'une pluralité d'interprétations; l'interprétation traditionnelle — celle d'un juste combat pour la liberté de conscience — est exacte, mais elle est bien loin d'être exhaustive. Elle laisse dans l'ombre certains aspects essentiels.

Nous en avons noté, après d'autres auteurs, le caractère prophétique. Mais il est un autre élément, beaucoup plus terre à terre; il est subordonné, mais non négligeable : c'est le traditionnel combat antifiscal, le ressentiment des contribuables.

Les villageois huguenots écoutent les prophètes, mais ils n'oublient pas la capitation, impôt nouveau et détestable, qui surcharge les campagnes, appauvries déjà par la décadence économique. « Ils font autant entrer la capitation que la religion dans leurs entreprises séditieuses », écrit en octobre 1702 l'évêque d'Alès, chef d'un diocèse cévenol, au ministre de la guerre. Et l'exemple du Vivarais, dans sa partie huguenote, travaillée par les émissaires de Cavalier, est également probant : la grève fiscale s'y combine étroitement avec l'insurrection religieuse et l'illuminisme prophétique. Le 17 juin 1703 Montrevel prévoit « un mouvement général en Vivarais... fomenté par le Consistoire ». Et il ajoute : « il est certain que les esprits sont extrêmement agités depuis quelques jours... du point qu'en plusieurs endroits du Vivarais, ils ont refusé de payer la capitation ».

Ces grèves fiscales ont eu certainement de gros effets : en 1703, dans la province de Languedoc, le premier terme de la capitation reste impayé à 70 % et d'énormes arrérages s'accumuleront, jusqu'à la fin du soulèvement huguenot, jusqu'en 1705...

Dernière guerre paysanne de l'Ancien Régime, le conflit des Cévennes marque la fin d'une époque. Et cette guerre civile, plus que toutes celles qui l'ont précédée, rend compte, à sa façon, des traits originaux de la société qui l'a vu naître; c'est une société appauvrie par la crise, traumatisée par la Révocation : le soulèvement camisard se révèle donc, avec sa logique particulière, comme un mélange détonant de névrose prophétique et d'agitation fiscale.

CONCLUSION

UN GRAND CYCLE AGRAIRE

Magie noire des sorciers, à la fin du XVIe siècle, magie blanche des prophètes au commencement du XVIIIe. L'opposition radicale des contenus mythiques, ne doit dissimuler ni la parenté de certaines structures mentales, ni la persistance longue, à l'époque moderne, d'une capacité d'angoisse et d'émerveillement, d'une mentalité miraculeuse aujourd'hui perdue. Est-ce l'indice parmi bien d'autres, entre 1500 et 1700, d'une certaine forme de continuité culturelle — celle même — que sous-tendrait la continuité sociale, et l'unité d'un grand cycle agraire ?

Périodisation

Je me suis efforcé, dans ce livre, d'observer à divers niveaux, le mouvement très long d'une économie, et de la société qui enveloppe celle-ci : base et superstructure, vie matérielle et vie culturelle, évolution sociologique et psychologie collective, le tout au sein d'un monde rural demeuré en grande partie traditionnel. J'ai tenté, plus précisément, d'analyser, dans leur multiplicité d'aspects différents types successifs de croissance et de décroissance. L'ensemble de ces types, dans leur déroulement chronologique — démarrage, essor, maturité, déclin — implique une unité, et tend à dessiner une fluctuation rurale majeure, multiséculaire, organisée. Celle-ci enjambe huit générations.

Plus simplement : un grand cycle agraire, observé dans sa totalité et qui s'étend de la fin du XVe au commencement du XVIIIe siècle, tel est, dans mon livre, le personnage central. J'ai pu le décrire et le caractériser par les courbes de prix, naturellement; mais plus précisément par les études de démographie, cadastrale et totale, par les indices de production et d'activité, par les diagrammes successifs de répartition des terres, des fortunes et des revenus.

La tendance majeure, la fluctuation moderne ainsi définie, n'est pas « l'être de raison », l'universel abstrait et fétichisé, aux vertus explicatives inexplicables, que critique Pierre Jeannin. Une documentation concrète, riche en séries diverses, continues, indiciaires, a permis en effet, par chance, de dissocier fructueusement « les éléments et composantes du mouvement long »; elle en a décelé l'articulation interne, « les significations, les modalités, la chronologie ».

Plusieurs phases s'individualisent dans le déroulement de la grande fluctuation.

Première phase : l'étiage, (les conditions préliminaires au démarrage) : les hommes sont rares (car la démographie s'est effondrée au terme de la fluctuation précédente, — médiévale — elle aussi de très grande ampleur, et multiséculaire : XIe-XVe siècles); les friches et même les forêts de nouveau sont abondantes, et elles constituent comme autant de réserves et de ressources inemployées, disponibles pour une reprise d'expansion; la propriété, la famille se sont remembrées en domaines importants et en puissants lignages; la faiblesse de la rente foncière tend à stimuler peu à peu défricheurs, exploitants et travailleurs; les subsistances sont aisées; les hommes, mieux nourris, sont plus sains; et par ailleurs, ils sont moins vulnérables aux germes pesteux, après un bon siècle d'hécatombes; tout cela prépare « l'allumage » d'un nouvel essor.

Deuxième phase : l'essor. Il se produit, comme on a pu voir, essentiellement de lui-même, par simple accumulation de facteurs endogènes : les matériaux combustibles se sont à la longue entassés, et la moindre étincelle (vague de bonnes récoltes; injection supplémentaire de métal précieux dans la circulation monétaire; influence de nouveaux circuits du commerce ou des pôles de croissance urbains; ou tout simplement période de paix et de sécurité) suffit, dans ces conditions, à faire jaillir et propager partout les flammes.

L'essor, mutation rapide, au terme d'une invisible maturation, débute ainsi, localement de façon assez brusque, vers 1490-1500. C'est la population qui démarre, à très vive allure; l'économie, elle, progresse peu. De ce fait, dès 1530, une contradiction éclate, violente : d'un côté, l'élasticité dynamique de la population, de l'autre, la rigidité têtue de la production agricole; cette rigidité, constatée un peu partout, en Europe occidentale, au Sud, et aussi au Nord, n'est-elle pas le « fruit » de l'immobilisme technique, du manque de capitaux, de l'absence d'esprit d'initiative et d'innovation ? Elle entraîne en tout cas des phénomènes d'austérité, de rationnement : rationnement salarial, par abaissement des gages réels, et paupérisation des domestiques et journaliers; rationnement foncier, par morcellement accéléré des tenures. L'appauvrissement procède à la fois d'une sorte de « loi d'airain » des salaires, et du démembrement des parcelles sans hausse des rendements à l'hectare. Malthus et Ricardo se donnent la main.

Un tel développement, inégal, sans harmonie, ne peut, en dépit d'une hausse du profit d'entreprise, sécréter le capitalisme agraire à grande échelle. La vraie croissance, qui augmenterait le produit brut moyen par tête d'habitant, demeure, dans un tel milieu, un objectif inimaginable, et situé bien au-delà de la ligne d'horizon.

Cette situation de fait est ressentie, mais seulement de façon confuse, par les contemporains, populaires ou notables. Faut-il s'étonner de leur relative inconscience ? Non. Celle-ci n'a rien de scandaleux, si l'on veut bien songer aux mentalités de l'époque. Car les hommes de ce temps ont d'autres pensées en tête que le produit brut. Les plus représentatifs parmi eux — et c'est là un des traits les plus forts et les plus typiques de la société traditionnelle — sont préoccupés, jusqu'au sacrifice de leur vie, par les questions d'Église. Huguenots ou papistes, combattants de la guerre civile, ils ont l'obsession sanglante du salut céleste. Après 1560, ils se jettent à corps perdu dans la bataille religieuse.

Sans doute, en milieu protestant, ces luttes sacrées enveloppent-elles certains projets sociaux qui contestent la terre d'Église, la dîme, le fisc et même la hiérarchie des trois ordres; de tels projets tendent, obscurément, partiellement, à pallier les carences du développement social.

Mais les résultats en sont médiocres : l'agitation sociale de la fin du siècle se perd dans les luttes antifiscales, voire dans la folie des sabbats qui inverse le monde au lieu de le transformer.

Troisième phase : après 1600, *la maturité*. Les freinages sociaux, malthusiens et ricardiens tendent à devenir de véritables blocages. Ainsi, du point de vue démographique : pour des raisons qui tiennent à la détérioration des niveaux de vie, le taux de mortalité se rapproche dangereusement du taux de natalité. Sans doute, en Languedoc (comme en Provence, Val de Loire, Beauvaisis, Hollande, Angleterre) la population continue-t-elle à s'accroître après 1600; et le Midi français — comme beaucoup de régions continentales situées plus au Nord — échappe encore à la décadence des peuplements : cette décadence précoce et longue, qui frappe au contraire depuis 1600 la Castille et certaines régions d'Italie.

Néanmoins, en ce qui concerne le Languedoc, la décélération démographique est nettement perceptible après 1600 : la courbe globale du nombre des hommes était jadis fortement ascendante, sous François Ier et Henri II. Entre 1570 et 1650, cette courbe devient, progressivement, asymptotique à l'horizontale.

Aux faits de rationnement et d'austérité enregistrés dans la phase précédente, et qui persistent encore en troisième phase, se superposent des phénomènes nouveaux, parasitaires; la rente, sous toutes ses formes, décolle : rente d'argent, de terre, d'Église, d'autorité; usure, fermage, dîme, fisc. L'esprit rentier l'emporte sur l'initiative des entrepreneurs. Les agronomes deviennent des agrariens. Sous certains aspects, la société tend à se pétrifier dans un immobilisme social; les conséquences paralysantes de celui-ci viennent s'ajouter aux effets malthusiens de l'immobilisme technique, lui-même en place depuis longtemps.

Le prélèvement fiscal énormément accru est significatif dans cette troisième phase des tentations du prestige et de la puissance étatique, qui s'incarnent dans la politique de Richelieu. L'État, dont les forces se sont affermies au terme de la phase précédente d'expansion, s'engage en guerres d'envergure, dont le coût devient trop élevé pour la société.

Cette phase III dite de *maturité* d'un monde agraire et qui précède un certain déclin est donc bien différente de la phase de même nom qu'ont décrite les théoriciens de la croissance économique moderne. Ce n'est pas la maturité heureuse des sociétés industrielles, du moins des plus favorisées d'entre elles; c'est au contraire une période d'embûches, de difficultés grandissantes et d'obstacles accumulés, où le produit brut, en longue durée, persiste à piétiner, où la population de ce fait est contrainte de ralentir son essor, où les capitaux se détournent vers la rente.

Cela posé, peut-on employer, à propos d'une telle période, des expressions très générales comme « crise du XVIIe siècle » ou bien « retournement de la conjoncture » dès les premières décennies du XVIIe siècle ?

De telles expressions valent pleinement pour la conjoncture hispano-coloniale, pour l'Amérique ibérique, tôt frappée par la panne d'argent et surtout par l'effondrement de la démographie indigène. Elles valent aussi pour la Castille et l'Italie. Elles s'appliquent enfin, quelques décennies plus tard, à l'Allemagne et à la Bourgogne voisine, foudroyées par la guerre de Trente ans. Mais au-delà de ces limites géographiques, déjà très vastes, une extrapolation pure et simple ne serait pas possible; on ne peut même pas dire que la « conjoncture méditerranéenne », prise en bloc, témoigne pour une rupture de pente autour de 1620. Des crises temporaires violentes, oui. Une décélération démographique (attestée depuis le dernier tiers du XVIe siècle) : sans aucun doute. Une régression séculaire universelle, non; pas encore. Car Provence, Languedoc, Catalogne, toute une Méditerranée du golfe du Lion, et qui n'est pas négligeable, allant de Tarragone à Toulon, échappe à ce retournement total de conjoncture; et celui-ci prend désormais un caractère excessivement méridional, péninsulaire, et, d'un point de vue européen, presque marginal.

Sur les rives les plus septentrionales de la Mer intérieure, la conjoncture s'apaise, elle se modifie et elle *s'alourdit*, elle ne se *retourne* pas encore. Le « décalage chronologique », la « contrariété durable », que Pierre Jeannin signalait en 1964, s'établit le long d'une frontière qui passe très au Sud : cette frontière isole la conjoncture hispano-coloniale et *italo-castillane*, vouée à la décroissance longue dès 1620. Sur le versant nord, dans de nombreuses régions d'Europe continentale et du Nouveau Monde, dans une aire très vaste qui s'étend de la Méditerranée catalane et française à la mer du Nord et à l'Atlantique des puritains — les peuples ignorent encore, pour quelque temps, cette lèpre de la décroissance longue qui afflige les Italiens, les Castillans, les Américains d'obédience espagnole.

En Languedoc, en tout cas, la production quoique léthargique ne s'effondre pas; bien au contraire, après 1620, certains secteurs, comme la viticulture, connaissent même une assez belle animation. L'essor démographique se perpétue, quoique devenu fort lent. Et de multiples catégories de rentiers s'enrichissent, multipliant les dépenses de prestige, de piété, de puissance, les consommations ostentatoires, les châteaux et les églises.

Sans doute est terminée « l'allègre montée » du XVIe siècle; les signes de sclérose et de maturité sociale et démographique se multiplient. Et c'est en cela qu'on trouve une analogie avec les scléroses, infiniment plus graves, de la Castille et de l'Italie. Mais en cela seulement, car, cas locaux mis à part, produit brut et population, majoritairement, tiennent bon.

Le drame languedocien, dans la phase III, n'est pas la chute, mais seulement l'inélasticité, la rigidité de la production agricole; non pas sa décroissance mais son absence de croissance marquée. Imaginons — fiction commode, hypothèse plus favorable — que le produit brut ait augmenté de façon substantielle sous Richelieu et Mazarin. Alors il aurait supporté facilement (sans conséquences néfastes pour le niveau de vie) l'essor démographique persistant, le morcellement consécutif des tenures, et les prélèvements accrus des rentiers; il aurait financé les grandes guerres et les ambitions des cardinaux ministres, avec une allégresse napoléonienne.

Rien de tout cela n'est arrivé; le produit brut agricole, de François Ier à la Fronde, est resté, dans le très long terme, pratiquement stable, avec une tendance à peine ascendante. De là tant de malheurs; même si la conjoncture ne s'est pas « retournée »; même si ce « retournement » complet, épisode tragique d'une histoire dure, n'intervient en fait que beaucoup plus tard, dans la phase terminale du grand cycle agraire, que j'ai qualifiée de « reflux ».

Sous Colbert, cette rigidité de la production semble quelque temps conjurée; le produit brut augmente, et pendant dix ou quinze ans crève un plafond séculaire. Malheureusement, la production viticole — la plus rentable de cette région, en temps normal — n'augmente pas, tombe même, pendant la durée de ce bref essor. Et cette contrariété paraît significative, car la société colbertienne n'est pas équipée, ni matériellement, ni mentalement, pour accueillir et faire durer cette hausse partielle et précaire du produit brut. L'augmentation de l'offre, qui découle automatiquement d'une telle hausse de la production, intervient en plein écroulement des prix; et cet écroulement, elle contribue à l'accentuer.

La rentabilité de l'exploitation s'efface dès 1665-1670. Et finalement la production s'effondre dans les catastrophes de la décennie 1680, qui affectent à la fois la petite tenure parcellaire, et la grande culture des laboureurs de granges.

On est alors en pleine *phase IV, dans la période longue du reflux.* La production globale agricole baisse; pourtant elle ne tombe pas tellement bas. Elle se contente pour l'essentiel d'annuler son augmentation temporaire, enregistrée au temps de Fouquet et Colbert; elle se borne à retrouver, *grosso modo*, son niveau de base, ce niveau inflexible et déprimé, qu'elle avait été incapable de dépasser au XVIe et dans la première moitié du XVIIe siècle.

Ce retour à Louis XIII, à Henri II, voire à François Ier, en pleine fin du règne de Louis XIV, comporte pour la société paysanne des conséquences déprimantes. Pendant longtemps, jusqu'en 1650, ce bas niveau de production avait été compatible avec la poursuite — de plus en plus lente et difficile — de l'essor démographique et du morcellement; compatible même avec l'instauration de rentes et prélèvements toujours plus lourds. On se poussait un peu, on se restreignait, et la société parvenait quand même à « boucler ». Et après 1650 l'essor momentané de la production (entre 1655 et 1675) avait donné à cette société paysanne un nouveau sursis : la continuation était rendue possible, encore un peu plus loin, de cet essor démographique, de ce morcellement, de ces prélèvements.

Mais le retour, dès 1675-1680, à la production déprimée rend nécessaire, en fin de compte, un ajustement, une mise au point sociale, une sorte de rationalisation malheureuse. Dans quel domaine? Il n'est pas question pour des raisons de haute politique que le Pouvoir diminue, face à la dépression du produit brut, ses exigences en prélèvement fiscal. Bien au contraire, ce prélèvement va augmenter encore à la fin du siècle, contre toute logique économique, mais en concordance avec les grands desseins du Roi-soleil, consciencieusement servi par une bureaucratie sans entrailles.

L'ajustement et la remise en ordre vont donc se faire

dans d'autres directions : certains prélèvements privés d'abord, à défaut des prélèvements publics, s'atténuent un peu; la rente foncière tend nettement à baisser, en valeur réelle, à la fin du siècle. Surtout, la grande victime de l'ajustement social, c'est la démographie : à la réduction du produit brut, à son retour au *statu quo* séculaire, la société riposte par les solutions les plus frustes; elle réduit le nombre des bouches à nourrir, des bras à employer; elle s'ampute elle-même, sans anesthésie, d'une fraction de ses effectifs humains; elle cède une livre de chair. Après 1680, en effet, tout accroissement démographique, même modeste, est enrayé; et voilà le fait capital, l'événement vraiment neuf — la population entame pour la première fois depuis deux siècles une baisse de longue durée; baisse provoquée non pas tellement par la répétition des famines, moins graves peut-être qu'au Centre et qu'au Nord de la France, mais par le chômage et la pauvreté, par la sous-alimentation chronique, par le bas niveau de vie, fertile en épidémies, par le mauvais état sanitaire des classes pauvres, très accessoirement par l'émigration, par le retard au mariage, ou même par quelques restrictions des naissances... Corollaire normal : la déchéance des tenanciers parcellaires accompagne le reflux des populations pauvres. Le morcellement foncier s'arrête enfin, qui sévissait depuis la Renaissance; et une phase de concentration, profitable aux rassembleurs de terre, s'instaure.

Il ne s'agit plus — comme dans la première partie du XVIIe siècle — du simple apaisement d'une conjoncture jadis très vive; mais bien, depuis 1675-1680, d'un mouvement d'inversion complète de cette conjoncture, tel qu'il s'inscrit le plus clairement du monde dans la démographie et dans les cadastres. La conjoncture, presque biséculaire, d'essor démographique et de morcellement foncier durait depuis 1500; extrêmement vive dans la plus grande partie du XVIe siècle, elle donnait, dès le XVIIe, des signes évidents de maturité, de sclérose et de fatigue; en 1680, elle disparaît enfin, et fait place au mouvement contraire. C'est cela, pleinement caractérisé (du moins pour le cas régional du Midi français, les chronologies pouvant ailleurs être différentes), le retournement de la conjoncture; c'est la « coupure décisive », que les historiens, un peu partout, s'acharnent justement à dater, dans l'Europe essoufflée du XVIIe siècle.

Impasses techniques et blocages culturels

Tout au long de ce livre, et notamment dans la dernière partie consacrée au « reflux » — cet arrêt de croissance, cette crispation d'une société ancienne — j'ai tenté de situer les déterminants, les responsabilités de fait, par l'établissement d'une chronologie fine; une relation au moins, de ce point de vue, paraît solidement établie : c'est la faiblesse technologique de la société, c'est son inaptitude à élever la productivité, son incapacité à augmenter durablement et définitivement la production, qui a créé le plafond contre lequel est venu, en fin de période, se briser l'essor, quasi biséculaire, de la démographie et de la petite propriété paysannes.

On est bien, en effet, dans cette « société pré-industrielle à évolution technique lente », où les « processus de croissance et de décroissance » restent dominés « par un jeu entre expansion de la démographie et plafond des ressources ». D'un bout à l'autre du grand cycle agraire, de 1500 à 1700, le produit brut mène ce jeu, du reste fort passivement, et par le simple poids de son inertie tendancielle. C'est lui qui incurve progressivement, et jusqu'à la recourber vers le bas, la courbe démographique, dont la trajectoire parabolique, d'allure balistique, évoque à la perfection ce freinage d'une société par son produit brut. C'est lui qui, dans la phase II, induit les phénomènes de paupérisation; qui, dans la phase III, par son incapacité à croître, rend accablants les prélèvements accrus (qu'une production dynamique supporterait au contraire gaillardement). Dans la phase IV enfin, la retombée, plus exactement l'inertie retrouvée, après une phase momentanée d'emballement, du produit brut, provoque le déclin final des populations, des parcellaires, des mises en valeur.

Ce dénouement est logique : les ciseaux malthusiens, entre production et population, ne pouvaient s'ouvrir indéfiniment.

Faut-il rejeter dans ces conditions l'explication classique qui impute les malaises du XVIIe siècle, et sa crise terminale, à la « famine monétaire »? Sûrement pas. Même dépassée, la théorie quantitative de la monnaie ne mérite pas cette exécution sommaire. Mais elle ne peut plus conserver le rôle absolument central qui fut un moment le sien. Elle doit être intégrée à un système unifié d'explications, à la fois plus amples et plus souples

Si certaines économies, démographies, et sociétés européennes, comme celles du Languedoc, ont plafonné, puis finalement décru, dans le cours du XVIIe siècle, après l'allègre montée du siècle précédent, ce n'est pas seulement parce que les colonisateurs de l'Amérique ont écrémé les meilleurs gisements des métaux précieux, et consumé le prolétariat minier des Cordillères. Cette impasse monétaire existe bien. Mais elle n'est pas seule à faire obstacle à l'expansion. Elle fait partie de toute une famille et, comme d'un ensemble structural d'impasses : savoir, l'impasse foncière — cette absence de réserves indéfinies de bonnes terres, faciles et rentables ; et fondamentalement — se dissimulant si l'on peut dire, derrière la précédente — l'impasse technologique, qui constitue l'empêchement essentiel.

Exemple frappant, dans ce dernier domaine : le rendement moyen du blé, en Languedoc, d'après des sources de première main, reste stable et très faible (de 3 à 4,5 pour 1), du XVIe siècle (premières données) à 1730-1740. Il ne connaît d'animation, mais momentanée, qu'à l'époque de Colbert. Il ne décolle vraiment bien lourdement du reste, qu'à partir de 1750.

En d'autres termes, si la société se crispe, si l'économie se sclérose, et finalement retombe à son niveau de base, à la fin du XVIIe siècle, c'est parce que cette économie n'a su ni augmenter, ni renouveler ses stocks : stock de métaux précieux, bien sûr ; mais aussi stock de bonnes terres, par définition limité ; et à défaut de celui-ci, « stock » de progrès techniques, ô combien dérisoire, en ces XVIe et XVIIe siècles. Développons une hypothèse déjà posée : si le rendement des grains avait augmenté de quelques points entre 1500 et 1700 (comme il fera plus tard), si l'on avait pu planter massivement et continûment de la vigne (comme ce sera le cas, presque sans interruption, entre 1760 et 1870), ou bien largement irriguer (comme feront les Catalans à partir de 1720), alors la société languedocienne aurait pu faire face, par simple élévation du revenu cadastral, à l'essor démographique, au morcellement galopant, comme au prélèvement accru des charges de toutes sortes. Ce morcellement n'est abusif, ces charges ne sont intolérables que parce qu'elles viennent s'écraser sur une production et sur une productivité séculairement stabilisées...

En fait, un tel immobilisme technologique est enveloppé, porté, par toute une série de blocages culturels. On a parlé d'un plafond *naturel* des ressources. Mais la « nature », en l'occurence, c'est la culture, ce sont les mœurs et le mode de vie, les mentalités; c'est l'ensemble formé par les connaissances technologiques et par le système des valeurs, par les moyens mis en œuvre et par les fins poursuivies. Ces forces qui infléchissent l'expansion, la freinent, et finalement la brisent, sont non seulement forces économiques au sens strict; mais forces culturelles, au sens large, et même, en une certaine mesure, forces spirituelles. Dans cette dernière catégorie, surtout, elles sont impossibles à chiffrer; mais leur puissance contraignante est évidente.

Malgré une certaine évolution, dont on reparlera, la société languedocienne, en ses élites dirigeantes demeure, au moins autant que la société française dans son ensemble, théologique et militaire; et sous Louis XIV encore, les fils de petits bourgeois, tout comme ceux des nobles se destinent, quand c'est possible, de préférence à l'armée ou à l'église.

Pour les esprits les plus doués de ce temps-là, le salut des âmes importe plus que l'amélioration des techniques. L'univers pragmatique et « désenchanté », profondément non religieux, où nous vivons, est peu concevable encore, au moins pour la masse, avant 1700.

Au XVIe siècle par exemple, dans une société pourtant très expansive, le capital d'énergie humaine, accumulé depuis la Renaissance, n'est pas mis au service de l'économie, ni consacré à la sauvegarde d'un minimum de bien-être : ce capital est dissipé torrentiellement, au feu des luttes religieuses. Et c'est seulement en seconde analyse, et comme par ricochet, que les protestants des guerres civiles mettent en avant certains objectifs sociaux, d'ailleurs modestes : redistribution de la terre, aménagement de la dîme.

Après 1600, la victoire du catholicisme est progressivement inséparable d'une certaine remontée de la société « féodale » (« féodale », non pas au sens strict et institutionnel des médiévistes, mais au sens large que les philosophes du XVIIIe siècle ont donné à ce terme).

De cette remontée, témoigne l'échec relatif des agronomes ou politiciens protestants : Serres, Laffemas, Sully, qui sont soucieux, chacun à sa manière, et parfois contradictoirement, d'expansion économique — d'agriculture ou manufacture — ne feront guère école après 1610. La nation, avec Richelieu, choisira la guerre; avec Louis XIV, malgré l'épisode colbertien, elle choisira la gloire. L'idéal aristocratique de l'exploit, l'idéal catholique du salut orienteront les conduites des groupes dirigeants.

A la phase que j'ai appelée de maturité (phase III), l'âge d'or de la rente prélève son lourd tribut sur une production léthargique; et cet âge est inséparable d'un certain nombre de styles ou de modes de vie, qui visent, selon les cas, l'ostentation ou la sécurité : fureur d'offices ou de terres de la bourgeoisie; investissements monastiques et baroques du clergé; vie libertine ou militaire des nobles ou aspirants nobles. Ces modes de vie sont significatifs d'une richesse relative; ils ne stimulent pas l'expansion.

A la phase IV (reflux) la politique mise en œuvre par le Pouvoir avec l'assentiment d'une grande partie des élites, tend à obtenir au prix le plus élevé (s'il le faut) la gloire solaire d'un homme et de son lignage, la puissance belliqueuse et territoriale du Royaume, et le monopole absolu d'une Église. Une telle politique est parfaitement logique, comme conséquence d'un certain système de valeurs (pour nous aberrant); mais elle va directement à l'encontre du relèvement d'une économie contractée. Versailles et l'armée, les budgets militaires et somptuaires accroissent la pression fiscale; et celle-ci ampute à contretemps un produit brut en pleine décadence.

Quant à la Révocation — autre aspect saisissant de cette politique globale — elle révèle chez Basville, son principal promoteur en Languedoc, un souci exacerbé du monisme, à la fois religieux et politique : pour l'Intendant de Languedoc, l'unité de foi est un bien en soi; et cette unité a d'autre part le grand mérite de garantir l'unanimité des Français, dans l'obéissance au Roi très chrétien.

Un tel monisme n'est pas absurde, si l'on veut bien se placer dans la perspective spécieuse de ses promoteurs. Mais il est coûteux; et il fournit l'exemple remarquable d'une culture qui se retourne contre l'économie sous-jacente, et qui la dévore. Sans doute, la Révocation n'est-elle pas la cause première, ni principale, de la déchéance économique française à la fin du Règne. En 1685, elle tombe pourtant, dans ce Midi truffé de huguenots, à un mauvais moment, et elle aussi à contretemps; juste après 1675-1680, après le déclenchement de la décadence économique : en Languedoc, au moins dans les cantons protestants, la Révocation accentue ce marasme préexistant; elle consomme la ruine momentanée de la soierie cévenole et subcévenole; elle fait fuir à l'étranger les capitaux nîmois.

De ces malheurs, les contemporains catholiques sont conscients : « la misère est si grande depuis le changement de religion », écrit le notaire Borrely au terme de notations pertinentes. Néanmoins le même Borrely a accepté par avance, et il justifiera *a posteriori* l'acte de 1685 : car il y voit l'effet suprême de la grâce, le miracle et ouvrage de Dieu; et de toute façon, Borrely pense que les protestants, ces *diables mal intentionnés*, ces monstres, ces fanatiques, méritent leur triste sort; tant pis s'ils entraînent dans leur ruine, par le jeu communicatif des faillites, leurs contemporains catholiques : c'est le prix qu'il convient de payer.

D'un certain point de vue, les hommes responsables de ce temps font donc lucidement leur propre histoire, et consomment leur propre malheur. Question d'enjeu : l'unité de religion représentait, pour beaucoup d'entre eux, un bien plus valable en soi que le sauvetage à tout prix du profit ou du bien-être...

De même les révoltés qui se dressent contre telle ou telle oppression, n'adoptent pas toujours — selon nos critères à nous — une conduite pleinement rationnelle, et susceptible de mettre un terme à leurs souffrances. Pendant fort longtemps, ils se bornent à combattre la fiscalité, alors que les causes réelles de leurs difficultés sont beaucoup plus vastes, et résident aussi dans l'organisation sociale. Une seule révolte, dans la France du XVIIe siècle, tente de poser assez clairement, par un programme — et sous l'impulsion directe d'émigrés anglais influencés par leur propre révolution — le problème de l'égalité des droits et des charges, et de la représentation du peuple. C'est l'épisode de l'*Ormée* à Bordeaux, pendant la Fronde. Le programme audacieux de l'Ormée intrigue un moment les princes frondeurs; mais il n'éveille pas, dans la population, un écho durable. Et cette tentative de greffe d'une pensée politique anglo-saxonne sur la conscience des rebelles français n'est pas accueillie. Le greffon meurt sur la branche incisée. On n'est pas encore au XVIIIe siècle où l'action des philosophes, à la longue, ouvrira la voie aux importations des programmes politiques d'Outre-Manche. Les aires culturelles, françaises et anglaises, au XVIIe siècle, restent contrastées. Parler à un rebelle français de ce temps, qu'il soit d'avant Fronde ou d'après Fronde, d'abolition effective des privilèges et d'assemblée nationale élue, c'est un peu, *mutatis mutandis*, comme si l'on avait proposé, dès 1850 ou 1900, le socialisme aux Africains. Mais parlez-lui du fisc et des gabeleurs, à ce Français de 1640 ou 1670; alors il verra rouge, même si le fisc n'est qu'une des causes, parmi bien d'autres, de ses difficultés.

Dans un autre domaine, celui de l'oppression religieuse, les Cévenols, au cours de l'insurrection camisarde, s'écartent de ce qui, selon nos critères, peut-être relatifs, représenterait la rationalité d'une telle révolte; ils ne se bornent pas à mettre en avant la liberté de conscience, ou même le simple prosélytisme protestant; et ils adoptent des conduites de transes hystériques, fondées sur les convulsions des inspirés, et sur l'attente proche de la parousie. De telles conduites sont hautement appréciées, si possible imitées, par leurs contemporains protestants; mais au sein de notre culture d'aujourd'hui et déjà chez les rationalistes catholiques et dévôts, à la Fléchier et à la Basville, elles sont généralement tenues pour déviantes et pour névrotiques.

Dans cette perspective, l'enquête sur les blocages culturels devrait être menée très loin — par-delà la « culture » au sens strict du terme — et jusqu'au niveau le plus profond, celui du psychisme inconscient : les rites d'aiguillette, si répandus et si redoutables, et les faits et gestes enregistrés lors des révoltes et des « émotions » populaires (1), nous ont dévoilé à plusieurs reprises l'existence d'angoisses, de pulsions, de fantasmes,

(1) Les révoltes d'Ancien Régime, et les « classes inférieures », qui s'y trouvent impliquées, ont provoqué, comme on sait, toute une série de travaux importants. Les uns, dans leur problèmatique, rattachent les soulèvements à une finalité qui transcende les intérêts immédiats et même conscients, des révoltés : lutte « objective » contre l'ordre seigneurial et absolutiste; intrigues des aristocrates ou des bourgeois, qui, ouvertement ou « sous main », « incitent à l'émeute »; buts apocalyptiques. D'autres auteurs placent au premier plan, parmi les mobiles des « rebelles primitifs », les instincts de conservation et la poussée de la faim, autrement dit les plus simples tendances du Moi humain. Ces diverses analyses, toutes enrichissantes, ne s'excluent pas mutuellement : nos propres monographies de soulèvements les confirment ou les prolongent sur beaucoup de points; mais ces monographies font aussi

fort bien caractérisés : ceux-ci sont exprimés dans un « langage » symbolique d'une effrayante évidence, et dont on ne trouvera plus l'équivalent, à un tel degré de précision, dans notre culture contemporaine.

Une longue monographie sur les paysans camisards nous a permis par ailleurs, à partir des comportements convulsionnaires, de mettre au jour les symptômes de la « conversion » hystérique, cette névrose coutumière, ethnologique, des sociétés traditionnelles, qui aujourd'hui tend à disparaître des pays les plus développés. Grâce à ces symptômes, est apparu le rôle sous-jacent d'un refoulement sexuel très strict, inculqué dès l'enfance, dans les Cévennes par l'éthique huguenote; inculqué ailleurs, en Languedoc ou à Paris, par l'éthique janséniste, dont l'emprise, sous Louis XIV et le premier Louis XV, ne cesse de s'affirmer.

Janséniste ou huguenote, la psychologie des profondeurs s'accorde, dans ce cas, avec les impératifs de la structure sociale, plus précisément avec les données de base de la démographie ancienne : celle-ci implique, pour la plupart des jeunes, avant le mariage, une très longue période d'inhibition sexuelle (1) qui justifie une répression sévère de la vie instinctuelle.

intervenir, pour l'interprétation des phénomènes les plus inexplicables dans ces perspectives rationnelles, les plus déviants et les plus aberrants, certaines pulsions qui sont sous-jacentes, non seulement aux mobiles supra-individuels, mais au Moi conscient lui-même; ces pulsions ne peuvent provenir que de la plus ancienne et de la plus profonde des provinces psychiques qui composent l'individu : le « Ça ». D'une façon générale, cet appel au psychisme inconscient, cette intervention d'une instance profonde peuvent seuls rendre compte des énergies farouches, désespérées, irrationnelles, qui se déchargent dans la révolte d'ancien style : celle-ci n'est pas seulement un moyen violent adapté à une fin justificatrice; elle est aussi l'expression sauvage d'un ressentiment longtemps réprimé; dans ses agressions les plus stupéfiantes, elle représente un *passage à l'acte*.

(1) L'existence de cette période d'inhibition, bien plus longue et plus rigoureuse que dans notre culture contemporaine, ressort de plusieurs séries de faits (qu'ont mis en lumière les travaux de GOUBERT, 1960, et, pour le Languedoc, ceux de GODECHOT et MONCASSIN, 1964), à savoir :

a. *L'absence ou la faible importance de la contraception*, avant 1730, en Languedoc comme en Beauvaisis;

b. *Le très bas pourcentage des conceptions prénuptiales et des naissances illégitimes* (0,5 % en Languedoc pendant tout le XVIIIe siècle). Si les relations sexuelles préconjugales avaient eu une importance véritable, elles auraient donné lieu, en raison de l'ignorance de la contraception, à de très nombreuses naissances de ce type. Ce n'est pas le cas.

c. *L'âge constamment tardif du mariage* (25 ans pour les femmes, 29 ans pour les hommes, en Languedoc, de 1700 à 1789) : la période d'inhibition sexuelle, définie par les deux conditions ci-dessus, s'en trouve automatiquement prolongée.

Matériellement indigente, sexuellement très refoulée, la société traditionnelle, au terme de notre enquête, semble ainsi caractérisée, en ses classes populaires, par une double série de frustrations et de raretés, qui se renforcent et se conditionnent réciproquement...

Les aspects matériels du grand cycle agraire sont donc inséparables de ses aspects proprement culturels. Les uns et les autres se soutiennent, se fortifient de façon mutuelle. L'économie stagne, la société se fige, la démographie retombe après ses premiers triomphes, parce que société, démographie, économie ne possèdent pas la technologie progressive de la vraie croissance. Mais elles ne possèdent pas non plus, ou pas encore, ou pas assez — largement diffusées dans les groupes dirigeants et dans le peuple —, la conscience, la culture, la morale, la politique, l'éducation, l'esprit réformiste, l'aspiration plus libre au bonheur, qui stimuleraient l'initiative technique et l'esprit d'entreprise, et qui permettraient le « décollage » de l'économie.

Germes de vraie croissance

Le tableau, pourtant, ne doit pas être exagérément pessimiste. J'ai parlé de fluctuation rurale multi-séculaire, ou, plus brièvement de grand cycle agraire. Un tel terme, commode, ne saurait prêter à confusion. Il ne s'agit nullement d'une sorte d'éternel retour, d'un pur et simple balancement biséculaire ou triséculaire, qui ramènerait la société, après une phase d'expansion, à son point de départ, au « degré zéro » dont elle était partie.

Une telle conception serait absurde, et d'autre part inadéquate aux faits connus. En réalité — même si l'épidémie de vraie croissance n'est pas déclenchée, bien loin de là, au terme du XVIIe siècle — il existe, dès cette époque, au sein de la société languedocienne, des éléments isolés, minoritaires, de développement véritable; ils brillent dans la nuit louis-quatorzienne comme des particules incandescentes. Et ils présagent déjà, sans le réaliser encore, le développement de type moderne, à base d'enrichissement lent, mais individuel et indéfini.

Dans l'agriculture d'abord : la vigne (pour le vin et l'eau-de-vie), et la soie, malgré leur crise finale, restent en 1700-1710 bien plus largement implantées qu'au XVIe siècle : les chiffres cités par Basville, et les compoix, le montrent clairement. Le progrès dans ce domaine, et malgré des reculs partiels, est irréversible. La viticulture a fait deux pas en avant d'Henri IV à Mazarin; un pas en arrière sous Louis XIV. C'est toujours un pas de gagné.

Et puis, autre fait sans appel, à la fin du XVIIe siècle, le secteur agraire perd sa prépondérance presque exclusive. Un secteur manufacturier se développe. Non sans mal. Longtemps, Colbert a prêché dans le vide. Ce ministre efficace, mais inapte à plaire (à lui aussi, comme à Jules Ferry, *les roses poussent en dedans*) ne parvient guère à séduire les États du Languedoc; et quand cette auguste assemblée donne son accord aux projets ministériels — canal Riquet, manufactures — c'est pour elle comme une monnaie d'échange, qu'elle cède à la cour, dans l'espoir d'obtenir du roi des mesures nouvelles de persécution des protestants. *Passe-moi les huguenots, je te passerai le canal.*

Mais, peu à peu, à partir de 1670-1672, se répandent chez les gens en place les premiers germes d'une mentalité industrialiste. Les États de la province accordent désormais volontiers sans se faire tirer l'oreille, « la pistole par pièce » aux draps exportés. La draperie languedocienne est ainsi subventionnée. Dès 1685-1700 elle concurrence avec succès, au Levant, les produits hollandais; et ses statistiques d'exportation, par le port obligatoire de Marseille, se gonflent à partir de 1700, date initiale des séries chiffrées. Cette progression continuera, malgré des oscillations, dans les décennies suivantes.

La draperie languedocienne prend donc son vol vers 1680-1715, au moment précis où s'écroule la production agricole. Les deux courbes, agriculture et draperie, se croisent. Le fléchissement agraire est très partiellement compensé par l'essor textile, où les éléments de croissance sont indéniables.

Ce livre est d'histoire rurale et il n'est pas possible d'y étudier en détail le cas des industries languedociennes, qui mériterait un ouvrage particulier. Disons seulement que cet exemple d'une évolution contrastée — où la déchéance agricole n'empêche pas le développement de certains germes d'essor « maritime », industriel et commercial —, n'est pas unique en Europe, à la fin du XVIIe siècle et au commencement du XVIIIe siècle.

On en trouverait d'autres exemples en Provence, en Catalogne, et bien loin de là sur les rives de la mer du Nord et de la Baltique; dans les plaines septentrionales du continent européen, en effet, les années 1680-1720 voient se consommer une chute impressionnante de l'économie rurale : les productions et commerces de grains, lins, chanvres régressent; tout comme en Languedoc, dans la même période, celles du blé, du vin et de l'huile. Et cette diminution de l'offre induit, au Nord de l'Europe comme au Midi de la France, le mouvement ascendant des prix agricoles, et la série universelle des hausses cycliques, spéculatives et malsaines : ces hausses de marché noir qui font bondir les mercuriales dans la deuxième moitié du règne de Louis XIV.

Néanmoins, cet effondrement en bloc d'un vaste compartiment agricole n'entraîne pas dans sa chute tous les autres secteurs de l'économie nord-européenne : les industries d'exportation anglaises sont quelque peu épargnées par la contraction; et elles démarrent même assez vivement dès la décennie 1710, funeste en bien des cas pour l'agriculture; leur cas ressemble donc, en plus vaste, à celui de la draperie languedocienne.

Il existe ainsi dans l'économie, et en dépit de la tragédie rurale, des stabilisateurs, des contrepoids industriels et commerciaux : ils freinent la chute; ils forment des secteurs limités de croissance : ils constituent des éléments de rétroaction (*feedback*); et ils contribuent à prévenir un effondrement total, en chaîne, un *runaway* comme celui qui advint en diverses régions à la fin du Moyen Age; ils réservent les chances, déjà proches, d'une reprise future.

L'analphabétisme en question

Dans le domaine intellectuel aussi, en dépit des blocages culturels, en dépit de la régression économique et sociale de la fin du siècle, l'irréversible est en marche; et certains progrès, bien minimes encore, atteignent pourtant « le point de non-retour ».

Fait déterminant : la lente diffusion d'une certaine instruction élémentaire. Essayons de faire le point. Un exemple typique suffira ici... A Aniane, importante paroisse rurale, dans la vallée d'Hérault, les registres du conseil politique (équivalent approximatif d'un conseil municipal) sont bien tenus de 1571 à 1715. Aux grandes occasions, une ou deux fois par an, tous les conseillers (qui sont marchands, artisans, laboureurs, parfois brassiers) signent au registre. Parmi ces hommes, en majorité représentatifs de la fraction la moins pauvre du monde rural, il y a des gens instruits, et des analphabètes, en pourcentage variable.

Comment évolue ce pourcentage, le long d'une série diachronique, couvrant un siècle et demi? Au départ, vers 1570-1625, la série témoigne d'un formidable analphabétisme rural. Dans ce milieu « d'édiles », qui n'est pourtant pas misérable, un conseiller sur trois, parfois un conseiller sur deux, est illettré total, et signe d'une marque (croix, truelle, marteau), démontrant ainsi son incapacité non seulement à écrire, mais même à user simplement d'initiales.

La génération qui arrive aux conseils politiques vers 1620-1630 (génération probablement élevée, et fort mal, dans les dures années de la guerre et de la Ligue, vers 1580-1600) bat tous les records d'ignorance élémentaire : et Montmorency qui dans sa révolte irréfléchie s'appuiera souvent sur les municipalités, n'aura pas grand mal à mener par le bout du nez ces analphabètes.

A partir de 1630, au contraire, c'est un progrès rapide, quasi continu, où l'on peut néanmoins distinguer deux stades : vers 1660-1670, le conseil ne compte plus que 10 à 20 % d'analphabètes intégraux, utilisant la marque. Dans la période suivante (1670-1710), cette proportion baisse encore, et tend pratiquement vers zéro. Cela ne veut pas dire que tout le village, et spécialement la masse majoritaire des femmes, des manouvriers, et des petits paysans, sait désormais lire, écrire et compter; bien loin de là. Mais la minorité des petits bourgeois, l'élite plébéienne des artisans et des laboureurs représentée au conseil, comprend désormais une très forte proportion d'individus alphabétisés, disposant des rudiments de l'écriture, et peut-être du calcul.

Les cartes de Maggiolo, vers 1685-1690, ne sont pas en contradiction avec un tel point de vue : certes, « sexes réunis », elles révèlent une ignorance crasse par rapport au Nord-Est français. Mais si l'on tient compte uniquement de l'alphabétisation masculine, on voit que le Gard (département en partie protestant, et plus instruit), et même l'Hérault comptent un pourcentage, qui n'est pas dérisoire, d'adultes mâles sachant signer.

Ces résultats honorables découlent d'un effort des écoles protestantes (Gard) mais aussi, en pays catholique (l'Hérault pour sa plus grande part), d'une action persévérante du clergé : la diffusion d'un certain savoir est en effet inséparable de l'apprentissage des rudiments de la doctrine chrétienne; et la nomination d'un régent, alphabétiseur et catéchiste, est une affaire d'Église. Les évêques, dans leurs visites pastorales, n'oublient jamais de faire la tournée des écoles de village : ils s'inquiètent du maître d'école (Assure-t-il ses cours? Fait-il, contrairement à son devoir, payer les pauvres? Chante-t-il dans le chœur?), ils se désolent de l'absentéisme des élèves quand ceux-ci gardent le bétail ou les cerises, au lieu d'aller en classe. Laïcité en moins, mitre et crosse en plus, l'épiscopat fait office d'inspection primaire.

A la fin du siècle, cette action des prélats porte ses fruits : au diocèse de Montpellier, elle est menée par l'évêque Colbert, méticuleux comme son oncle, janséniste, et fanatique des petites écoles à la Port-Royal. Grâce à lui, en 1704, sont pourvus de régents tous les villages qui en manquaient encore en 1677. En 1704 précisément, dans 37 villages, (qui comptaient 4 082 familles), 1 887 enfants, dont 1 247 garçons sont scolarisés. Presque un enfant scolarisé pour deux familles complètes ou incomplètes; telle est la leçon de cette très ancienne statistique scolaire. La proportion est faible selon les critères actuels, surtout si l'on songe au bas niveau de l'enseignement dispensé; elle n'est pourtant pas négligeable.

Un fond d'ignorance énorme subsiste encore dans les campagnes; mais à l'instar des huguenots, l'Église a entrepris, dès Louis XIV, le décrassage culturel de la France du Sud. Les mobiles du clergé sont intéressés; les résultats sont importants, et en lent progrès.

Cette œuvre est d'autant plus remarquable qu'elle intervient et qu'elle persiste, en pleine période de débâcle économique, entre 1680 et 1720. Là aussi les courbes se croisent : courbe descendante du produit brut; courbe montante de l'instruction populaire.

Ce n'est pas, en l'occurrence, l'économie qui détermine la culture; car on assisterait dans ce cas à une décadence de l'instruction populaire. C'est au contraire la culture qui, en plein marasme de la production, anticipe sur le développement à venir de l'économie, et sur une reprise future de la croissance matérielle, telle qu'elle interviendra à partir de 1720.

La culture anticipe, et on peut même ajouter qu'elle détermine; entre autres facteurs, elle contribue, dès les années 1700, dès l'origine chronologique du siècle des Lumières, à poser les bases, à préparer les conditions de cette reprise économique future. La diffusion même modeste de l'instruction élémentaire, améliore en effet, jusque dans les villages les plus isolés, le comportement des sujets économiques : ainsi la classe des gros fermiers, illettrée encore à la fin du XVIe siècle, est-elle souvent alphabétisée à la fin du XVIIe siècle, et au début du XVIIIe. Une comparaison des marques ou signatures apposées à la fin des baux l'indique clairement.

Les fermiers maintenant savent quelque peu lire, écrire, compter; ils peuvent, ainsi, vendre dans de meilleures conditions : or un exploitant valable, on le sait bien, n'est pas seulement un producteur émérite; il doit aussi devenir, au bon moment, vendeur astucieux.

De même quand les grands propriétaires, nobles ou prêtres, échaudés par la crise, se décident entre 1690 et 1720, à passer au faire-valoir direct, à investir eux-mêmes — sous peine de faillite dans la propriété — leurs capitaux dans l'exploitation, ils ne se bornent pas à répéter, sans le savoir, dans des conditions un peu analogues, le geste « anti-crise » de leurs prédécesseurs ou ancêtres du XVe siècle, devenus eux aussi, par la force des choses, entrepreneurs sur leur propre domaine.

Car ces propriétaires de 1700 n'ont plus seulement affaire, comme c'était le cas pour leurs aïeux, à des rustres illettrés et balourds. Grâce aux progrès limités, mais réels, de l'enseignement élémentaire, ils peuvent recruter leur gérant, leur contremaître d'entreprise, leur chef de culture, dans une couche de paysans déjà instruits et capables parfois d'écrire le français, de mettre en colonnes une addition. Ces exécutants compétents sont des collaborateurs efficaces et productifs.

Modifications du comportement

Enfin les progrès de l'instruction élémentaire sont inséparables, et jusqu'en milieu populaire, d'une certaine transfiguration des psychologies, et d'un adoucissement général des mœurs : le docteur Puech a dépouillé, à la fin du XIXe siècle, les archives du présidial de Nîmes pour la période qui va de 1620 à 1720; au fur et à mesure qu'approche le terme de cette phase, le médecin nîmois — tout comme Boutelet et Chaunu, dans un travail analogue sur la Normandie — note des modifications significatives du comportement. Voici du reste les conclusions anthropologiques des statistiques criminelles de Puech : « L'homme n'est pas resté immuable : il a adouci ses mœurs; il cède moins à la colère, et il est moins disposé à recourir aux voies de fait ». Le contrôle de soi, cette qualité maîtresse du monde moderne, fait de grands progrès. Duels, coups d'épée, coups de couteau deviennent rares dans cette même région gardoise, au commencement du XVIIIe siècle. Les maîtres d'escrime sont délaissés pour les maîtres à danser, et pour les musiciens, dont la vogue commence dès 1650-1660. Le *papegay*, sorte de cible folklorique, jadis école des armes à feu, devient simple prétexte à charivaris et débauche, au point qu'on le supprime. Les sports violents, paume et ballon, sont abandonnés pour les cabarets et les tripots. Les duels et les rixes font place au jeu, à la débauche, à la filouterie. En général, l'agressivité commence à se déguiser : on passe « du crime au vol », et les lions deviennent des renards, du moins autour des villes, et dans le bas pays plus civilisé; car dans les montagnes et spécialement dans le Vivarais des révoltés du Roure, les pugilats mortels restent en vigueur, et l'agression physique persiste à s'exprimer sans détour.

Mêmes phénomènes d'atténuation différentielle dans le domaine du fanatisme religieux, ou même tout simplement, du sentiment religieux. Aux Cévennes, comme on a vu ce « phanatisme » reste intact; il peut tourner encore à l'exaltation sanglante. Mais autour des villes, l'imprégnation religieuse est nettement en baisse, dès la fin du XVIIe siècle. John Locke, Basville, notent ce fait, respectivement pour Montpellier et pour Nîmes, à propos des deux religions. Et à Celleneuve, à Juvignac, villages tout proches de Montpellier, l'évêque Colbert, en 1704-1711, se désole; partout ailleurs loin des villes, dans les campagnes reculées, il est satisfait par l'assiduité totale à la messe, par l'unanimité des pascalisants, par la croyance aux miracles opérés dans les sanctuaires locaux de la Vierge. Or, dans ces deux villages suburbains, pourtant sans huguenots, mais infectés par la ville voisine, les hommes en majorité manquent la messe, on danse à la porte de l'église, les cabarets sont bondés pendant les offices. Une certaine indifférence urbaine commence donc à déteindre, très lentement, sur les ruraux les plus proches.

Bilan contrasté, donc : toute une masse, notamment montagnarde, reste majoritairement dominée par l'analphabétisme, (ainsi la région de Saint-Pons, malgré quelques progrès), par la violence primitive (Vivarais), ou par un fanatisme de religion, à symptômes névrotiques (Cévennes). Mais les villes, et avec elles, le bas pays proche s'alphabétisent lentement, renoncent partiellement à la violence individuelle; et, sans pour autant abandonner la religion, cessent parfois de la mettre, comme elle était jadis, au tout premier plan. Ces traits divers, encore peu accusés, embryonnaires, sont-ils significatifs des germes d'une psychologie nouvelle, plus intellectuelle qu'affective, plus rusée qu'agressive, et plus positive que mystique? De telles modifications, en tout cas, ne peuvent laisser l'histoire économique indifférente. Formés en plus grand nombre, ce sont les hommes instruits et habiles, les esprits pratiques et de sang-froid, qui feront un jour les bonnes croissances.

Malthus viendra trop tard

Celles-ci ne sont plus tellement éloignées. Dans le quinquennat 1715-1720, en Languedoc (comme dans la Catalogne voisine) la décadence longue du produit brut agricole, qui durait, de ce côté-ci des Pyrénées, depuis 1675-1680, est enfin surmontée. On voit s'estomper l'onde de reflux, qui concluait une fluctuation multiséculaire. Des symptômes inédits sont évidents : ils caractérisent non pas simplement un normal et banal essor, une *reprise*; mais à l'échelle du siècle qui monte, un nouvel âge de la croissance qui n'est pas absolument indigne du nôtre. Les forces de transformation — viticulture et manufactures, compétence dans le faire-valoir, et mentalités nouvelles — sont maintenant assez puissantes pour déstabiliser légèrement l'économie; elles donnent à l'inévitable reprise un caractère qui n'est pas seulement de récupération — récupération économique, monétaire et démographique. Elles lui confèrent des aspects novateurs, bien différents des processus appauvrissants du XVIe siècle.

Entre 1720 et la fin du siècle, les paysages s'animent, et certaines productivités décollent. La vigne étend largement son emprise, et multiplie le revenu à l'hectare; maïs, luzerne et haricots viennent s'installer sur les jachères; le rendement du blé, stationnaire depuis François Ier, s'élève légèrement à partir de 1750. Une seule carence grave : l'irrigation est peu employée en Languedoc, au moment même où les Catalans l'utilisent toujours davantage.

Essor aussi des routes, des canaux, des ports, des manufactures : textiles, draps, soies, cotonnades, bas, charbons, métaux, de Law à Necker. La courbe publiée pour la draperie indique bien qu'il s'agit d'une ascension presque continue, qui pulvérise les records infimes du colbertisme. Nîmes, avec 50 000 habitants, devient à la fin du siècle l'une des grandes villes industrielles de France. Et les protestants, surtout les Cévenols, toujours tracassés, mais de moins en moins odieusement persécutés par le pouvoir, se guérissent du fanatisme, grâce aux prédications raisonnables d'Antoine Court; ils peuvent se lancer librement dans les affaires, conformément à leur ancienne et profitable vocation d'ascèse dans le siècle.

Les indices d'activité, les dîmes-nature et les dîmes-argent, confirment que désormais le produit brut mène le jeu : la production agricole se réveille la première dès la décennie 1715-1720; elle démarre avant les prix, avant la population. Et pendant une génération (1715-1745) la hausse du produit brut et du revenu réel (le revenu nominal croissant plus vite que les prix) dispense ses bienfaits (encore modestes) à une population rurale déclinante ou stationnaire. Le produit brut par tête d'habitant s'élève donc.

A partir de 1740-1750, la démographie s'éveille à son tour; elle est tirée de sa léthargie par l'animation économique; par l'enrichissement de la société; par l'élévation faible et néanmoins non négligeable du niveau de vie populaire; c'est-à-dire en dernière analyse par la baisse consécutive du taux de mortalité, baisse perceptible sur les séries d'état civil, et sur les statistiques de l'Intendance.

Le peuplement démarre; et de nouveau s'engage

l'épreuve de vitesse entre la population d'un côté, les subsistances et le produit brut d'autre part.

De cette course, il n'est pas possible de décrire dans le livre, les péripéties. Disons seulement que le résultat, d'après les diagrammes, n'est pas douteux. Au XVIe siècle, la production agricole avait complètement perdu la partie. Après 1750, au contraire, l'essor du produit brut rural égale, et parfois peut-être, surclasse, l'essor des effectifs humains villageois. Le niveau de vie moyen reste encore assez bas; mais la menace d'appauvrissement général, de type malthusien, est conjurée.

Tout est concordant : car il semble bien que le salaire, comme en Catalogne, s'aligne, ou gagne très lentement, au long du XVIIIe siècle, sur le prix du grain et du pain. L'évolution, là aussi, est radicalement différente de celle qu'on avait enregistrée dans la première révolution des prix.

Les ouvriers demeurent pauvres; peut-être même deviennent-ils plus conscients encore de leur pauvreté. Mais les processus de paupérisation sont bannis, et c'est déjà un fait capital.

Tout comme la paupérisation salariale, est enrayée la paupérisation foncière. Certes, le morcellement parcellaire sévit de nouveau, à partir de 1750 ou 1770, un peu plus tôt, un peu plus tard, selon les villages. Car l'essor démographique rural, une fois relancé, impose ses exigences; et comme au XVIe siècle il oblige les paysans, qui se multiplient, à démembrer et volatiliser les propriétés, entre des héritiers toujours plus nombreux. Le morcellement réapparaît à la fin de Louis XV; quand se termine la phase longue de concentration foncière qui durait (dates approximatives), depuis 1680 jusqu'à 1750; ce morcellement continue sous Louis XVI; il traverse sans faiblir la Révolution, et il persiste sous tous les régimes jusqu'au phylloxéra. Les compoix et livres de taille, puis les cadastres et rôles de contribution foncière, en font foi, successivement, de 1770 à 1870.

Un tel morcellement semble de même nature que les processus analogues du XVIe siècle. Et pourtant sa signification est différente; car il est moins grave de diviser les hectares, quand le revenu à l'hectare augmente, et quand la vigne envahit, de Louis XV à Napoléon III, tous les finages. La hausse des gains unitaires compense la baisse des superficies appropriées. Et les fils, vignerons, même s'ils sont plus à l'étroit sur leurs terres, ne sont pas nécessairement plus pauvres, bien loin de là, que les pères ou les aïeux, laboureurs de blé.

Impression d'ensemble : la société, après 1715-1720, après Louis XIV, n'est plus freinée, bloquée, finalement ployée par l'inflexible rigidité du produit brut. C'est au contraire ce même produit brut qui, tout au long d'une croissance plus que séculaire (jusqu'en 1873) affectant principalement la viticulture, tire en avant la société, la population, le standard de vie.

Les malédictions malthusiennes avaient dominé le Languedoc, aux XVIe et XVIIe siècles, tout comme elles dominent aujourd'hui encore, en dépit d'une situation bien différente, certains peuplements du Tiers Monde. Aux temps modernes (et sans doute aussi, lors d'une période précédente, au Moyen Age) elles avaient donné à un grand cycle agraire, après une phase initiale conquérante, son caractère de fluctuation inexorable. Mais ces malédictions s'effacent lentement au XVIIIe siècle, avant même qu'elles soient formulées, en 1798, par l'homme dont elles portent le nom. Malthus est un théoricien lucide des sociétés traditionnelles. Mais c'est un prophète du passé; et il naît trop tard, dans un monde trop neuf.

TABLEAUX ET GRAPHIQUES

LES COMPOIX

Les tableaux ci-après permettent de suivre, sur deux exemples, grâce aux compoix, l'évolution « diachronique » de la propriété foncière. J'avais prévu de présenter les données chiffrées de ces tableaux sous forme de graphiques, polygones de préférence ou « histogrammes ». Sur ces histogrammes, les catégories de propriété, de la plus petite à la plus grande, auraient été rangées en allant de la gauche à la droite du graphique [1]. Cette solution posait des problèmes difficiles d'édition; en fin de compte elle n'a pas été retenue. Néanmoins, la lecture des tableaux ci-après est aisée. Les propriétés s'y étagent par ordre de taille croissante, de haut en bas. Dans les colonnes de ces tableaux qui sont réservées à la « tendance », l'accumulation des signes « plus » aux étages supérieurs est significative d'une augmentation du nombre des petites propriétés, donc de morcellement; inversement, si les signes « moins » prédominent à ces mêmes emplacements, c'est une propension au remembrement qui est indiquée. Des barres horizontales, en forme de crochets, précisent la position des « seuils critiques ».

(1) D'où les expressions « histogrammes », et « décalage vers la gauche des histogrammes » ou « vers la droite des histogrammes », expressions qui reviennent assez souvent dans les paragraphes consacrés aux questions foncières. Il faut lire désormais : « vers le haut » des tableaux, ou « vers le bas », respectivement, au lieu de « vers la gauche » ou « vers la droite ».

SAINT-THIBÉRY

A = catégories des propriétés en dixièmes de setérée (premier O : propriétaires trop pauvres, non taxés; deuxième O : de o à 10 dixièmes; 10 : de 10 à 25, etc.) (1).

B = nombre de propriétés dans chaque catégorie en 1460.

C = surface totale de ces propriétés dans chaque catégorie, en 1460.

D = nombre ... en 1690 (cf. B).

E = surface ... en 1690 (cf. C).

F = tendances.

	1460		1690		
A	B	C	D	E	F
0	8		39		+
0	3	23	34	235	+
10	22	398	59	1 017	+
25	35	1 446	58	2 076	+
50	28	2 020	85	6 142	+
100	12	1 585	17	2 153	+
150	10	1 765	19	3 292	+
200	15	3 478	10	2 200	—
250	9	2 445	5	1 429	—
300	8	2 594	6	1 930	+
350	7	2 684	1	387	+
400	6	2 618	1	408	—
450	5	2 384	3	1 418	—
500	6	3 188	5	2 176	—
550			1	573	+
600	3	1 898			—
650	1	662			—
700			2	1 414	+
750	1	784			—
800	1	812			—
850					
900					
1 000	3	3 296	5	5 323	+
1 250	3	4 207			—
1 500			5	8 713	+
2 000	1	2 225			—
2 500	2	5 180	2	8 337	+
3 000					
TOTAL ..	189	45 692	357	49 223	

(1) De même, dans les colonnes A des tableaux suivants, (p. 373 et 374), la ligne 1 correspond aux propriétés dont la valeur est comprise entre 1 x et 1 x 10 sols; et ainsi de suite pour les lignes suivantes.

MONTAGNAC

A = catégories d'imposition en 1520.

C = catégories de cotes foncières en 1660 (l'imposition totale étant de 380 x en 1520, et l'allivrement total de 7 600 x en 1660, les comparaisons ligne à ligne, entre A et C sont possibles seulement en pourcentage : par exemple, la ligne « 30 x », en A, et « 600 x », en C, représentent, toutes deux, et respectivement, 8 % du total).

B et D = nombre de propriétés par catégories.

E = tendances.

A		B	C	D	E
		1520		1660	1660 / 1520
x	s		x		
0		82	0	212	+
	5	69	5	135	+
	10	41	10	47	+
	15	26	15	28	+
1		33	20	29	—
1	10	26	30	16	—
2		11	40	10	—
2	10	2	50	10	+
3		11	60	4	—
3	10	3	70	3	=
4		5	80		—
4	10	2	90		—
5		3	100	2	—
6		5	120	1	—
8		1	160	1	—
10			200		
12		2	240		—
15		1	300		—
20			400		
25			500		
30			600	1	+
TOTAL........		323		499	

SAINT-ANDRÉ-DE-SANGONIS

A = catégories de propriétés, en livres cadastrales (l'allivrement total du compoix-père, confectionné en 1636, est à 1 307 x : les comparaisons se font en livres cadastrales homogènes).

B, C, E = nombre de propriétés, en 1665 (« département des dettes ») et en 1690 et 1749 (rôles de tailles).

D et F = tendances.

A		1665 B	1690 C	1690/1665 D	1749 E	1749/1690 F
x	s					
	0	17	18	+	18	=
	1	186	218	+	120	—
	5	161	191	+	127	—
	10	136	132	—	141	+
1		67	102	+	63	—
1	10	51	53	+	43	—
2		28	37	+	23	—
2	10	32	23	—	20	—
3		51	36	—	39	+
4		24	21	—	31	+
5		16	19	+	14	—
6		18	20	+	24	+
8		15	15	=	23	+
12		4	4	=	8	+
16		2	1	—	1	=
20		2	3	+	2	—
20		1		—		
Total.......		811	893		697	

Les graphiques suivants ont été établis par le Laboratoire de Cartographie de l'École Pratique des Hautes Études, VIe Section.

TENDANCE LONGUE DE LA POPULATION CADASTRALE

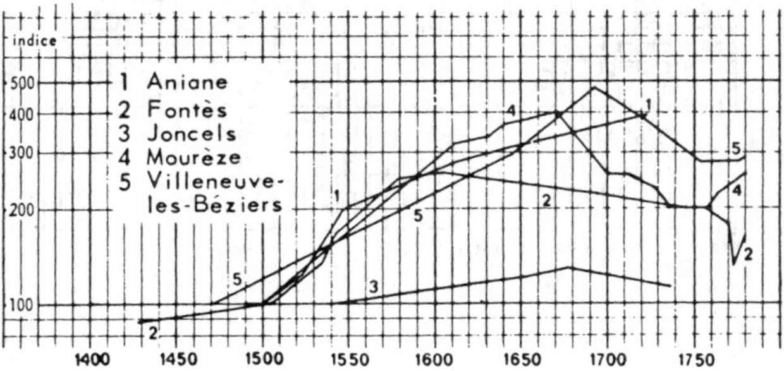

NOMBRE DES COMMUNIANTS

dans les villages catholiques du diocèse de Montpellier

Evolution de l'indice numérique

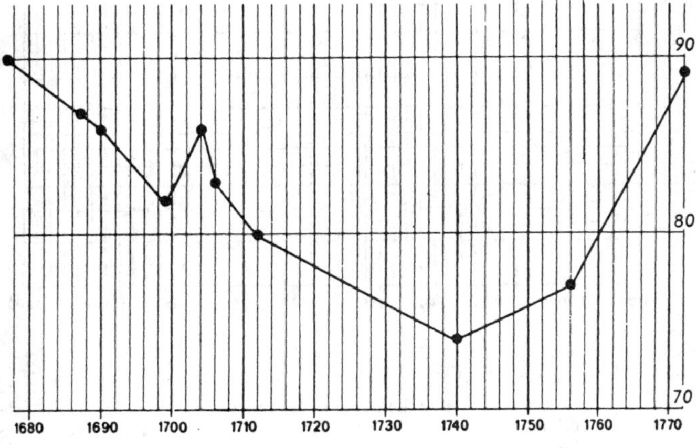

DÎMES DES GRAINS

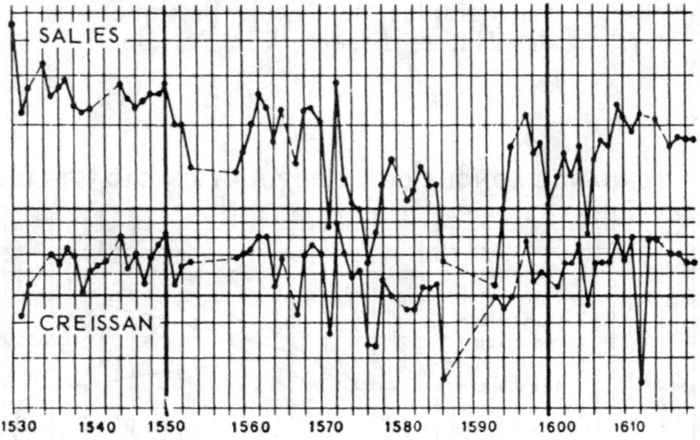

SALAIRES EN POURCENTAGE DE RÉCOLTE

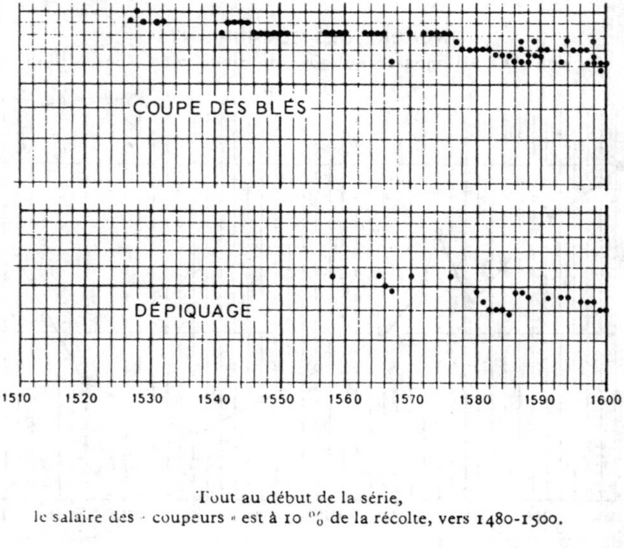

Tout au début de la série,
le salaire des « coupeurs » est à 10 % de la récolte, vers 1480-1500.

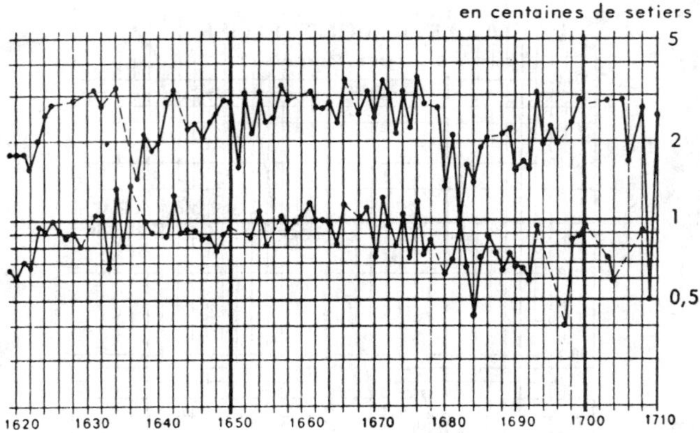
en centaines de setiers
5
2
1
0,5
1620
1630
1640
1650
1660
1670
1680
1690
1700
1710

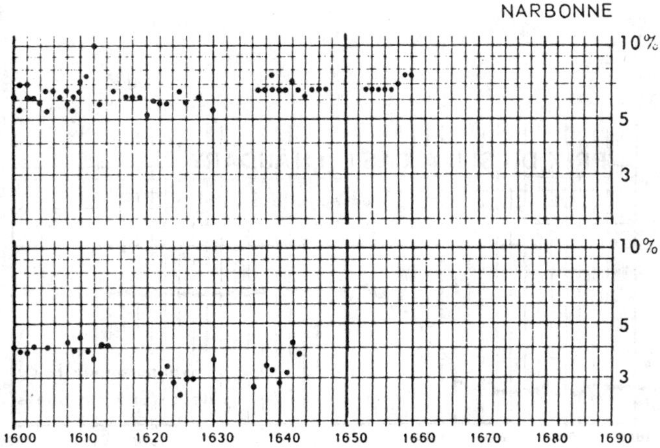
NARBONNE
10%
5
3
10%
5
3
1600
1610
1620
1630
1640
1650
1660
1670
1680
1690

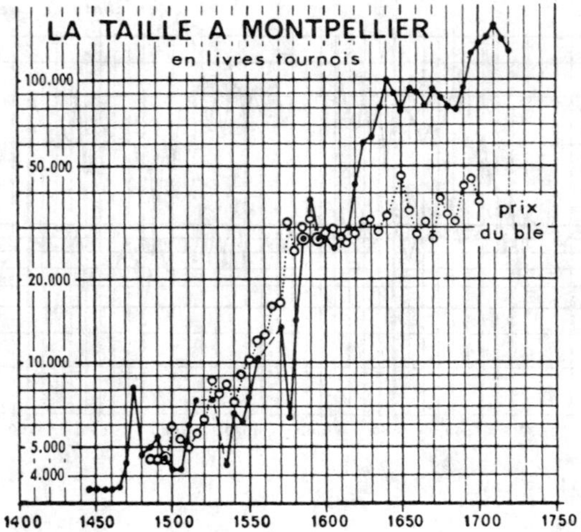
LA TAILLE A MONTPELLIER
en livres tournois
100.000
50.000
20.000
10.000
5.000
4.000
prix
du blé
1400
1450
1500
1550
1600
1650
1700
1750

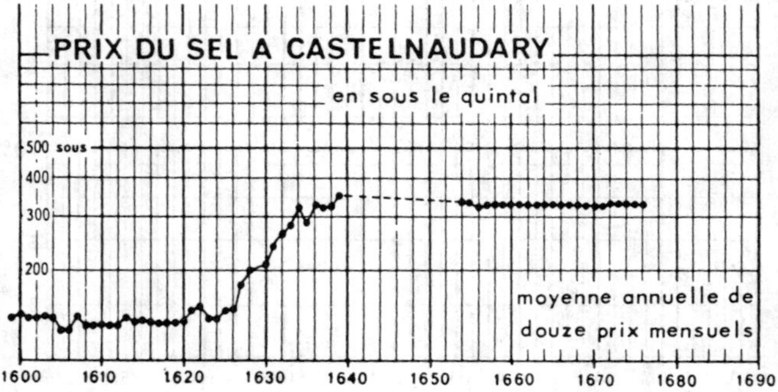
PRIX DU SEL A CASTELNAUDARY
en sous le quintal
500 sous
400
300
200
moyenne annuelle de
douze prix mensuels
1600
1610
1620
1630
1640
1650
1660
1670
1680
1690

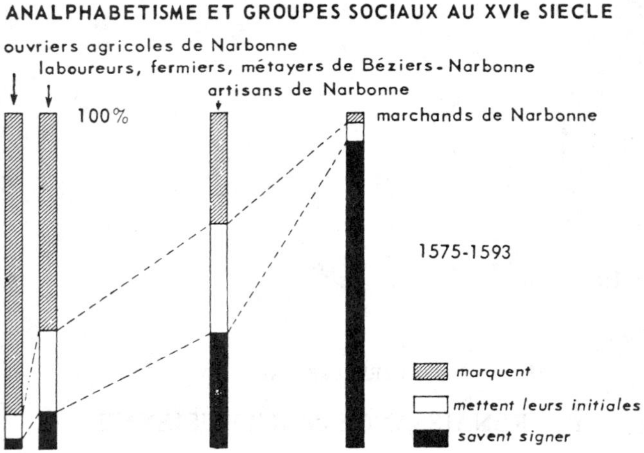
ANALPHABETISME ET GROUPES SOCIAUX AU XVIe SIECLE
ouvriers agricoles de Narbonne
laboureurs, fermiers, métayers de Béziers-Narbonne
artisans de Narbonne
marchands de Narbonne
100%
1575-1593
marquent
mettent leurs initiales
savent signer

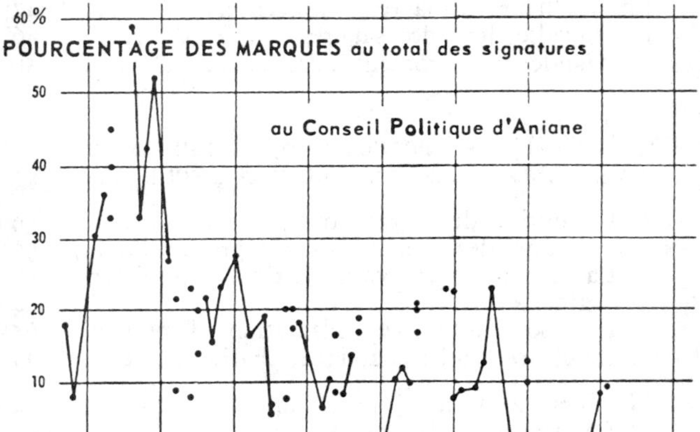
POURCENTAGE DES MARQUES au total des signatures
au Conseil Politique d'Aniane
60 %
50
40
30
20
10
0
1620
1630
1640
1650
1660
1670
1680
1690
1700

TABLE DES MATIÈRES

DEUXIÈME PARTIE

PRISES DE CONSCIENCE ET LUTTES SOCIALES

TROISIÈME PARTIE

OFFENSIVE DE LA RENTE

QUATRIÈME PARTIE

LE REFLUX

Achevé d'imprimer en mai 2007
sur les presses de l'imprimerie Maury
45330 Malesherbes

N° d'éditeur : L01EHQNFH1007C004.
Dépôt légal : 1er trimestre 1969.
N° d'impression : 07/05/129453.

Imprimé en France